内蒙古河套灌区粮经饲作物滴灌技术研究

田德龙　汤鹏程　任　杰　李泽坤　徐　冰　著

中国铁道出版社有限公司

2023年·北　京

内容简介

本书针对内蒙古河套灌区农业受到水资源紧缺与水资源浪费双重制约问题，通过田间试验、中试、示范等手段开展了密植型作物小麦膜下滴灌技术、河套灌区玉米和向日葵膜下滴灌技术、苜蓿滴灌条件下SAP及PAM复配技术、小麦复种西兰花滴灌增效技术、香瓜复种向日葵滴灌技术的研究，优化了作物种植、灌溉、施肥等技术参数，形成了相关技术模式并进行了推广应用，为灌区水资源集约节约利用和深度节水控水提供了有利的支撑。

本书可供农业水土工程、水资源高效利用等领域的科研人员、大专院校的师生阅读和参考，也可供灌区规划设计、生产管理和生态环境保护与建设的技术人员参考使用。

图书在版编目(CIP)数据

内蒙古河套灌区粮经饲作物滴灌技术研究/田德龙等著.—北京：中国铁道出版社有限公司，2023.6
ISBN 978-7-113-29321-5

Ⅰ.①内… Ⅱ.①田… Ⅲ.①河套-灌区-作物-滴灌-研究-内蒙古 Ⅳ.①S275.6

中国版本图书馆CIP数据核字(2022)第111681号

书　　名：内蒙古河套灌区粮经饲作物滴灌技术研究
作　　者：田德龙　汤鹏程　任　杰　李泽坤　徐　冰

责任编辑：冯海燕　　　**编辑部电话：**(010)51873017
封面设计：尚明龙
责任校对：苗　丹
责任印制：樊启鹏

出版发行：中国铁道出版社有限公司(100054，北京市西城区右安门西街8号)
网　　址：http://www.tdpress.com
印　　刷：北京铭成印刷有限公司
版　　次：2023年6月第1版　2023年6月第1次印刷
开　　本：787 mm×1 092 mm 1/16　**印张：**11.25　**字数：**273千
书　　号：ISBN 978-7-113-29321-5
定　　价：58.00元

前 言

2020年8月,《内蒙古自治区推动黄河流域生态保护和高质量发展2020年工作要点》明确要抓好生态保护修复、推进水资源节约集约利用,深化农业供给侧结构性改革、加快产业转型升级,加强黄河“几”字弯建设。河套灌区处于这一区域核心地带,是内蒙古自治区粮油生产基地,也是国家“两屏三带”生态安全网的重要组成,是黄河流域重要的经济带,其生态保护和绿色高质量发展是内蒙古黄河流域高质量发展的关键因素,改善水资源利用意义重大。

内蒙古河套灌区巴彦淖尔市多年农作物播种面积约1 100万亩,乡村人口75.2万人(占全市人口44%),是内蒙古自治区重要的粮油生产基地和畜产品加工基地,全国最大的有机原奶、葵花籽、脱水菜生产基地和全国第二大番茄种植加工基地,全国地级市中唯一四季均衡出栏的肉羊养殖加工基地。第一产业是巴彦淖尔市的重要产业,农田是区域生态系统的重要组成。2020年,巴彦淖尔市制定了《关于贯彻落实习近平总书记对河套灌区发展现代农业提升农产品质量重要指示精神的实施意见》,签署了《黄河流域河套灌区、汾渭平原生态保护和现代农业高质量发展交流协作机制协议》,把优化结构作为推进农牧业高质量发展的先导,把生态优先作为推进高质量发展的基础。要求推进农业用水节约高效利用,强化“种子”工程建设。深入开展农业“控肥、控药、控水、控膜”四大行动。重点发展粮油、饲草等六大特色产业。农田生态系统的保护与修复,农牧产业的转型与升级是区域实现绿色、高质量发展关键。

水是“生产之要,生态之基”。《黄河流域生态保护和高质量发展规划纲要》强调要大力推进黄河水资源集约节约化利用,把水资源作为刚性约束。节水优先、量水而行是黄河生态保护与高质量发展的前提。巴彦淖尔市年用水量近50亿m^3,其中90%用于农业灌溉,灌溉水利用率不足0.5,灌区受到水资源紧缺和水资源浪费的双重制约。随着其他行业的发展,特别是生态用水量的增加,农业灌溉用水空间势必会进一步压减,农业节水是区域发展破解水资源刚性约束的关键。

改变传统灌溉方式,实施深度节水控水农业势在必行。没有灌溉就没有河套的农业,现阶段区域灌溉仍以渠灌为主,不但水资源浪费严重,还出现地下水位升高土壤越来越“咸”,肥料利用率低农田越来越“馋”,种植单一和管理方式落后增产增收越来越“慢”。黄灌区发展滴灌不但大幅提高灌溉水利用率,且可实现水肥一体化和经营管理的集约化,为土壤的改善和农产品产量与品质双提升,农业生产转型升级提供了基础。

自2011年起,在国家“十二五”科技支撑项目“内蒙古河套灌区粮油作物节水技术集成与示范”(2011BAD29B03)课题“田间输配水系统节水实用新技术研究示范”,内蒙古自治区水利科技项目“干旱沙化牧区灌溉草地SAP及PAM复配技术研究与示范”(nsk2016-s4),内蒙古科技重大专项“内蒙古黄灌区安全增效滴灌技术集成与示范推广”课题“河套灌区粮经作物滴灌复种增效技术模式研究”等项目的支持下,对密植型作物小麦膜下滴灌技术、河套灌区玉米和向日葵膜下滴灌技术、河套灌区苜蓿滴灌条件下SAP及PAM复配技术、河套灌区粮经作物滴灌复种增效技术开展了相关研究。

本书共7章，第1章由田德龙、汤鹏程、任杰、李泽坤撰写，第2章由田德龙、汤鹏程、郭克贞、李熙婷撰写，第3章由汤鹏程、郭克贞、吕志远、范雅君撰写，第4章由徐冰、田德龙、鲁耀泽、李泽坤、张在刚撰写，第5章由徐冰、田德龙、侯晨丽、张在刚撰写，第6、7章由汤鹏程、任杰、李泽坤、侯晨丽撰写。田德龙、任杰、侯晨丽负责全书统稿和校核。

本书的出版由水利部牧区水利科学研究所专著出版基金资助。书中系统总结了2011～2020年有关河套灌区粮经饲作物滴灌技术的研究成果。撰写过程中参考、借鉴了相关专家学者的有关著作、论文，并得到了内蒙古农业大学史海滨教授、内蒙古农业大学李仙岳教授、内蒙古自治区水利科学研究院于健教授级高工的指导，再次深表谢意。由于作者水平有限，相关研究有待进一步深化和完善，书中不妥之处在所难免，恳请读者批评指正。

作者

目　录

第1章 绪　论

1.1 研究背景及意义

农业节水对于保障国家粮食安全和生态安全，推动农村经济和农业可持续发展，具有重要的战略意义。2020年8月，《内蒙古自治区推动黄河流域生态保护和高质量发展2020年工作要点》明确要抓好生态保护修复、推进水资源节约集约利用，深化农业供给侧结构性改革、加快产业转型升级"，加强黄河"几"字弯建设。河套灌区处于这一区域核心地带，是国家和内蒙古自治区粮油生产基地，也是国家"两屏三带"生态安全网的重要组成，是黄河流域重要的经济带，其生态保护和绿色高质量发展是内蒙古黄河流域高质量发展的关键区域之一，意义重大。

河套灌区巴彦淖尔市年用水量近50亿m^3，其中90%用于农业灌溉，灌溉水利用率不足0.5。随着其他行业的发展，特别是生态用水量的增加，农业灌溉用水空间势必会进一步压减，农业节水是区域发展破解水资源刚性约束的关键。利用滴灌实施水肥一体，亩均节水40%、节肥30%、增产20%、增加收入150元、提高产量品质，促进现代化集约化。改变传统灌溉方式，实施深度节水控水农业势在必行。现阶段区域灌溉仍以渠灌为主，不但水资源浪费严重，还出现地下水位升高土壤越来越"咸"，肥料利用率低农田越来越"馋"，种植单一和管理方式落后增产增收越来越"慢"。黄灌区发展滴灌不但大幅提高灌溉水利用率，而且可实现水肥一体化和经营管理的集约化，为土壤的改善和农产品产量与品质双提升，农业生产转型升级提供了基础。

随着我国经济社会的发展，把生态优先作为推进高质量发展的基础。灌区要求推进农业用水节约高效利用，深入开展农业"控肥、控药、控水、控膜"四大行动。重点发展粮油、饲草等六大特色产业，小麦、玉米、葵花、苜蓿成为河套灌区种植业的主角，而相关滴灌技术研究与应用相对滞后，缺少系统全面的研究。

本书以内蒙古河套灌区为典型研究区，开展粮经饲作物滴灌技术研究，解决地区长期以来滴灌技术应用滞后的问题，为河套灌区深度节水控水推进农业高质量发展提供技术支撑。

1.2 研究进展

滴灌可根据作物对水分、养分的需求，均匀定量地输送到作物根部附近的土壤中，可直接供作物利用。同时覆膜不仅能抑制地表的蒸发，还可以提高作物耕层的温度，有利于作物出苗、保苗、壮苗。

国外滴灌通常被用于园艺花卉及西红柿、辣椒、花生、甜橙等具有较高经济价值的蔬菜和水果上，对于大田作物应用和研究相对较少。Bernstein和Francois通过对比辣椒在滴灌、沟灌和喷灌三种灌水方式下的产量，表明与沟灌和喷灌相比，滴灌能够增产13%和59%。同时有研究表明在产量不变的情况下，滴灌较沟灌节水达84.7%。Yohannes和Tadesse的研究结果表明，滴灌条件下番茄的产量和水分利用率均高于沟灌。国外学者Bhella研究了膜下滴灌对南瓜的生长发育的影响，发现膜下滴灌既能节水又促使南瓜茎秆变粗，叶面积指数增大从而提高南瓜产量。Ayars等通过对滴灌条件下甜玉米研究发现，滴灌可以显著地提高作物产量以及水分利用率，高频度低定额的灌溉还可以减少深层渗漏量。Tiwari等学者对卷心菜的生长发育状况在有膜与无膜的条件下，得出有膜的卷心菜产量有大幅度提高。

滴灌更适合于我国干旱、半干旱的缺水地区，20世纪70年代引入我国。1996年，农八师水利局等部门的水利工作者，在1.7 hm^2弃耕的次生盐碱地上进行了棉花膜下滴灌试验并取得成功，之后膜下滴灌在新疆地区得到了大面积的推广。2000年，新疆地区采用膜下滴灌进行灌溉的农田就达到0.773万hm^2，其中棉花膜下滴灌种植面积占总滴灌面积的90%以上。在整个新疆地区的示范及指导下，其他地区也均纷纷投入应用推广，膜下滴灌技术在全国推广。随着膜下滴灌越来越多被应用于大田作物，而密植作物却鲜有研究。直至近些年，有关学者在新疆、内蒙古等地对小麦、苜蓿等密植作物滴灌技术进行了应用研究，取得了一些很有价值的应用成果。新疆地区的试验结果表明：一管5行的膜下滴灌小麦种植模式产量较一管6行的产量提高33.3 kg/亩，产量与耗水量呈单峰曲线关系，孕穗—灌浆初期根系的总根质量和总根长、根系总吸收面积、活跃吸收面积和根系活力达最大值。

经过多年的发展，施用保水剂与结构调理剂已成为化控节水的主要措施，在我国广大干旱地区的马铃薯、玉米、向日葵等种植中得到一定应用。SAP、PAM单施技术研究较多，复配技术方面研究和应用相对较少。但也有学者进行了试验，并均取得较好效果。近年来内蒙古水利科学研究院与胜利油田长安集团有限责任公司合作研发出了适应于农业上应用的土壤结构调理剂(PAM)，并针对目前应用的技术问题进行了系统研究，研究了土壤种类、水质、浓度、施用方法等因素对保水剂的影响，保水剂与土壤结构调理剂的复配技术，并且分别在内蒙古、甘肃、宁夏与陕西等地进行了野外试验和示范，形成了土壤保水及结构调理复配的综合技术。在进行保水剂单施、复配技术研究的同时，部分学者也将保水剂与喷、滴灌相结合进行了相关研究，结果表明保水剂结合喷、滴灌技术同样可对节水增产起到较好效果。随着研究的深入，基于保水剂、土壤结构调理剂耦合效应的复配技术研究和应用逐渐成为当前化控节水领域的热点。与农田灌溉相比，牧草灌溉科学研究和技术应用起步晚、发展慢，当前的节水重点仍集中于不同节水灌溉工程的应用，保水剂、土壤结构调理剂等化控节水技术的研发与应用相对较少，亟待加强。

1.3 研究内容与方法

1.3.1 河套灌区小麦膜下滴灌技术研究

1. 研究内容

膜下滴灌对小麦生长的影响；基于HYDRUS-1D模型小麦水盐肥运移规律；耗水量、耗水规律与水分利用效率；基于DSSAT模型小麦灌溉制度优化。

2. 试验设置

供试小麦品种为河套灌区最主要的种植品种永良4号。生育期98～115 d，属中熟品种。2014年的播种时间为3月22日，收获时间为7月8日；2015年的播种时间为3月23日，收获时间为7月10日。

种植模式：借鉴新疆滴灌小麦常用的两种种植模式，一膜5行和一膜6行。当地播种机通常的覆膜控制宽度为90 cm，因此两种种植模式均采用90 cm的地膜，膜间距为20 cm，株距均为12 cm。采用人工点播，每穴播种8～12颗，每亩播种量为12～16 kg。一膜5行与一膜6行行距分别为15 cm和12 cm，播种密度分别为28.58万株/亩和29.27万株/亩。每个处理之间相距1 m。试验采用小区对比试验，小区面积167 m^2。在各小区间留有50 cm宽、40 cm高的小埂以供试验灌溉和观测，小区设有隔离带，在试验地四周按地形和小区布置情况留有保护区。CK（对照）参考当地农民常用的机械条播。膜下滴灌小麦种植示意如图1-1所示。

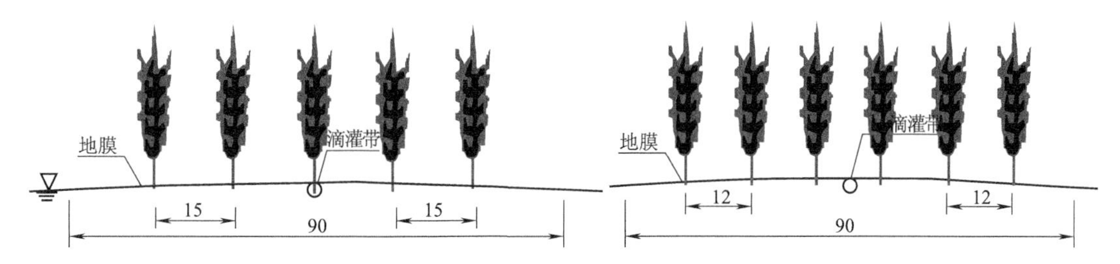

图1-1 膜下滴灌小麦种植示意图（单位：cm）

滴灌带选取：滴灌带选用单翼迷宫式，外径为16 mm，壁厚为0.3 mm，滴头间距为30 cm，设计流量为2.4 L/h，工作压力为50～100 kPa。试验均采用“一膜一带”的滴灌布设方式。

灌水处理设置：CK根据当地常规畦灌，每次灌水定额为60 m^3，整个生育期灌水4次，灌溉定额为240 m^3。膜下滴灌小麦设置充分灌溉、轻度水分亏缺、中度水分亏缺3种不同的灌溉处理，见表1-1。膜下滴灌小麦的灌水定额：

$$m = 0.1p\gamma H(\beta_{max} - \beta_{min}) \tag{1-1}$$

式中 m——灌水定额（m^3/亩）；

H——土壤计划湿润层深度（m）；

p——滴灌设计土壤湿润比，p取60%；

γ——计划湿润层内土壤的干容重（t/m^3）；

β_{max}，β_{min}——允许的土壤最大含水率和最小含水率。

灌水周期为7～10 d，根据每个生育期不同的蓄水需求及天气情况进行灌溉。采用精度为0.001 m^3的水表控制灌水量，并在每一块水表前安装一个阀门控制水流。一般，小麦在苗期和成熟期不需要灌水，灌溉主要集中在拔节期、抽穗期和灌浆期，按照需水量公式计算每次的灌水定额，灌水定额为10～30 m^3/亩。各生育期的灌水定额及灌水次数，见表1-2、表1-3。

表1-1 试验设计

小区编号	CK	XM-1	XM-2	XM-3	XM-4	XM-5	XM-6
试验处理	条播	一膜6行	一膜6行	一膜6行	一膜5行	一膜5行	一膜5行
	96 mm/次（地面灌溉）	充分灌溉（下限为80%田间持水量）	轻度水分亏缺（下限为70%田间持水量）	中度水分亏缺（下限为60%田间持水量）	充分灌溉（下限为80%田间持水量）	轻度水分亏缺（下限为70%田间持水量）	中度水分亏缺（下限为60%田间持水量）

表 1-2　2014 年膜下滴灌小麦灌溉制度

小区编号	拔节期(m^3/亩)		抽穗期(m^3/亩)			灌浆期(m^3/亩)		灌溉定额(m^3/亩)
CK	60		120			60		240
XM-1	32.9	19.1	35.5	18.6	34.9	36.8	25.1	202.9
XM-2	26.4	25.8	19.9	18.9	36.0	29.4	22.7	179.2
XM-3	12.1	23.4	27.0	19.2	29.9	33.8	20.9	166.2
XM-4	31.1	27.4	24.3	19.6	27.7	31.6	25.1	186.9
XM-5	21.2	24.3	32.0	24.0	24.7	22.3	22.3	170.8
XM-6	21.7	23.4	22.1	15.8	30.1	25.1	25.5	163.7

表 1-3　2015 年膜下滴灌小麦灌溉制度

小区编号	拔节期(m^3/亩)		抽穗期(m^3/亩)			灌浆期(m^3/亩)		灌溉定额(m^3/亩)
CK	60		120			60		240
XM-1	27.8	31.8	22.4	34.2	39.2	25.2	16.9	197.5
XM-2	21.9	27.3	19.2	35.6	37.4	22.6	16.6	180.6
XM-3	16.3	22.5	20.6	27.2	30.2	22.1	20.4	159.3
XM-4	25.4	29.4	25.8	30.5	35.8	27.5	9.2	183.6
XM-5	21.1	25.1	22.6	27.9	33.3	27.4	15.5	172.9
XM-6	17.2	22.7	18.5	25.6	31.5	30.2	15.1	160.8

农艺措施:施底肥,磷酸二铵 375～450 kg/hm^2 。小麦在各个关键生育期根据作物生长需要进行追肥,追肥次数及追肥量见表 1-4。

表 1-4　膜下滴灌小麦施肥制度

施肥时间	2014 年			2015 年		
	施肥次数	肥料种类	施肥量(kg/亩)	施肥次数	肥料种类	施肥量(kg/亩)
拔节期	2	尿素	8	2	尿素	8
抽穗期	2	尿素	6	2	尿素	6
灌浆期	1	尿素	8	1	尿素	8
合计	5		36	5		36

1.3.2　河套灌区玉米和向日葵膜下滴灌技术研究

1. 研究内容

膜下滴灌对作物生理生态指标及生产能力的影响;膜下滴灌对土壤水热的变化影响;作物耗水量、耗水规律及水分利用效率;作物灌溉制度优化。

2. 试验设置

玉米,选用西蒙 6 号,该品种抗大斑病、弯孢病、茎腐病和玉米螟,中熟,生育期 130 d 左右。采用当地常用的 70 cm 地膜，一膜两行的种植方式，株距 33 cm，行距 45 cm，膜间距 70 cm。每亩施底肥磷酸二胺为 25 kg，每亩碳铵 10 kg，可抑制地膜下杂草的生长。生育阶段主要分为播种期—苗期，苗期—拔节期，拔节期—大喇叭口，大喇叭口—抽穗期，抽穗期—灌浆期，灌浆期—乳熟期，乳熟期—收获。设置 6 个灌水处理，2 次重复，共 12 个小区。施肥采用水肥融合滴灌，在玉米生长关键期滴肥。每个处理之间相距 1 m，小区布置采用顺序排列方式。在各小区间留有 50 cm 宽、40 cm 高的小埂以供试验灌溉和观测，在试验地四周按地形和小区布置情况留有保护区。2013 年播种时间为 4 月 21 日，收获时间为 9 月 14 日。玉米试验设计见表 1-5，种植结构如图 1-2 所示。

表 1-5 玉米试验设计

试验处理编号	YM1	YM2	YM3	YM4	YM5	YM6
处理组合	灌溉 11 次	灌溉 10 次	灌溉 8 次	灌溉 8 次	灌溉 6 次	灌溉 6 次
灌水时间（次数）	拔节(3)	拔节(2)	拔节(2)	拔节(2)	拔节(2)	拔节(2)
	抽雄(3)	抽雄(3)	抽雄(2)	抽雄(2)	抽雄(1)	抽雄(1)
	花期(1)	花期(1)	花期(1)	花期(1)	花期(1)	花期(1)
	灌浆(2)	灌浆(2)	灌浆(2)	灌浆(2)	灌浆(1)	灌浆(1)
	乳熟(2)	乳熟(2)	乳熟(1)	乳熟(1)	乳熟(1)	乳熟(1)
灌水定额(mm)	30	27	30	22.5	30	22.5
灌溉定额(mm)	330	270	240	180	180	135

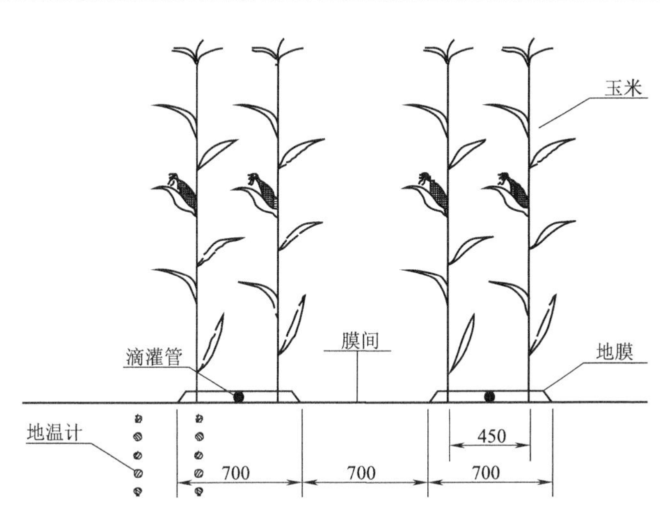

图 1-2 玉米种植结构(单位:mm)

向日葵，选种美国产美葵 909，该品种具有较强的抗病能力，生育期为 95～110 d。采用当地常用的 70 cm 地膜，一膜两行的种植方式，株距为 26 cm，行距 45 cm，膜间距 76 cm。每亩施底肥磷酸二胺为 25 kg，碳铵 10 kg，可抑制地膜下杂草的生长。设置 5 个灌水处理，2 次重复，共 10 个小区。施肥采用水肥融合滴灌，在向日葵生长关键期滴肥。每个处理之间相距 1 m，小区布置采用顺序排列方式。在各小区间留有 50 cm 宽、40 cm 高的小埂以供试验灌溉和观测，在试验地四周按地形和小区布置情况留有保护区。2013 年播种时间为 5 月 18 日，收获时间为 9 月 14 日。向日葵田间试验设计见表 1-6，种植结构如图 1-3 所示。

表 1-6 向日葵试验设计

试验处理编号	KH1	KH2	KH3	KH4	KH5
试验处理组合	灌水 6 次	灌水 6 次	灌水 8 次	灌水 8 次	灌水 10 次
灌水时间(次数)	苗期(1)	苗期(1)	苗期(1)	苗期(0)	苗期(1)
	现蕾(1)	现蕾(2)	现蕾(3)	现蕾(3)	现蕾(3)
	花期(2)	花期(1)	花期(2)	花期(3)	花期(3)
	灌浆期(2)	灌浆期(2)	灌浆期(2)	灌浆期(2)	灌浆期(3)
灌水定额(mm)	22.5	30	22.5	30	27
灌溉定额(mm)	135	180	180	240	270

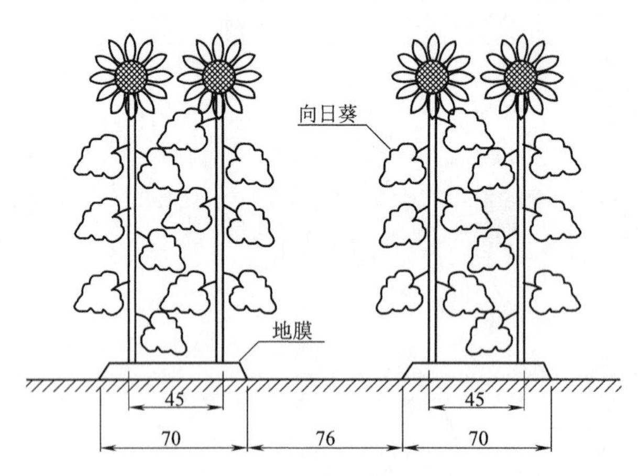

图 1-3 向日葵种植结构(单位:cm)

1.3.3 苜蓿滴灌条件下 SAP 及 PAM 复配技术研究

1. 研究内容

SAP(保水剂)、PAM(土壤结构改良剂)不同施用方式对土壤理化性质的影响;SAP、PAM不同施用方式对紫花苜蓿品质、产量的影响;SAP、PAM 复配的灌溉人工草地综合节水增效技术模式。

2. 试验设置

试验区参照灌溉试验规范要求,采用小区对比试验,以不施 SAP、PAM 为对照(CK)处理,分别设置 SAP、PAM 单施及其复配 8 个处理,详见表 1-7。SAP、PAM 施用量参照于健等人在内蒙古干旱半干旱区多年研究得出保水剂在不同作物上施用量进行确定,每个处理 3 次重复,共 27 个试验小区,单个小区面积 240 m^2(6 m×40 m)。SAP 采用的是 BJ2101-L,颗粒粒径为 1.4~6 mm,PAM 采用的是分子量为 1 200 万Da。供试苜蓿品种为阿尔冈金,采用人工条播,播种时间为 2017 年 5 月上旬,播深 2 cm,行距 20 cm,播种量为 22.5 kg/hm^2。播种时施尿素 150 kg/hm^2,过磷酸钙 600 kg/hm^2,SAP 采用混施,PAM 采用撒施。试验区作物生育期灌溉采用地下滴灌,滴灌带采用普通滴灌带,滴灌带埋深为 15 cm,间距为 80 cm。灌溉水源为淖尔水(矿化度为 0.82 g/L),用水表控制水量,2017 年灌水周期约为 7 d,每茬灌水 3~4 次,灌水定额为 225 m^3/hm^2,2018 年灌水下限为田间持水量的 60%。紫花苜蓿在每茬开花初期刈割，其他农艺措施参照当地习惯。

表1-7 试验设计及处理

小区编号	施用量(kg/hm²)	
	SAP	PAM
CK	0	0
T1	30	0
T2	45	0
T3	0	15
T4	0	30
T5	45	15
T6	45	30
T7	30	15
T8	30	30

示范区紫花苜蓿已建植三年，采用品种为农宝，示范区仅进行SAP、PAM复配方式示范，具体复配施用量与试验区设计相同。复配中，SAP施用方式采用穴施，由紫花苜蓿播种机施入土壤，PAM采用撒施，由人工施入土壤。

1.3.4 小麦滴灌条件下SAP及PAM复配技术研究

1. 研究内容

春小麦复种西兰花技术模式；膜下滴灌香瓜复种向日葵技术模式；粮经作物滴灌复种技术模式效益分析。

2. 试验设置

供试春小麦品种为永良4号(中熟品种)，当地传统播种方式为条播，播种量为450 kg/hm²。不同于传统条播，膜下滴灌采用人工点播，每穴播种8～12颗，播种量为300 kg/hm²。两膜间行距和平均穴距均为12.5 cm，3月中旬播种，7月上旬收获。试验布置采用"一膜两带"的膜下滴灌模式，滴灌带间距60 cm，选用普通白色塑料地膜(宽170 cm，厚0.008 mm)，每膜播种12行，如图1-4所示。试验采用的滴灌带为单翼迷宫式(外径16 mm，壁厚0.3 mm)，设计流量2.4 L/h，滴孔间距30 cm，工作压力50～100 kPa。

膜下滴灌小麦共设3个灌水水平(W1～W3)，灌溉制度见表1-8。传统畦灌参照当地春小麦灌水量：灌水定额为1 050 m³/hm²，生育期灌水4次，分别在分蘖期、拔节期、抽穗期、灌浆期，灌溉定额为4 200 m³/hm²。灌水量均采用水表控制(精度：0.001 m³)。每个处理3次重复，共12个小区，小区长50 m、宽7 m，小区设有隔离带，在各小区间留有50 cm宽、40 cm高的小埂以供试验灌溉和观测，在试验区四周按地形和小区布置情况留有保护区。

参照当地施肥量：播种前种肥施用磷酸二铵525 kg/hm²，尿素75 kg/hm²；追肥施用尿素600 kg/hm²(分别在分蘖—拔节期、抽穗—花期施入，2次等量撒施)。本试验中膜下滴灌小麦播种前施肥磷酸二铵375 kg/hm²，尿素75 kg/hm²；追肥施用尿素300 kg/hm²，随水滴施，追肥时间分别在分蘖期、拔节期、抽穗期、灌浆期。试验开始前，结合秋翻，秋翻施入腐熟的有机肥30 000～45 000 kg/hm²，之后秋浇。

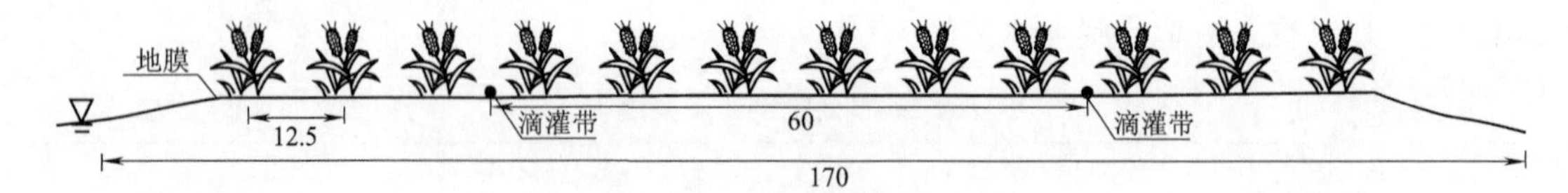

图 1-4 膜下滴灌小麦种植示意图(单位:cm)

表 1-8 小麦灌溉制度设计

灌水时间	W1			W2			W3		
	灌水次数	灌水定额(m³/亩)	灌溉定额(m³/亩)	灌水次数	灌水定额(m³/亩)	灌溉定额(m³/亩)	灌水次数	灌水定额(m³/亩)	灌溉定额(m³/亩)
分蘖期	1	23	23	1	30	30	1	37	37
拔节期	1	23	23	1	30	30	1	37	37
抽穗期	2	23	46	2	30	60	2	37	74
扬花期	1	23	23	1	30	30	1	37	37
灌浆期	1	15	15	1	15	15	1	15	15
成熟期	1	15	15	1	15	15	1	15	15
合计	7		145	7		180	7		215

小麦膜下滴灌施肥采用水肥一体化,追肥前应先滴清水 15～20 min,再将提前用水溶解的固体肥加入施肥罐中,追肥完成后再滴清水 30 min,清洗管道,防止堵塞滴头。生育期追肥量详见表 1-9。

表 1-9 小麦膜下滴灌生育期追肥量

施肥时间	施肥次数	肥料种类	施肥量(kg/亩)
分蘖期	1	尿素	6
拔节期	1	尿素	8
抽穗期	2	尿素	4
灌浆期	1	尿素	6

小麦在 7 月初可收获。西兰花 6 月初温室开始育苗,7 月下旬定植,每膜 3 行,行株距 50 cm。在定植前一周,小麦行间灌大水保持土壤湿润。种植西兰花需肥、水量大,除施足底肥外,应根据不同生长期适时追肥。追肥应掌握“前期促、中期控、后期攻”的原则,即苗期追施氮肥,促进营养生长,中期控制施肥,后期攻结球肥。移栽定植后到莲坐期共滴施尿素 2 次,施肥量为 150 kg/hm²;结球后到花球膨大期,每亩喷施磷酸二氢钾 2～3 次,促进花球膨大,喷施磷酸二氢钾应掌握少量多次的原则。进入花蕾形成期和花球膨大期,5～6 d 滴水 1 次,全生育期滴水 7～8 次。西兰花灌溉制度设计见表 1-10。

表 1-10 西兰花灌溉制度设计

灌水时间	T1			T2			T3		
	灌水次数	灌水定额(m³/亩)	灌溉定额(m³/亩)	灌水次数	灌水定额(m³/亩)	灌溉定额(m³/亩)	灌水次数	灌水定额(m³/亩)	灌溉定额(m³/亩)
定植	1	20	20	1	20	20	1	20	20

续上表

灌水时间	T1			T2			T3		
	灌水次数	灌水定额（m^3/亩）	灌溉定额（m^3/亩）	灌水次数	灌水定额（m^3/亩）	灌溉定额（m^3/亩）	灌水次数	灌水定额（m^3/亩）	灌溉定额（m^3/亩）
苗期	2	15	30	2	18	36	2	20	40
莲坐期	2	15	30	2	18	36	2	20	40
花蕾形成期	1	15	15	1	18	18	1	20	20
花球膨大期	1	15	15	1	18	18	1	20	20
合计	7		110	7		128	7		140

4月中下旬种植香瓜，待香瓜即将成熟在7月中上旬播种短日期油用向日葵，实现一年两茬经济作物种植模式。香瓜品种为矮株型，行距60～80 cm、株距50 cm，每亩2 000～2 500株。开花期、坐果期土壤含水率为田间持水量60%～70%，果实膨大期土壤含水率为田间持水量的80%～85%，成熟期土壤含水率为田间持水量的55%，采摘前7～10 d停止浇水。在瓜苗定植活棵后，可滴灌施1次伸蔓肥，此次肥量要轻，根据长势灵活掌握肥量，一般用硫酸钾复合肥75 kg/hm^2兑水滴灌10 min。待香瓜坐果并有鸡蛋大小时，可追施膨瓜肥，肥料以氮肥为主。香瓜复种向日葵灌溉制度设计见表1-11。

表1-11 香瓜复种向日葵灌溉制度设计

作物	灌水时间	TZ1			TZ2			TZ3		
		灌水次数	灌水定额（m^3/亩）	灌溉定额（m^3/亩）	灌水次数	灌水定额（m^3/亩）	灌溉定额（m^3/亩）	灌水次数	灌水定额（m^3/亩）	灌溉定额（m^3/亩）
香瓜	播种	1	12	12	1	15	15	1	20	20
	苗期	1	12	12	1	15	15	1	20	20
	开花期	1	12	12	1	15	15	1	20	20
	坐果期	1	12	12	1	15	15	1	20	20
	果实膨大期	1	12	12	1	15	15	1	20	20
	成熟期（向日葵播前）	1	12	12	1	15	15	1	20	20
向日葵	苗期	1	12	12	1	15	15	1	20	20
	现蕾期	1	12	12	1	15	15	1	20	20
	开花期	1	12	12	1	15	15	1	20	20
	灌浆期	1	12	12	1	15	15	1	20	20
	成熟期	1	12	12	1	15	15	1	20	20
合计		11		132	11		165	11		220

第 2 章　河套灌区小麦膜下滴灌技术研究

2.1　膜下滴灌对小麦生长的影响

2.1.1　对作物地上部分的影响

1. 不同处理对小麦株高的影响

株高在一定程度上可以反映作物在一定水肥条件下的生长发育状况，小麦过高或过矮就表明生长发育过旺或发育不良。拔节期为小麦的生长旺盛期，在灌浆期达到峰值，之后成熟期略有减小，如图 2-1 所示。

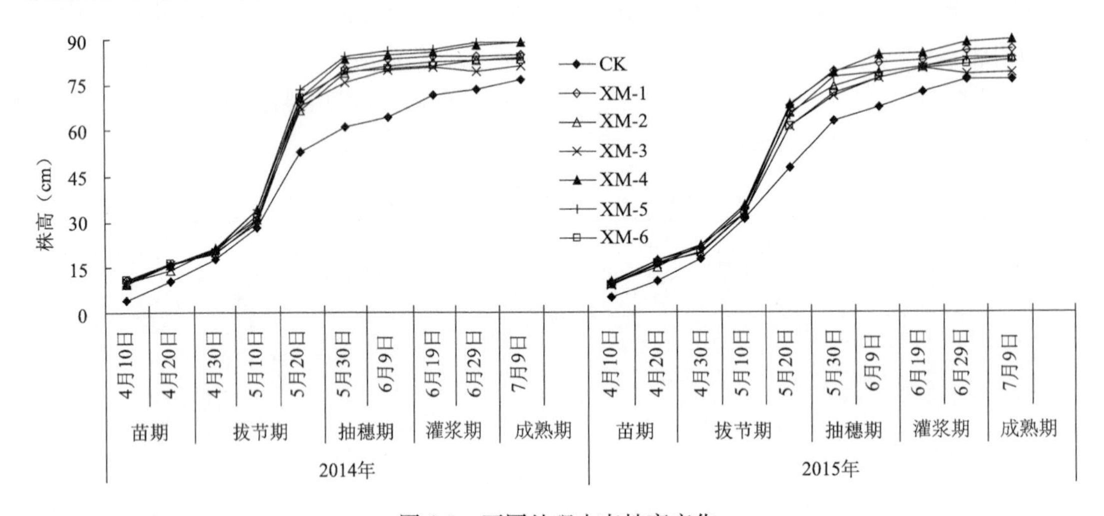

图 2-1　不同处理小麦株高变化

从图 2-1 可以看出，2014 年与 2015 年不同处理的株高变化规律基本相同，在苗期由于膜内温度较高，膜下滴灌小麦出苗较 CK 早 5～7 d，因此膜下滴灌小麦各处理株高明显大于 CK，且苗期没有进行灌溉，膜下滴灌小麦各处理的差异并不明显。进入拔节期，小麦生长速率加快，2014 年 CK、XM-1、XM-2、XM-3、XM-4、XM-5、XM-6 增长速率分别达到 1.18 cm/d、1.63 cm/d、1.50 cm/d、1.61 cm/d、1.66 cm/d、1.73 cm/d、1.70 cm/d；2015 年 CK、XM-1、XM-2、XM-3、XM-4、XM-5、XM-6 增长速率分别达到 0.99 cm/d、1.55 cm/d、1.56 cm/d、1.38 cm/d、1.55 cm/d、1.45 cm/d、1.39 cm/d，且由于种植模式与水分处理的不同，各处理的株高差异性表现明显。膜下滴灌小麦各处理在整个生育期内株高均大于 CK。在不同的水分处理条件下，2014 年一膜 6 行种植模式小麦的株高与水分成正相关，即 XM-1＞XM-2＞XM-3，一膜 5 行种植模式为 XM-5＞XM-4＞XM-6；而在 2015 年小麦株高为充分灌溉＞轻度水分亏缺＞中度水分亏缺；在不同的种植模式条件下，2014 年与 2015 年均为一膜 6 行各处理株高分别小于一膜 5 行的各处理，即 XM-1＜XM-4、XM-2＜XM-5、XM-3＜XM-6。充分灌溉有利于促进小麦生长，适度的水分亏缺不能形成对作物生长的胁迫，过度的水分胁迫可抑制作物的生长，且随着生育期的推进对作物生长的影响愈加明显；一膜 6 行的种植密度较一膜 5 行大，适宜的种植密度促进小麦的植株生长，而过大的种植密度导致植株间对水分、养分的竞争明显，抑制了植株生长。

2. 不同处理对小麦干物质积累的影响

干物质的累积与作物的光合作用与环境因子有着密切的关系。干物质是产量形成的基础，2014 年与 2015 年的干物质趋势基本相同，整体呈"S"形，在苗期—拔节期与抽穗期—灌浆期干物质累积量增加明显，在成熟期达到最大。

从图 2-2 可以看出 2014 年与 2015 年整个生育期，CK 的干物质累积量均小于膜下滴灌小麦各处理，且随着生育期的推进，干物质累积量的差异更加明显。2014 年各处理之间在苗期无明显差异。拔节期、抽穗期均为充分灌溉处理略高于轻度水分亏缺处理高于中度水分亏缺处理，即 XM-1＞XM-2＞XM-3，XM-4＞XM-5＞XM-6；一膜 5 行的各处理均高于一膜 6 行各处理，即 XM-4＞XM-1，XM-5＞XM-2，XM-6＞XM-3。抽穗期、灌浆期各处理变化规律基本相同，只有一膜 5 行轻度水分亏缺处理 XM-5 略高于一膜 5 行充分灌溉处理 XM-4。

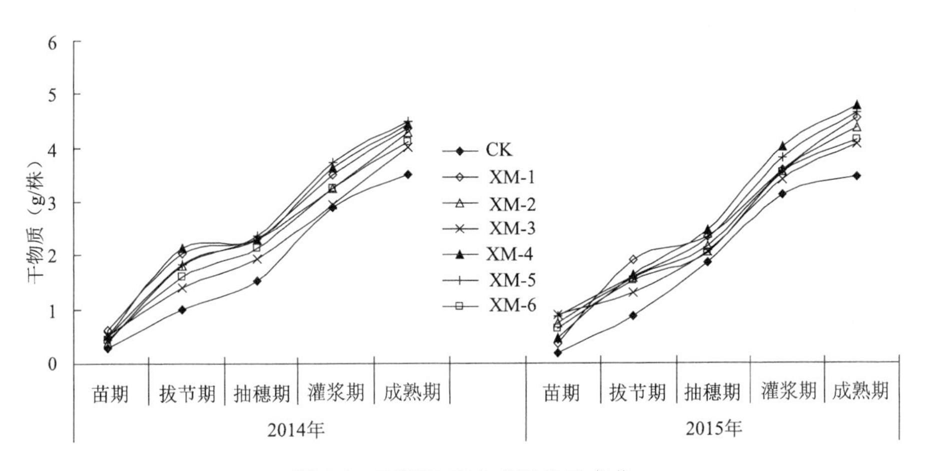

图 2-2　不同处理小麦干物质变化

2015 年在苗期、拔节期，膜下滴灌小麦各处理之间无显著差异，且不同种植模式与不同水分处理之间无明显规律。进入抽穗期后，在不同水分处理条件下，充分灌溉处理略高于轻度水分亏缺处理与中度水分亏缺处理；在不同种植模式条件下，一膜 5 行的各处理均高于一膜 6 行各处理，且在作物生长后期一膜 5 行的充分灌溉处理 XM-4 与一膜 5 行的轻度水分亏缺灌溉处理 XM-5 明显高于其他处理。

可以看出，灌水量对干物质的累积影响明显，在一定程度上充分灌溉可以促进干物质的累积，不同程度的水分亏缺会抑制干物质的累积；一膜 5 行的种植模式对干物质累积量促进作用显著。

3. 不同处理对小麦光合生理指标的影响

光合作用是产量形成的重要影响因素之一，光合作用的各项指标共同反映出作物光合作用的强弱，其中净光合速率、气孔导度、胞间 CO_2 浓度、蒸腾速率是决定光合作用的重要指标。净光合速率在拔节期开始增长迅速，在作物生长旺盛期即抽穗期达到峰值，之后开始平缓下降，整体呈倒 V 形。

从图 2-3(a)可以看出，拔节期、抽穗期和灌浆期的净光合速率规律相同，膜下滴灌各处理与 CK 差异显著($P<0.05$)；在不同的水分处理条件下，充分灌溉各处理与轻度水分亏缺各处理、中度水分亏缺各处理均差异显著($P<0.05$)；在不同的种植模式条件下，一膜 5 行各处理略高于一膜 6 行各处理，而无显著性差异，即 XM-4＞XM-1，XM-5＞XM-2，XM-6＞XM-3。水分与净光合速率的快慢呈正比，一膜 5 行的种植模式种植密度适宜，作物群体间无光的遮挡现象，对净光合速率的提高作用明显。

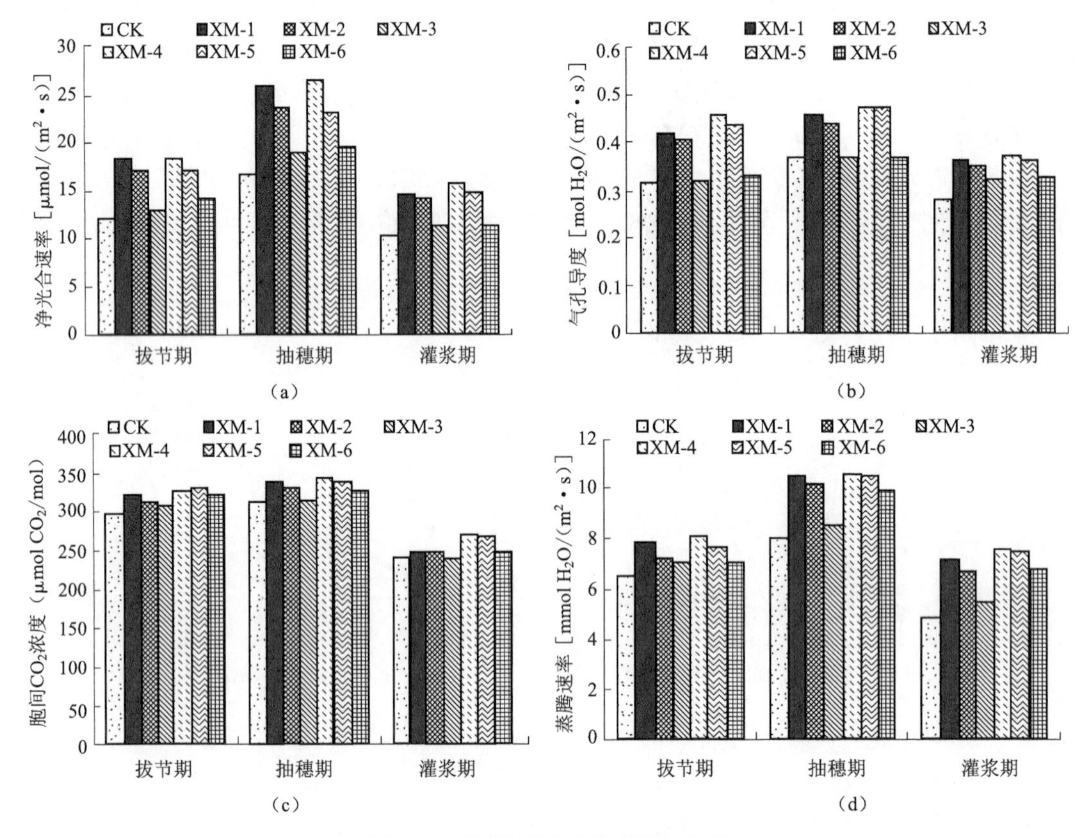

图 2-3　不同处理光合生理指标变化

植物光合和蒸腾速率的强弱很大程度上是由气孔张开度来控制，气孔导度是衡量气孔张开程度的一个重要指标。从图 2-3(b)可以看出，气孔导度的变化规律基本与净光合速率相同，均为先增大后减小。拔节期、抽穗期的 CK、XM-3、XM-6 的气孔导度明显小于其他各处理，且差异显著($P<0.05$)；在不同的水分处理条件下，充分灌溉、轻度水分亏缺处理显著高于中度水分亏缺处理($P<0.05$)，充分灌溉处理气孔导度略高于轻度水分亏缺处理，且无显著性差异；在不同的种植模式条件下，一膜 5 行各处理略高于一膜 6 行各处理，且无显著性差异，即 XM-4＞XM-1，XM-5＞XM-2，XM-6＞XM-3。灌浆期的气孔导度与净光合速率相同，不再赘述。中度水分亏缺的小麦气孔导度偏低，不利于光合作用的增大，从而会影响产量的形成；而

充分灌溉和轻度水分亏缺的小麦气孔导度明显大于其他处理。

植物叶片的胞间 CO_2 浓度也是影响植物光合作用的重要指标之一，胞间 CO_2 浓度与叶片的气孔导度有着直接关系，所以胞间 CO_2 浓度的变化受气孔导度的变化的影响。从图 2-3(c)可以看出，小麦胞间 CO_2 浓度虽然整体变化规律与气孔导度的变化规律相同，但其变化速率比气孔导度缓慢。拔节期、抽穗期膜下滴灌小麦各处理与 CK 差异显著($P<0.05$)，膜下滴灌小麦各处理之间无显著性差异，其大小关系为 XM-4＞XM-5＞XM-1＞XM-2＞XM-6＞XM-3。灌浆期小麦各处理之间无显著差异，整体表现为 XM-4＞XM-5＞XM-1＞XM-2＞XM-6＞XM-3＞CK。

从图 2-3(d)可以看出，蒸腾速率的整体变化趋势和净光合速率是一致的。一膜 5 行种植模式各处理的蒸腾速率均高于一膜 6 行相同水分处理的小区，且蒸腾速率的快慢与该处理水分的多少呈正相关。一膜 5 行膜下滴灌小麦既能维持高的净光合速率又可保证较高的蒸腾速率，需要有充足的水分供应。

2.1.2　对作物地下部分的影响

根系是作物吸收水分和养分的主要器官，其形态特征和分布格局与作物地上部分的生长和产量的形成有密切的关系。膜下滴灌技术结合先进的栽培方式和灌水技术，能保证作物所需水分与养分按作物需求适时补充，为作物根系生长创造了良好的水分和养分环境。根据不同种植模式下的膜下滴灌小麦不同生育期不同灌水处理根系生长状况试验观测结果，分析研究不同水分处理与种植模式对根系分布的影响。

1. 不同处理对小麦根长密度的影响

根长密度表示单位土壤容积里的根系总长度，可反映根系数量的多少，也间接反映根系吸收水分、养分的范围和强度，是表征根系分布特性的重要指标。膜下滴灌小麦的根系分布主要集中在浅层土壤，其中 0～30 cm 的土层中根系分布最密集，占总根系的 60%以上，根长密度最大出现在距地表 10 cm 处，以下随土层深度增加递减。分析不同生育期根长密度可知：拔节期是根系的快速生长期，抽穗期后根系生长缓慢，在灌浆期达到最大值，成熟期根系呈减少趋势。因此，拔节期是小麦的关键生育期，也是根系的快速生长期。

由图 2-4(a)可以看出，2014 年拔节期，在 0～30 cm 土层中膜下滴灌小麦各处理根长密度明显高于 CK，但在 40 cm 以下土层中 CK 的根长密度大于膜下滴灌小麦各处理；不同灌水水平条件下，一膜 6 行在 0～30 cm 的土层中根长密度为 XM-1＞XM-2＞XM-3，一膜 5 行的根长密度为 XM-5＞XM-4＞XM-6，在 40 cm 以下的土层中根长密度与灌水量成反比，即 XM-3＞XM-2＞XM-1，XM-6＞XM-5＞XM-4。在不同种植模式条件下，一膜 5 行的根长密度在各土层中均大于一膜 6 行。由图 2-4(b)可以看出，2015 年拔节期根长密度与 2014 年略有不同，在 0～10 cm 土层中膜下滴灌小麦各处理根长密度明显大于 CK，在 10 cm 以下土层中 CK 大于 XM-3、XM-6；膜下滴灌小麦各处理根长密度在 0～30 cm 土层中，不同灌水水平条件下，根长密度与灌水量呈正比，即充分灌溉＞轻度水分亏缺＞中度水分亏缺；在不同种植模式条件下，一膜 5 行的根长密度明显大于一膜 6 行。在 30 cm 以下土层中，膜下滴灌小麦各处理根长密度无规律性差异，而趋势相同。

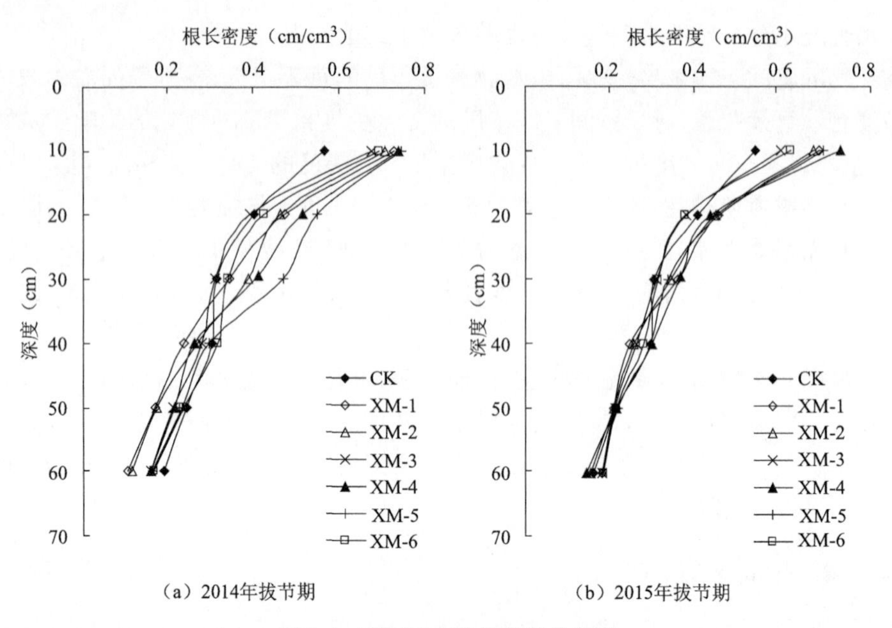

（a）2014年拔节期　　（b）2015年拔节期

图 2-4　不同处理拔节期根长密度

拔节期到抽穗期根系生长迅速，根长密度生长速率最大。由图 2-5(a)可以看出，2014 年抽穗期根长密度的变化趋势与拔节期一致，在此不再赘述，且一膜 5 行与一膜 6 行的根长密度差异更加明显。由图 2-5(b)可以看出，2015 年抽穗期，不同灌水水平条件下，0～30 cm 土层中根长密度与灌水量呈正比，为 XM-1＞XM-2＞XM-3、XM-4＞XM-5＞XM-6，40 cm 以下土层中根长密度与灌水量成反比；在不同种植模式条件下，一膜 5 行在各土层中根长密度均大于一膜 6 行，且一膜 5 行在根系主要的集中区 XM-4、XM-5 处理明显大于其他各处理。

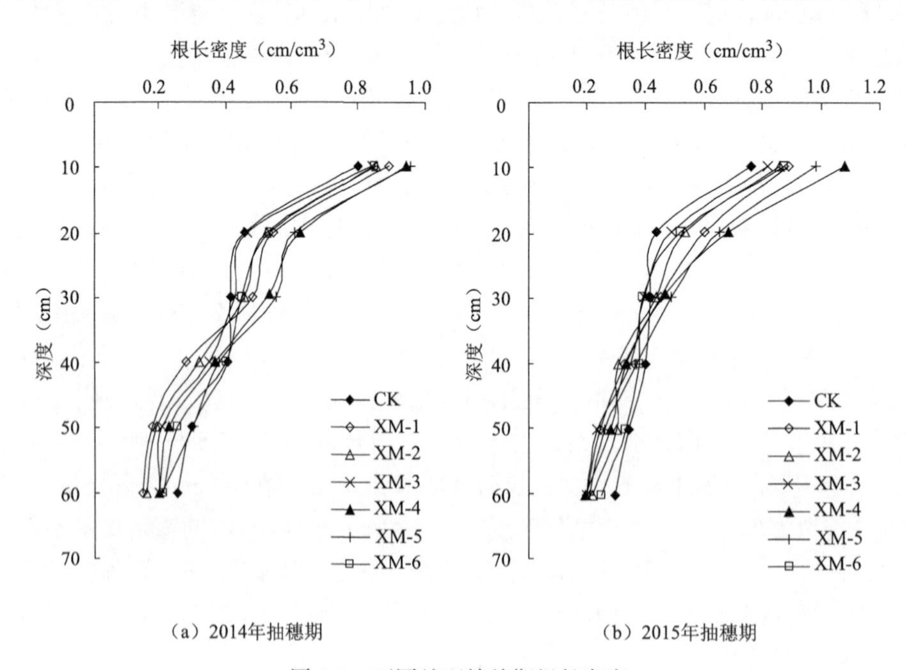

（a）2014年抽穗期　　（b）2015年抽穗期

图 2-5　不同处理抽穗期根长密度

在灌浆期，根系达到整个生育期的峰值，根系的生长也基本停滞。图 2-6 可以看出，2014 年与 2015 年灌浆期的根长密度规律相同，在根系主要集中区 0～30 cm 土层中，CK 小于膜下滴灌小麦各处理，在 30 cm 以下土层中恰恰相反。不同灌水水平条件下，0～30 cm 土层中根长密度与灌水量呈正比，为 XM-1＞XM-2＞XM-3、XM-4＞XM-5＞XM-6，40 cm 以下土层中为根长密度与灌水量成反比；在不同种植模式条件下，一膜 5 行在各土层中根长密度均大于一膜 6 行，且一膜 5 行的根长密度优势明显。

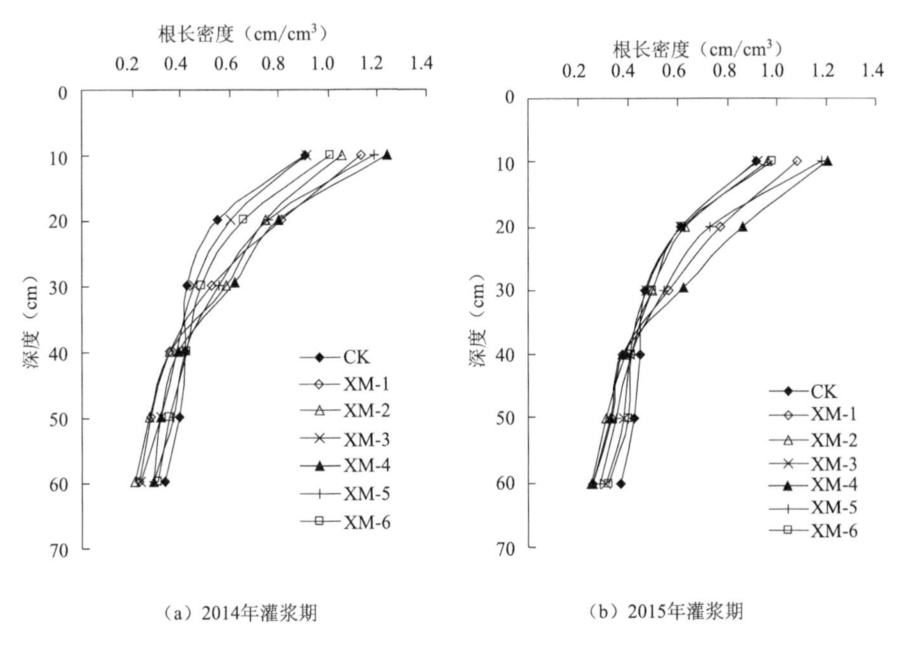

图 2-6　不同处理灌浆期根长密度

到整个生育期的后期成熟期，根长密度出现一个明显的衰减过程。图 2-7 可以看出，2014 年与 2015 年根长密度规律相同，且在 0～30 cm 的土层中与灌浆期相同，此处不再赘述。而 30 cm 以下的土层中，根长密度为充分灌溉＞轻度水分亏缺＞中度水分亏缺，即 XM-1＞XM-2＞XM-3、XM-4＞XM-5＞XM-6。2014 年成熟期 CK、XM-1、XM-2、XM-3、XM-4、XM-5、XM-6 各土层根长密度平均较灌浆期分别减少了 22.54%、11.49%、12.11%、15.76%、10.74%、11.82%、12.55%；2015 年分别减少了 24.95%、8.54%、12.24%、22.16%、6.66%、10.99%、17.84%。

综上可知，膜下滴灌小麦应根据土壤墒情按需灌水。在根系主要集中区，土壤水分充足可促进根系的生长，其根长密度明显大于 CK；一膜 6 行的种植模式较一膜 5 行会抑制小麦根系的生长，其根长密度小于一膜 5 行；灌水量的大小在根系主要分布区内与根长密度呈正相关。2014 年在小麦生长前期，一膜 5 行的轻度水分亏缺根长密度略大于一膜 5 行的充分灌溉，这表明轻度水分亏缺有利于根系的生长，促进表层根长密度增加和根系的下扎。成熟期，根系明显出现枯萎现象，在各土层中根长密度均减少，但根长密度与灌水量呈比例关系，即灌水量越多的试验处理根长密度减小量越少。这是由于灌水量较多可保证土层较高的含水率，使根系保持活性，灌水量较少时土壤含水率迅速减小，根系枯萎程度明显。

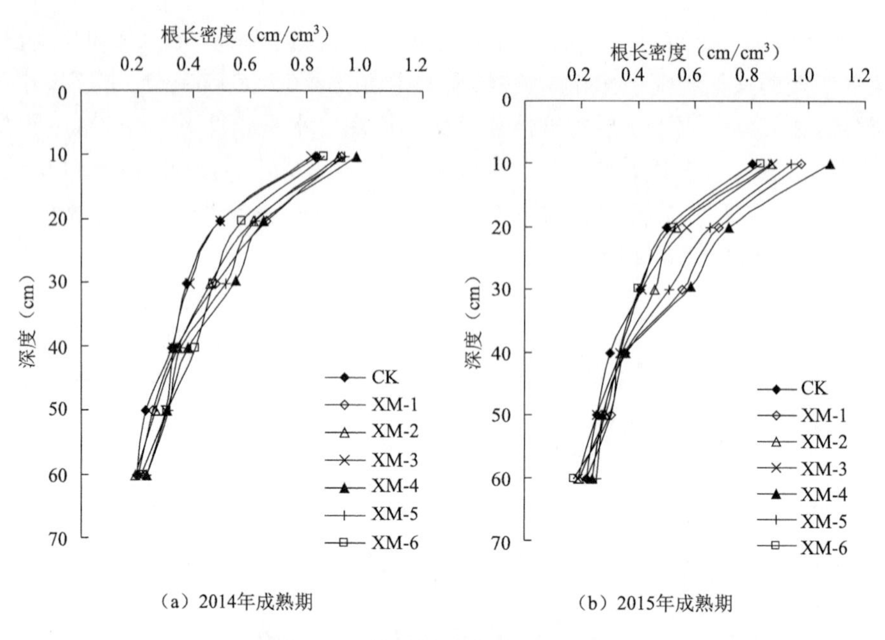

（a）2014年成熟期　　（b）2015年成熟期

图 2-7　不同处理成熟期根长密度

小麦的根系在 0～30 cm 土层中生长变化明显，CK、XM-1、XM-2、XM-3、XM-4、XM-5、XM-6 各处理根长密度在 0～30 cm 土层中各生育期分别占总根系的百分比见表 2-1。可以看出，CK 在成熟期根长密度百分比达到峰值，膜下滴灌小麦在灌浆期达到峰值，这是由于 CK 在成熟期 30 cm 以下土层中的根系迅速枯萎，表层土壤中的根系枯萎程度较 30 cm 以下稍慢，而膜下滴灌小麦 0～30 cm 土层根长密度百分比与灌水量呈正比，且一膜 5 行优势明显。

表 2-1　0～30 cm 土层根长密度占总根系的百分比

小区编号	2014 年				2015 年			
	拔节期	抽穗期	灌浆期	成熟期	拔节期	抽穗期	灌浆期	成熟期
CK	62.14%	63.28%	63.46%	69.58%	60.67%	61.77%	64.88%	67.75%
XM-1	70.27%	72.25%	72.96%	72.10%	69.88%	71.10%	72.36%	71.52%
XM-2	69.67%	70.28%	71.70%	69.91%	68.13%	69.36%	70.16%	68.83%
XM-3	66.62%	66.75%	67.68%	67.30%	64.57%	66.36%	69.38%	67.54%
XM-4	71.25%	73.31%	75.64%	74.77%	70.25%	73.46%	73.68%	73.03%
XM-5	72.24%	74.39%	74.11%	72.97%	68.47%	70.57%	71.43%	70.27%
XM-6	66.88%	67.84%	69.45%	67.56%	64.88%	67.13%	67.80%	68.87%

2. 不同处理对小麦根表面积密度的影响

根表面积密度也可在一定程度上反映出根系对土壤水肥资源利用能力。在根长相等时，根表面积密度的大小，反映了作物根系的健壮程度，根表面积越大则与土壤接触面积越大，吸收土壤水分与养分的能力就越大。2014 年与 2015 年膜下滴灌小麦拔节期根表面积密度如

图 2-8 所示，2014 年和 2015 年根表面积密度变化规律基本相似。在不同灌溉条件下，0～30 cm 土层中小麦根表面积密度 CK 明显小于膜下滴灌各处理，在 40 cm 以下土层中 CK 与膜下滴灌无明显规律。不同灌水水平条件下，一膜 6 行在 0～30 cm 土层中的根表面积密度为 XM-1＞XM-2＞XM-3，一膜 5 行 2014 年与 2015 年略有不同：2014 年根表面积密度为XM-5＞XM-4＞XM-6，而 2015 年为 XM-4＞XM-5＞XM-6；在 40 cm 以下的土层中根表面积密度与灌水量成反比，即 XM-3＞XM-2＞XM-1，XM-6＞XM-5＞XM-4；在不同种植模式条件下，一膜 5 行在各土层中根表面积密度均大于一膜 6 行。

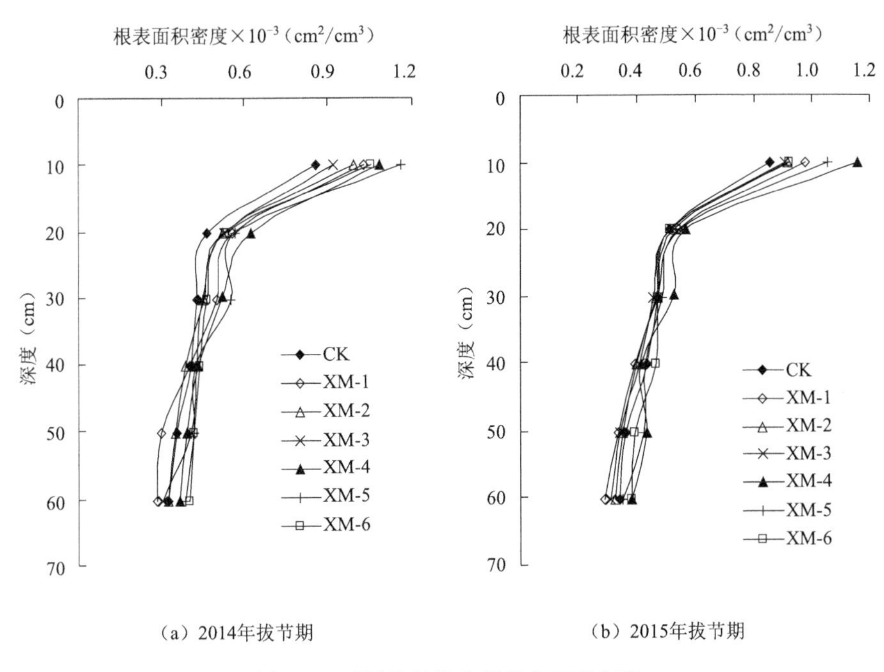

图 2-8　不同处理拔节期根表面积密度

根表面积密度从拔节期至抽穗期在 0～30 cm 土层中的增幅最大，抽穗期至灌浆期的根表面积密度变化较小。2014 年与 2015 年抽穗期根表面积密度如图 2-9 所示，抽穗期变化规律相同。在 0～30 cm 土层中，膜下滴灌小麦各处理根表面积密度均大于 CK，在 30 cm 以下土层中则相反；不同灌水水平条件下，0～30 cm 土层中根表面积密度与灌水量呈正比，为 XM-1＞XM-2＞XM-3、XM-4＞XM-5＞XM-6，40 cm 以下土层中为根表面积密度与灌水量成反比；在不同种植模式条件下，一膜 5 行在各土层中根表面积密度均大于一膜 6 行，且 2015 年一膜 5 行 XM-4、XM-5 在 0～30 cm 土层中明显大于其他各处理。2014 年与 2015 年灌浆期根表面积密度如图 2-10 所示，其规律与抽穗期相同，在此不再赘述。

根表面积密度在成熟期也出现衰减的现象。2014 年与 2015 年成熟期根表面积密度如图 2-11所示，可以看出，虽然根表面积密度减小，但其根表面积密度规律与之前保持基本不变。2014 年成熟期 CK、XM-1、XM-2、XM-3、XM-4、XM-5、XM-6 各土层根表面积密度平均较灌浆期分别减少了 23.11%、5.49%、7.51%、15.70%、4.47%、6.62%、12.18%；2015 年分别减少了 22.61%、5.01%、10.20%、16.13%、3.88%、8.05%、11.15%。

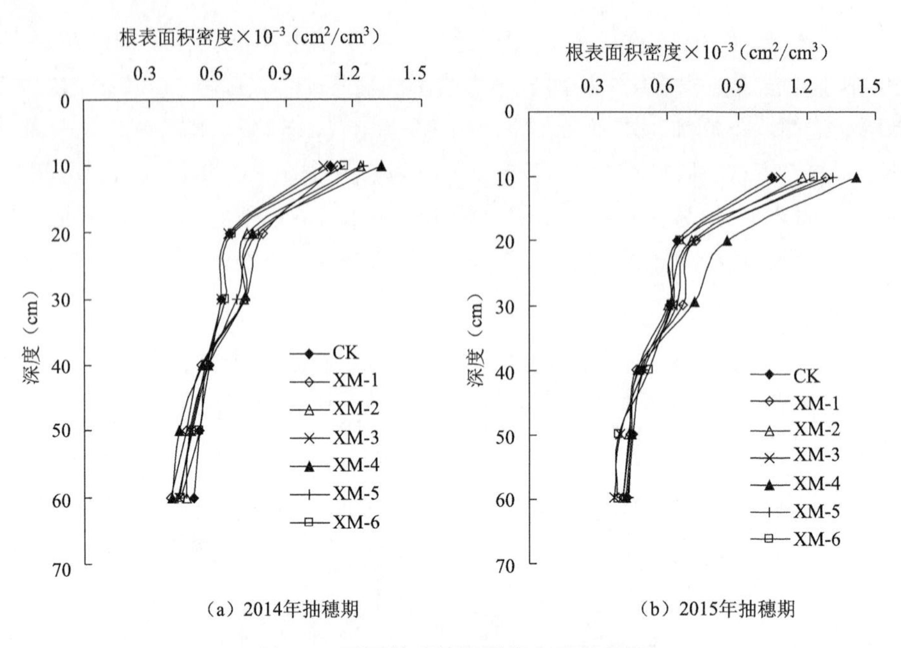

(a) 2014年抽穗期　　(b) 2015年抽穗期

图 2-9　不同处理抽穗期根表面积密度

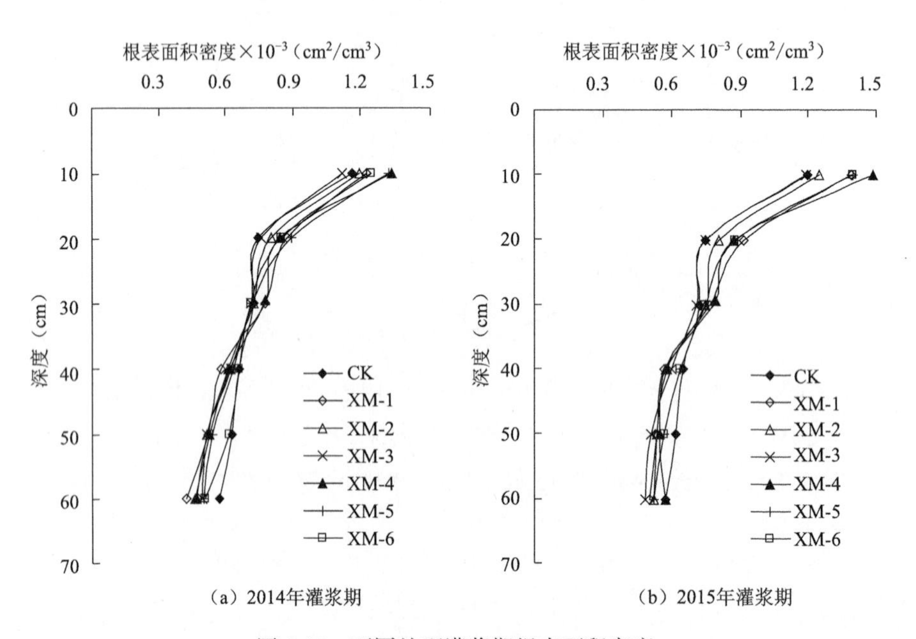

(a) 2014年灌浆期　　(b) 2015年灌浆期

图 2-10　不同处理灌浆期根表面积密度

综上可知,膜下滴灌小麦明显增加了主要吸水层 0～30 cm 的根表面积密度,且一膜 5 行的充分灌溉处理更有利于小麦根表面积密度的生长。拔节期、抽穗期、灌浆期在 0～30 cm 土层中根表面积密度最为集中,根系在成熟期出现枯萎。膜下滴灌小麦各处理成熟期 0～30 cm 土层中根表面积密度都出现减小的现象,而 CK 在成熟期根表面积密度反而增加,这是由于成熟期后 CK 在 30 cm 以下土层中的根系迅速枯萎,其根表面积密度数值减少幅度大于 0～30 cm的土层中根表面积密度,导致占总根系的百分比升高。

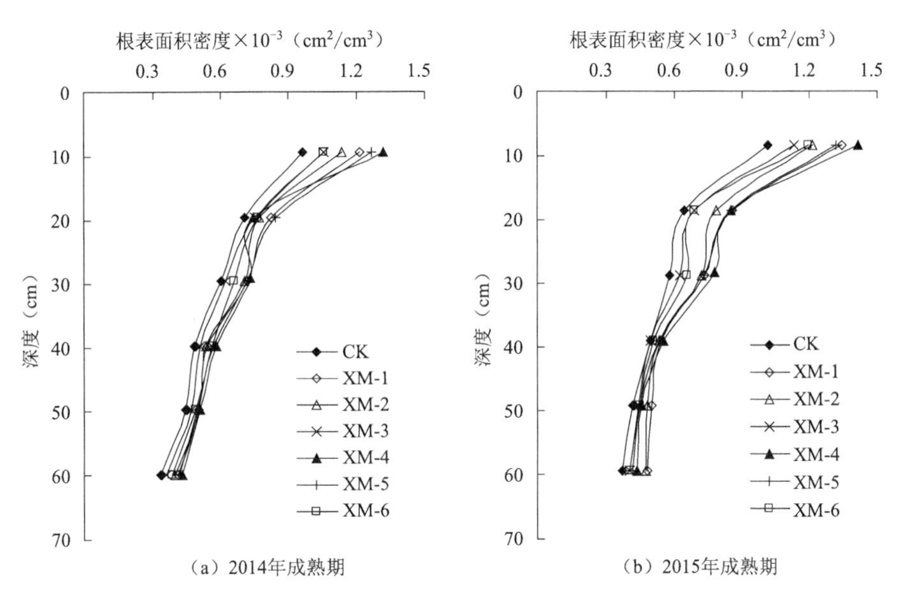

（a）2014年成熟期　（b）2015年成熟期

图 2-11　不同处理成熟期根表面积密度

由表 2-2 可以看出，膜下滴灌小麦各处理的 0～30 cm 根表面积密度占总根系的百分比，在整个生育期内均与其灌水量呈正比，且一膜 5 行明显大于一膜 6 行。由于膜下滴灌小麦的主要根系集中在 0～30 cm 土层中，在 0～30 cm 土层中根表面积密度大更有利于吸收土壤水分与养分，即膜下滴灌小麦较 CK 更能促进作物根系生长，更有利于作物吸收土壤中的水分及养分。而一膜 5 行的充分灌溉处理对作物根系生长的促进作用优势明显。

表 2-2　0～30 cm 土层根表面积密度占总根系的百分比

小区编号	2014 年				2015 年			
	拔节期	抽穗期	灌浆期	成熟期	拔节期	抽穗期	灌浆期	成熟期
CK	58.59%	60.24%	61.65%	64.30%	59.16%	61.58%	62.91%	63.46%
XM-1	64.84%	65.40%	66.09%	65.23%	65.61%	66.00%	67.36%	65.03%
XM-2	63.14%	64.47%	64.81%	64.46%	63.15%	64.61%	65.74%	63.92%
XM-3	61.11%	61.91%	63.38%	61.80%	60.55%	64.42%	65.41%	61.78%
XM-4	64.63%	67.65%	67.86%	65.47%	64.54%	67.75%	69.30%	65.76%
XM-5	63.73%	65.29%	65.54%	65.07%	63.41%	66.15%	67.27%	63.85%
XM-6	61.41%	62.40%	64.40%	62.31%	62.38%	65.08%	66.17%	63.75%

3. 不同处理对小麦根体积密度的影响

小麦的根体积密度是反映小麦根系生长分布特征和发育情况的另一个重要指标。拔节期的小麦根体积密度如图 2-12 所示，在不同灌溉方式条件下，膜下滴灌小麦与 CK 根体积密度在 0～10 cm 土层中差异明显，为膜下滴灌大于 CK，但在 10～30 cm 以下土层中 CK 大于 XM-3、XM-4，2014 年在 30 cm 以下土层中 CK 与膜下滴灌小麦各处理根体积密度无明显差异，而 2015 年 CK 根体积密度略大于膜下滴灌小麦各处理；不同灌水水平条件下，2014 年与 2015 年根体积密度在 0～10 cm 的土层中与灌水量呈正比，但 2014 年一膜 5 行为 XM-5>

XM-4＞XM-6，在 10 cm 以下的土层中根体积密度与灌水量无明显规律；在不同种植模式条件下，一膜 5 行在各土层中根体积密度均大于一膜 6 行，且在 0～30 cm 土层中差异明显。

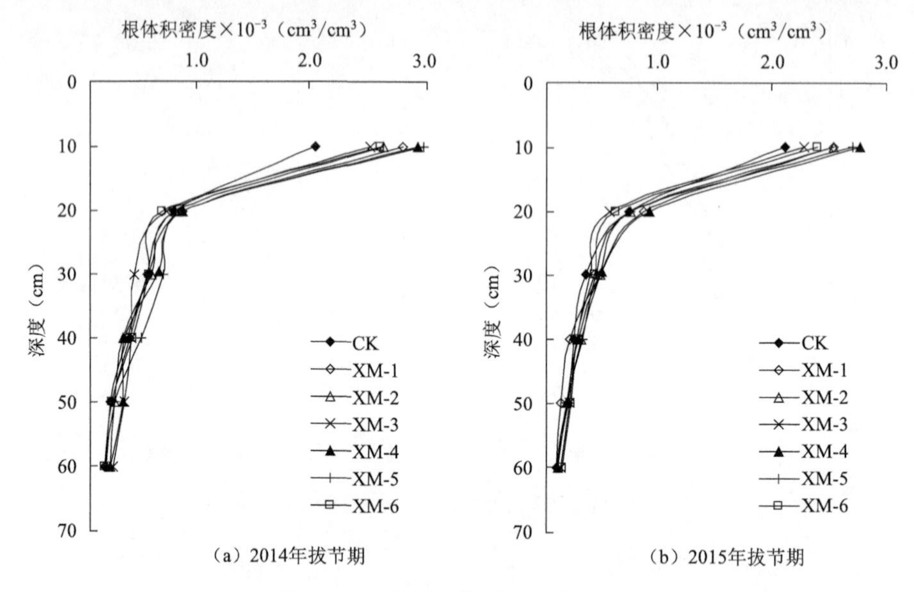

图 2-12　不同处理拔节期根体积密度

抽穗期 0～30 cm 土层根体积密度增长明显(图 2-13)。在不同灌溉方式条件下，0～30 cm 土层中膜下滴灌根体积密度大于 CK，40 cm 以下土层中为 CK 大于膜下滴灌，且 2014 年在表层土壤中 CK 的根体积密度远小于膜下滴灌；不同灌水水平条件下，0～30 cm 土层根体积密度为充分灌溉＞轻度水分亏缺＞中度水分亏缺，即 XM-1＞XM-2＞XM-3、XM-4＞XM-5＞XM-6，在 40 cm 以下土层恰恰相反；在不同种植模式条件下，一膜 5 行在各土层中根体积密度均大于一膜 6 行。

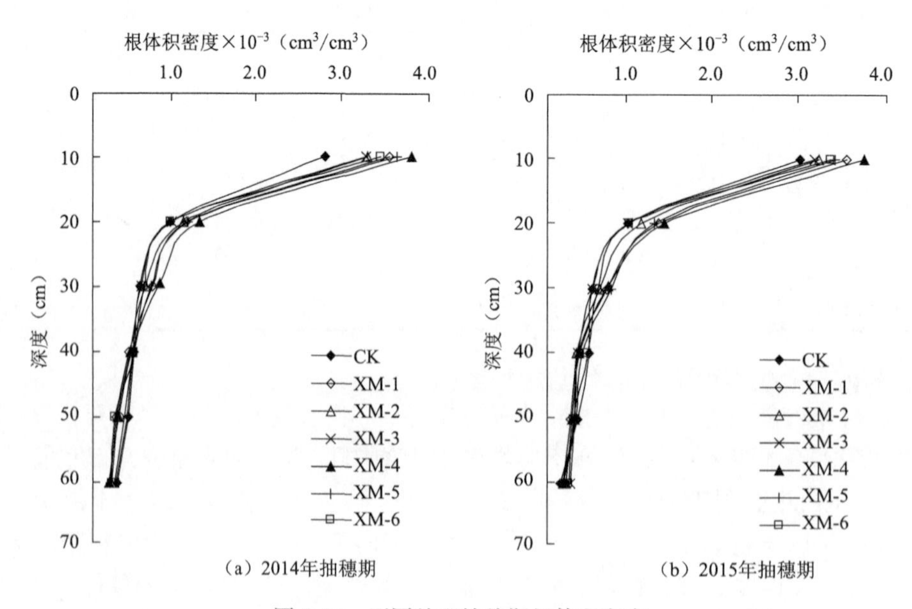

图 2-13　不同处理抽穗期根体积密度

进入灌浆期后，小麦根体积密度与抽穗期规律保持一致，且 2014 年与 2015 年 XM-4 的根体积密度明显大于其他处理，而 CK 与膜下滴灌小麦的差异减小，如图 2-14 所示。

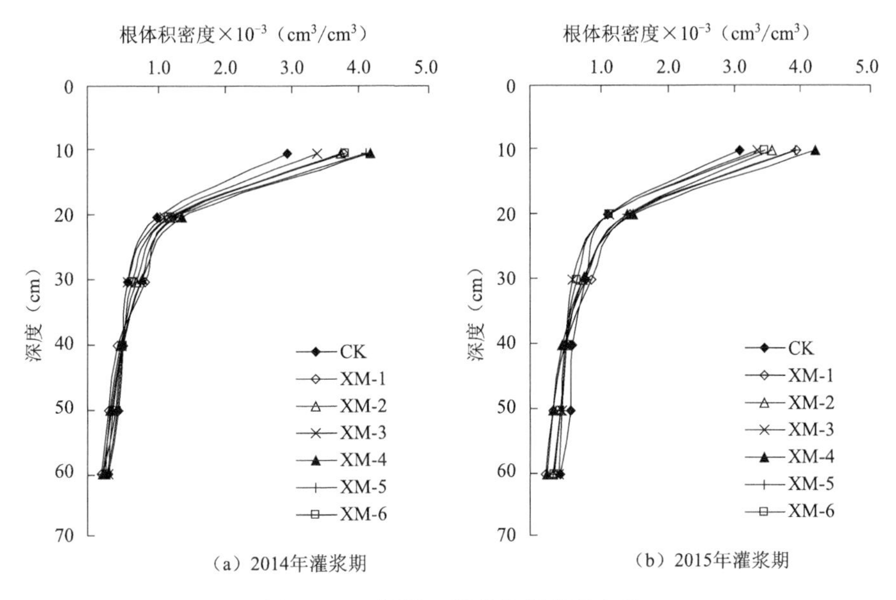

图 2-14　不同处理灌浆期根体积密度

成熟期为小麦的生长后期，作物需水量逐渐减少，根系出现枯萎，故根体积密度略有减小，根体积密度的枯萎规律与根表面积密度的规律一致，如图 2-15 所示。且 CK 的枯萎明显，根体积密度远小于膜下滴灌各处理；而一膜 5 行的充分灌溉处理 XM-4 根体积密度仍明显大于其他处理。

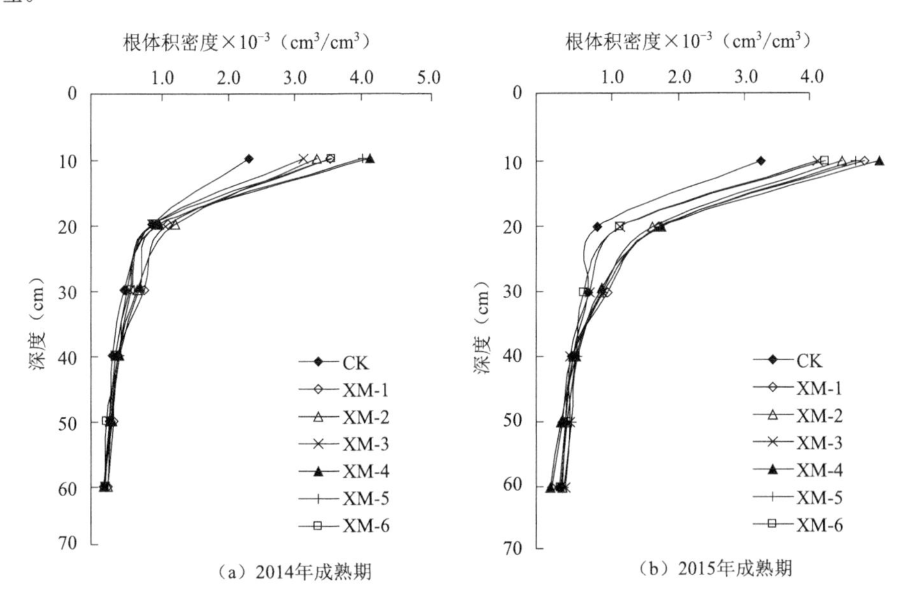

图 2-15　不同处理成熟期根体积密度

综上可知，各生育阶段膜下滴灌小麦在根系主要分布区的根体积密度均大于 CK，膜下滴灌对小麦根系在浅层土壤中的根系生长有明显促进作用；不同灌水水平条件下，充分灌溉促进了主要根系层的根系生长，同时轻度水分亏缺有利于深层土壤中根系的生长，是作物对环境适应的结果。在根系的主要分布区，XM-4 的根体积密度在各生育期均最大，可见一膜 5 行的种植模式具有适宜的种植密度，同时充分灌溉有利于根体积密度的增大，促进根系的生长。膜下滴灌在小麦的生长初期与后期对根体积密度影响明显，初期与后期的根体积密度远大于 CK，这是由于在生长初期膜下滴灌小麦的水分与温度条件优于 CK，而后期覆膜减少了土壤水分的蒸散，改善了根系水分条件，其枯萎程度明显小于 CK。

由表 2-3 可以看出，CK 在 0～30 cm 土层中根体积密度占总根系的 75%～85%，膜下滴灌小麦各处理在 80%以上，且根体积密度占总根系的百分比与根表面积密度的规律一致。膜下滴灌对小麦的根体积密度影响明显，80%以上的根体积密度分布于 0～30 cm 的土层中，对根系吸收养分与水分有明显作用。

表 2-3　0～30 cm 土层根体积密度占总根系的百分比

小区	2014 年				2015 年			
	拔节期	抽穗期	灌浆期	成熟期	拔节期	抽穗期	灌浆期	成熟期
CK	77.90%	78.31%	82.28%	84.05%	75.34%	78.90%	81.46%	85.63%
XM-1	85.70%	85.97%	86.56%	85.73%	85.63%	86.73%	89.96%	87.17%
XM-2	82.23%	84.74%	85.48%	84.02%	81.69%	83.65%	86.04%	85.00%
XM-3	80.86%	81.56%	84.09%	81.17%	78.55%	82.15%	83.90%	80.15%
XM-4	84.27%	86.16%	87.30%	86.14%	86.25%	86.74%	87.89%	86.49%
XM-5	82.76%	85.29%	86.10%	84.42%	82.78%	83.95%	86.90%	85.01%
XM-6	81.90%	85.07%	85.47%	84.04%	79.87%	82.97%	84.36%	80.80%

2.2　基于 HYDRUS-1D 模型小麦水盐肥运移规律

为研究膜下滴灌小麦水盐肥运移变化规律，对膜下滴灌不同水分处理小麦及常规种植常规灌溉下小麦在不同生育期内 0～20 cm、20～40 cm、40～60 cm、60～80 cm、80～100 cm 土层中土壤水分、*EC* 值(电导率值)、速效氮、速效磷含量的动态变化进行了测定。以探究小麦膜下滴灌条件下土壤水分、盐分和速效氮磷养分的运移规律，并利用 HYDRUS-1D 模型对不同土层中速效氮、速效磷与盐分运移过程进行分析。

2.2.1　HYDRUS-1D 模型介绍

HYDRUS-1D 模型软件是美国农业部盐土试验室在 Worm 模型基础上加以改进的完善版，可用来模拟饱和及非饱和土壤中的水分运动、溶质运移及热运动的模拟模型。该模型采用改进后的 Richards 方程作为水分运动的控制方程，能够处理变化的边界条件；在模拟溶质运移时，考虑了土壤对溶质的吸附—解析、阳离子交换作用以及溶质在土壤中所发生的一系列物理、化学及生物过程；采用改进后的对流-弥散方程作为溶质运移的控制方程，同时采用有限元法对两组控制方程进行求解，能够很好地模拟水分、溶质和能量在土壤中的分布、时空变化、运移规律等，可用于模拟土壤水分、盐分、土壤氮素、农业化学物质及有机污染物的迁移与转化过程。

1. 模型的基本方程

模型中水分和溶质方程分别采用经典的 Richards 方程和对流-弥散方程：

$$\frac{\partial \theta}{\partial t}=\frac{\partial}{\partial z}\left[K(\theta)\frac{\partial h}{\partial z}\right]+\frac{\partial K(\theta)}{\partial z}-S \tag{2-1}$$

式中　h——水势；

θ——体积含水率；

t——时间；

z——距离步长；

S——吸收项；

K——导水率。

$$\frac{\partial \theta c}{\partial t}=\frac{\partial}{\partial z}\left(\theta D_{\mathrm{w}}\frac{\partial c}{\partial z}\right)-\frac{\partial q c}{\partial z}-S c_{\mathrm{r}}-\mu_{\mathrm{w}}\theta c+\gamma_{\mathrm{w}}\theta \tag{2-2}$$

式中　c——液相中溶质浓度；

D_{w}——溶质在水中的扩散-弥散系数；

q——水分通量密度；

c_{r}——吸收项浓度；

μ_{w}——一级反应常数；

γ_{w}——零级反应常数。

方程的源汇项可以包含 N 在土壤中复杂的物理化学、生物化学等过程，如矿化反应，生物固持作用，硝化与反硝化，氨的挥发、固定等。

2. 模型的初始条件与边界条件

利用模型模拟土壤深度 0～100 cm 的土层，分为 0～20 cm、20～40 cm、40～60 cm、60～80 cm、80～100 cm 5 层，模拟时段共计 108 d，根据收敛迭代次数调整时间步长。

模型的初始条件：将 2014 年与 2015 年小麦播前的田间土壤体积含水率实测值作为模型中的初始含水率；播前的田间土壤速效氮、速效磷实测值作为模型中的初始速效氮、速效磷；播前的田间 EC 值作为模型中的初始 EC 值。缺失的数据用插值法补足。初始含水率、EC 值、初始速效氮、速效磷分布如图 2-16～图 2-19 所示。

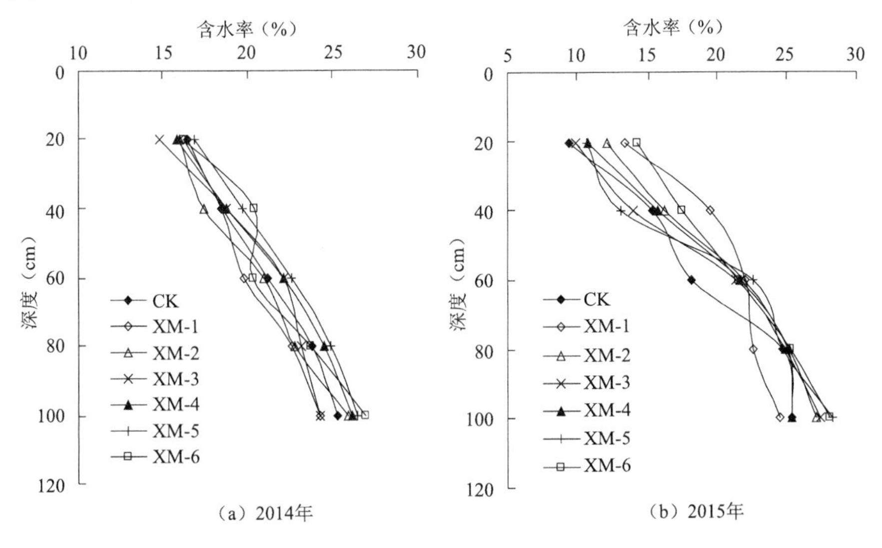

图 2-16　初始含水率分布

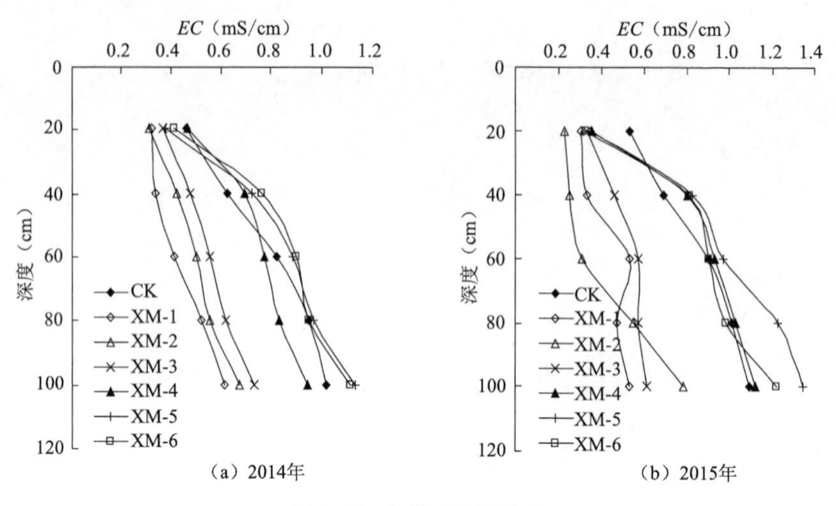

图 2-17 初始 *EC* 值分布

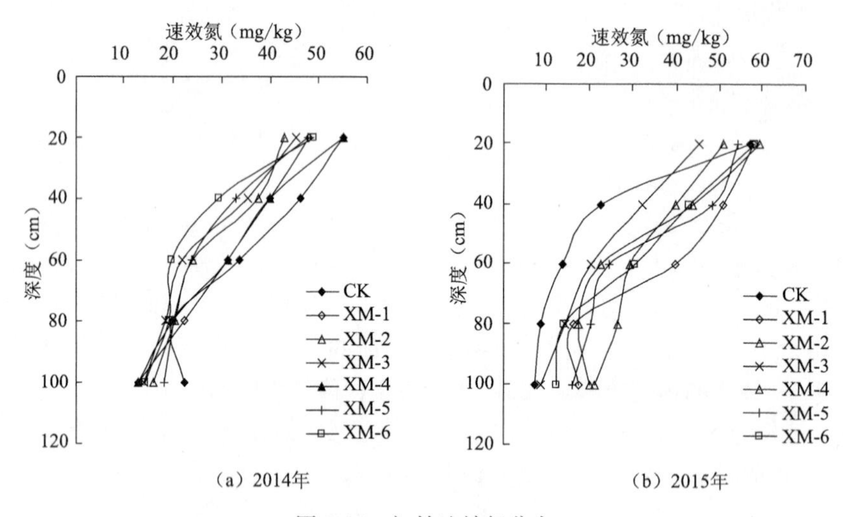

图 2-18 初始速效氮分布

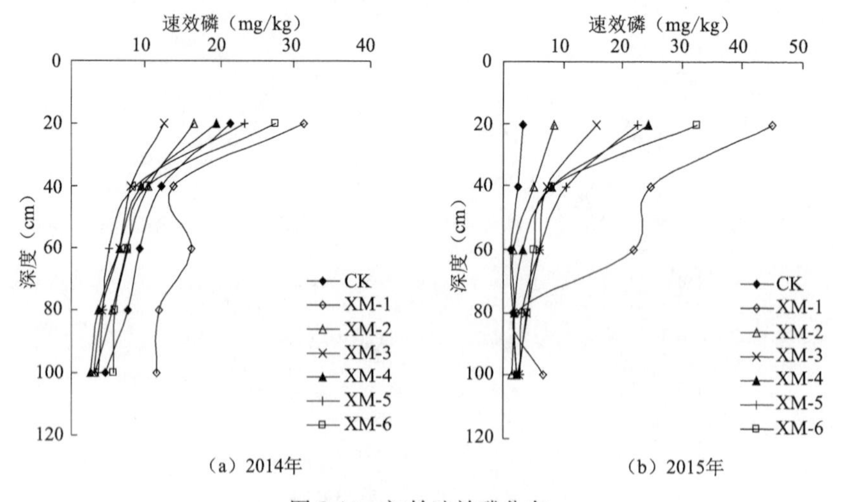

图 2-19 初始速效磷分布

模型的边界条件：根据田间试验结果，模型中的上边界条件采用通量已知的第二类边界条件，条件包括逐日降水、灌溉水量。由于降水量少且很快入渗，滴灌不存在地表径流，所以忽略地表径流。模型中设定的下边界条件设在 100 cm 处，假定自由排水和浓度梯度为零。

3. 模型率定

采用 2014 年田间实测数据进行模型参数率定，采用 2015 年田间实测资料进行模型检验。将模拟点 2014 年的气象数据、初始含水率、初始含盐量及初始土壤速效氮、速效磷含量输入 HYDRUS-1D 模型中，模拟土壤含水率的变化情况，并与实测数据进行比较，见表 2-4。

根据各土层的土壤颗粒分级和容重，利用模型自带的神经网络预测模块，确定土壤水力参数，结果见表 2-5。模型中的盐分和氮素迁移的模拟参数初值通过查阅文献获得。

表 2-4　各土层土壤水力参数

取样深度(cm)	残余含水率 θ_r(cm³/cm³)	饱和含水率 θ_s(cm³/cm³)	进气值倒数 α(1/cm)	孔径分布指标 n	导水率 K_s(cm/d)	孔隙连通性参数
0～20	0.060	0.398	0.005	1.652	19.23	0.5
20～40	0.055	0.400	0.006	1.656	28.22	0.5
40～60	0.067	0.437	0.006	1.631	17.43	0.5
60～80	0.071	0.451	0.006	1.624	14.96	0.5
80～100	0.069	0.452	0.006	1.625	16.23	0.5

表 2-5　各土层土壤溶质运移模拟参数

取样深度(cm)	纵向弥散度(cm)	自由水中扩散系数(cm²/d)	矿化反应常数[mg/(kg·d)]	生物固持常数(1/d)	硝化反应常数(1/d)	反硝化常数(1/d)
0～20	7.8	3.5	1.1	0.006	0.11	0.016
20～40	7.8	3.5	1.1	0.006	0.09	0.015
40～60	6.9	3.5	0.035	0.003	0.04	0.012
60～80	6.6	3.5	0.025	0.002	0.03	0.01
80～100	6.0	3.5	0.005	0.001	0.02	0.008

根据前文分析 XM-1 与 XM-4 分别为一膜 6 行与一膜 5 行处理中生长指标、根系指标与产量较高的处理，具有代表性。因此，对 2014 年一膜 5 行的 XM-4 处理和一膜 6 行XM-1处理进行率定。在 0～20 cm、20～40 cm、40～60 cm、60～80 cm、80～100 cm 土层中土壤含水率、*EC* 值、速效氮、速效磷的率定过程，分别如图 2-20～图 2-29 所示。

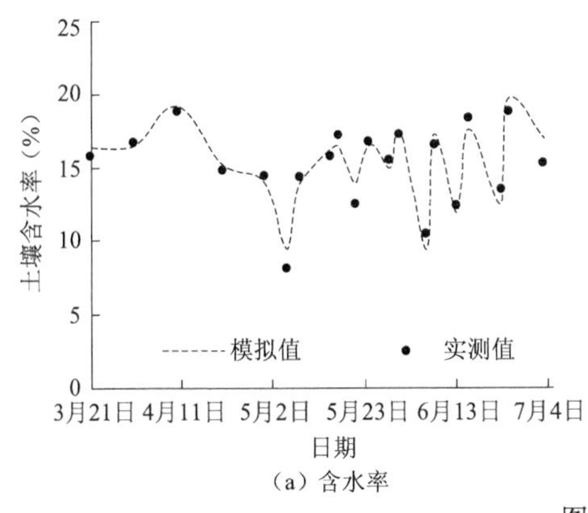

(a) 含水率

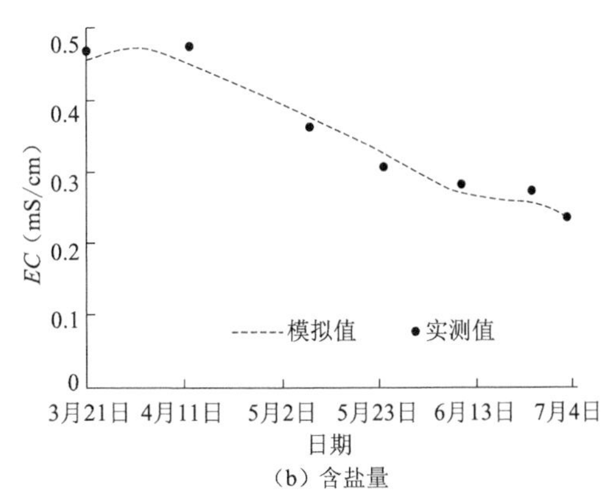

(b) 含盐量

图　2-20

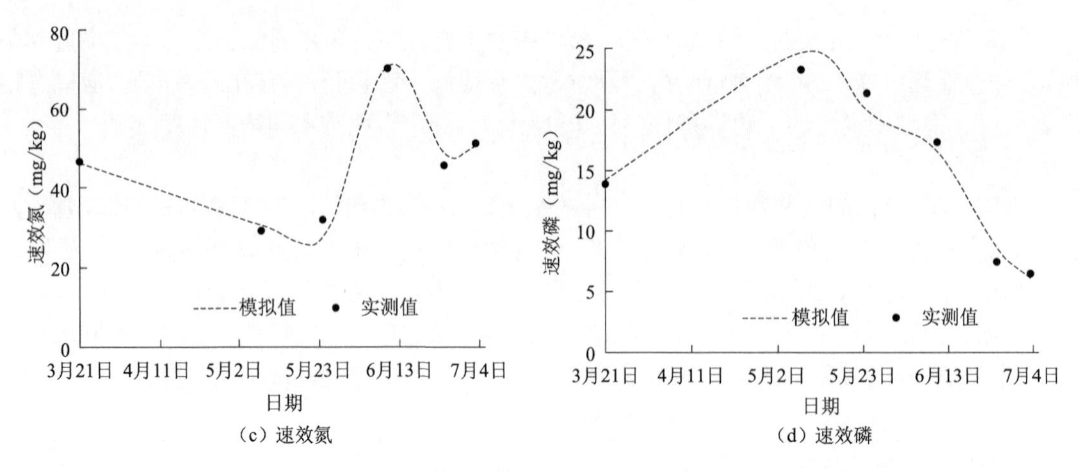

（c）速效氮　　（d）速效磷

图 2-20　0～20 cm 土层 XM-1 土壤含水率、含盐量、速效氮、速效磷模型率定

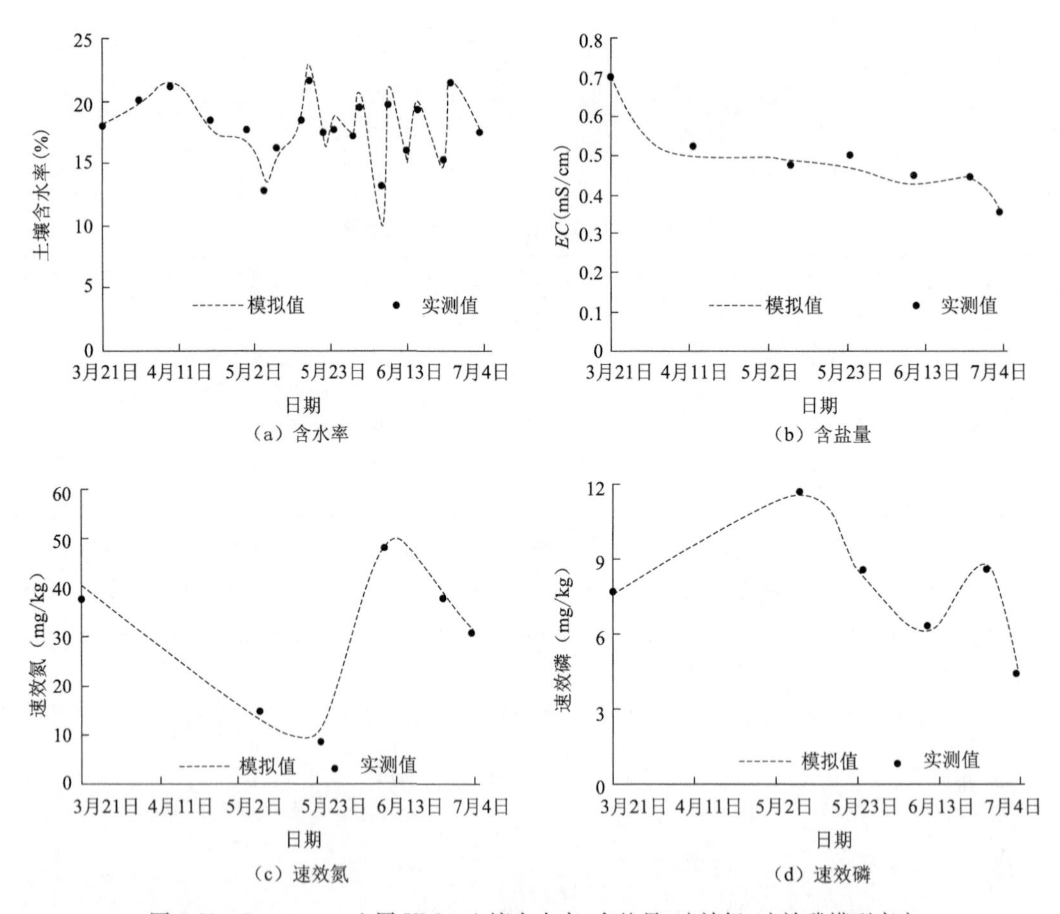

（a）含水率　　（b）含盐量

（c）速效氮　　（d）速效磷

图 2-21　20～40 cm 土层 XM-1 土壤含水率、含盐量、速效氮、速效磷模型率定

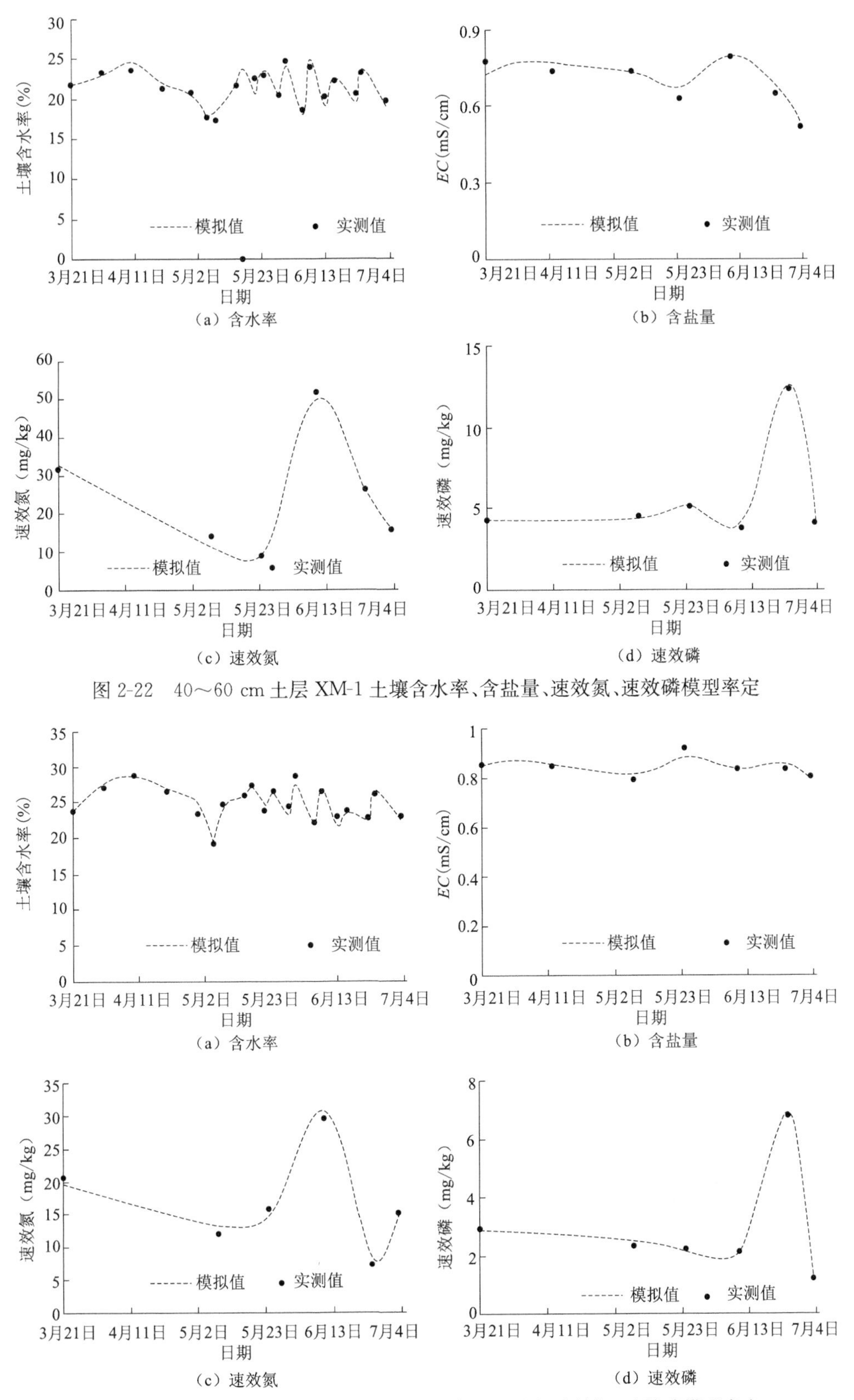

图 2-22　40～60 cm 土层 XM-1 土壤含水率、含盐量、速效氮、速效磷模型率定

图 2-23　60～80 cm 土层 XM-1 土壤含水率、含盐量、速效氮、速效磷模型率定

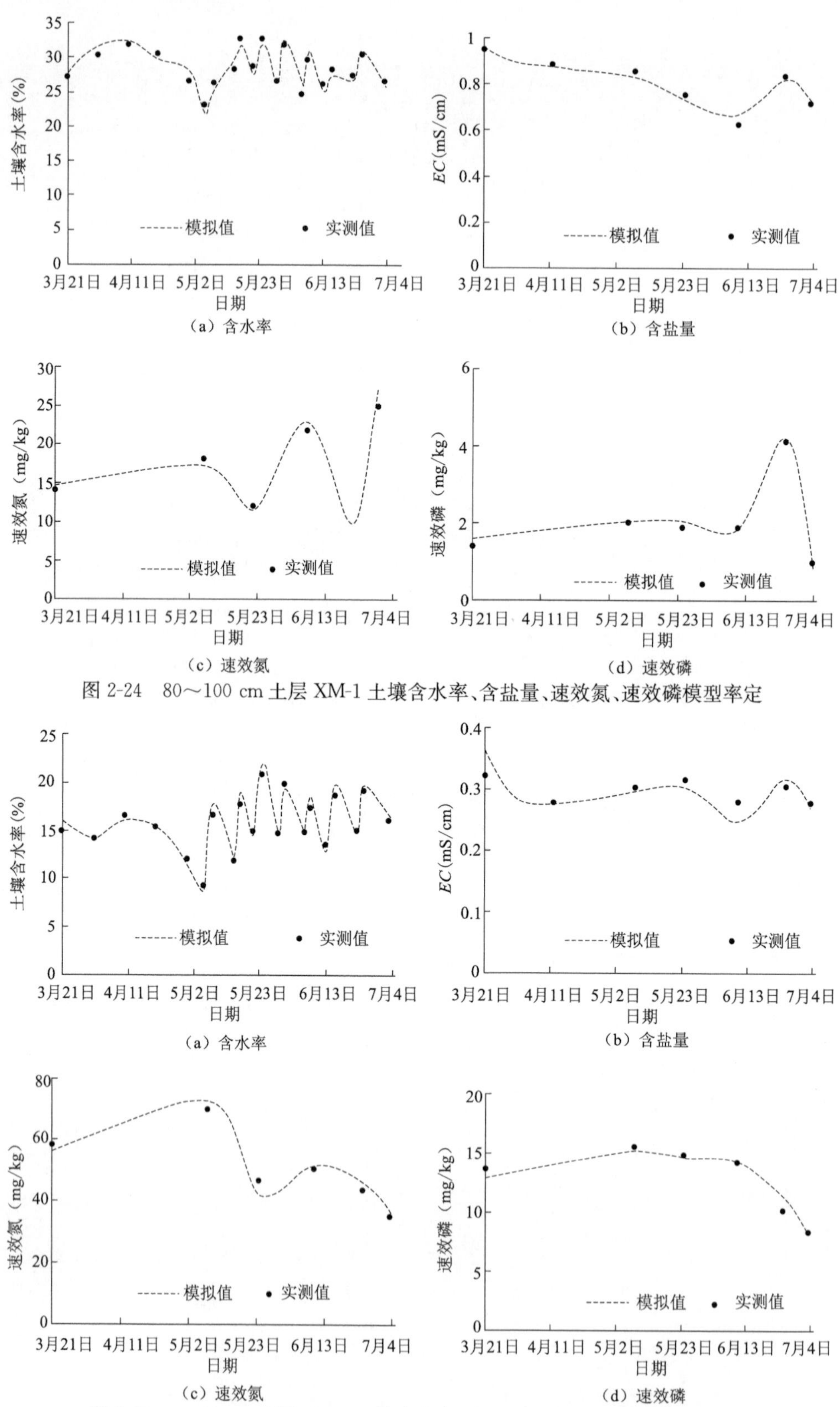

图 2-24　80～100 cm 土层 XM-1 土壤含水率、含盐量、速效氮、速效磷模型率定

图 2-25　0～20 cm 土层 XM-4 土壤含水率、含盐量、速效氮、速效磷模型率定

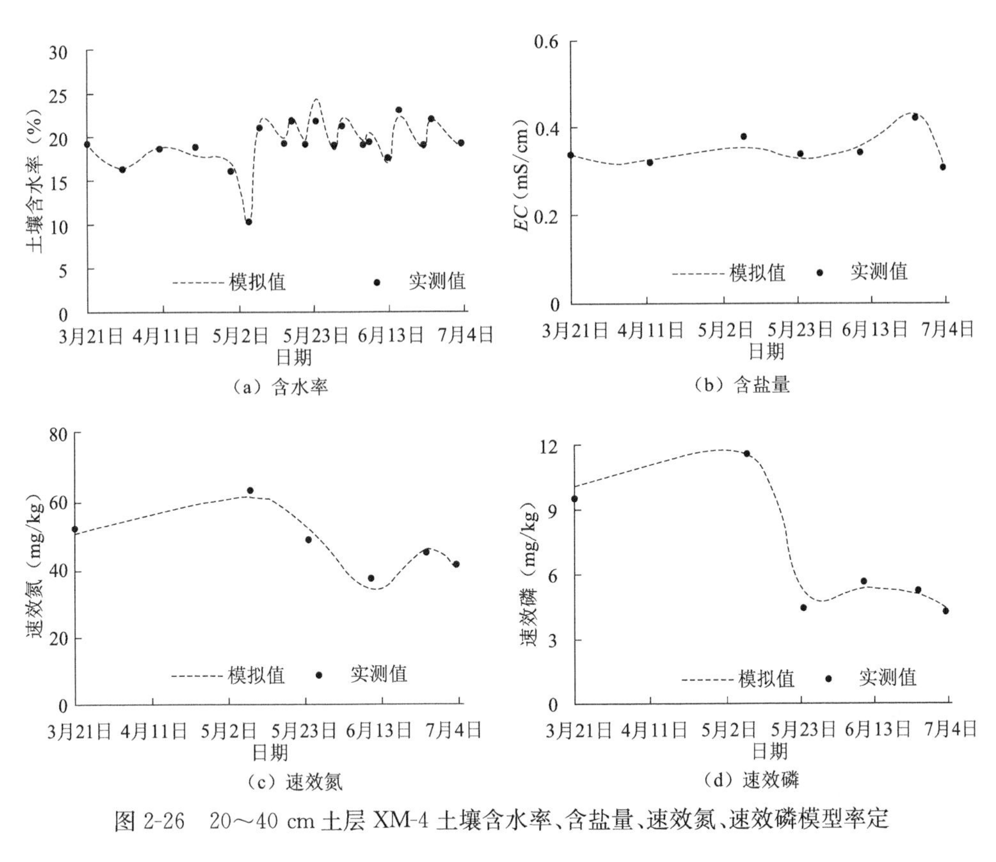

图 2-26　20～40 cm 土层 XM-4 土壤含水率、含盐量、速效氮、速效磷模型率定

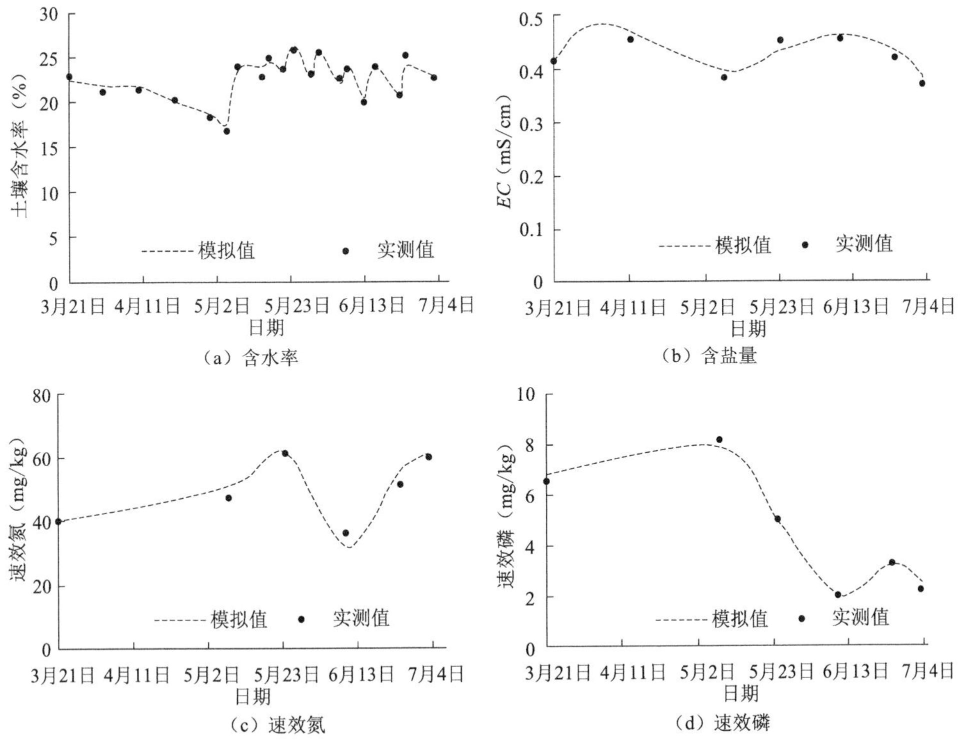

图 2-27　40～60 cm 土层 XM-4 土壤含水率、含盐量、速效氮、速效磷模型率定

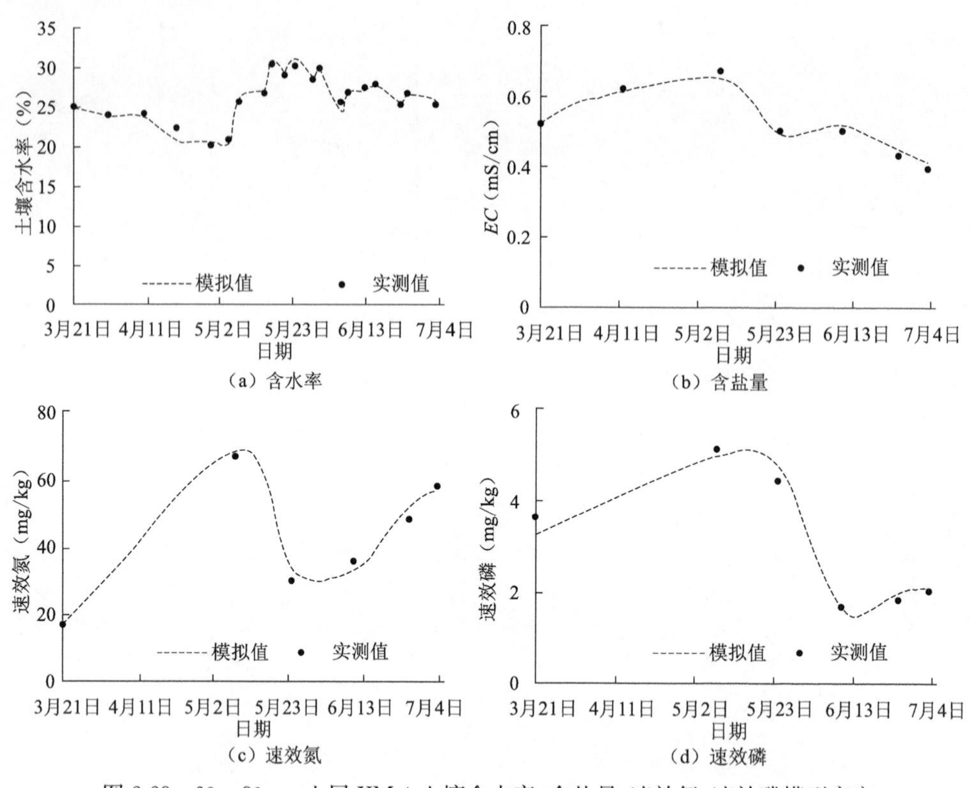

（a）含水率 （b）含盐量 （c）速效氮 （d）速效磷

图 2-28　60～80 cm 土层 XM-4 土壤含水率、含盐量、速效氮、速效磷模型率定

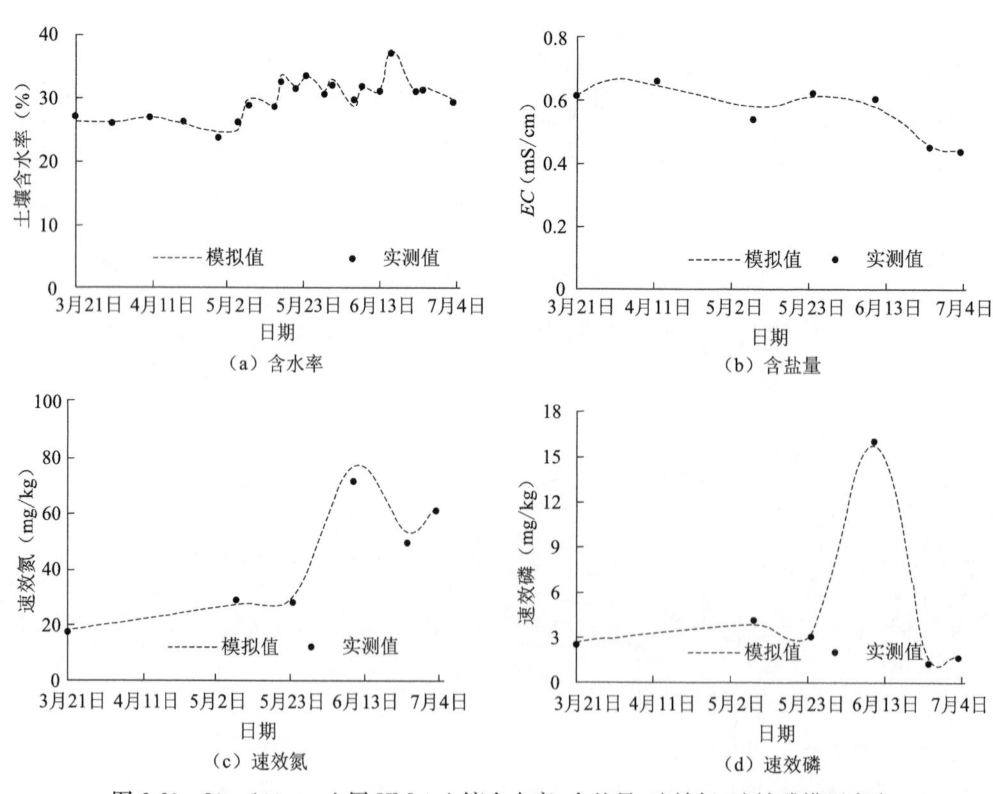

（a）含水率 （b）含盐量 （c）速效氮 （d）速效磷

图 2-29　80～100 cm 土层 XM-4 土壤含水率、含盐量、速效氮、速效磷模型率定

模拟值与实测值的吻合程度采用均方根误差(RMSE)来定量表示,RMSE 值越小,表明模拟值与实测值的差异越小,即模型的模拟结果越准确。RMSE 计算如下:

$$\mathrm{RMSE}=\sqrt{\frac{1}{N}\sum_{i=1}^{N}(Y_i-\hat{Y}_i)^2} \tag{2-3}$$

式中　Y_i——观测值;

$\hat{Y}_i$——模拟值;

N——观测样本数。

在此模型中均方根误差均小于 5,见表 2-6,说明拟合程度较好,率定的参数可靠。

表 2-6　土壤含水率、EC 值、速效氮、速效磷模拟值与实测值均方根误差

土壤深度(cm)	XM-1				XM-4			
	土壤含水率 RMSE	土壤 EC 值 RMSE	土壤速效氮 RMSE	土壤速效磷 RMSE	土壤含水率 RMSE	土壤 EC 值 RMSE	土壤速效氮 RMSE	土壤速效磷 RMSE
0～20	2.761	0.030	4.421	4.664	2.981	0.079	4.689	3.278
20～40	2.775	0.037	4.502	2.300	2.849	0.112	4.988	2.605
40～60	2.162	0.034	4.873	3.147	2.282	0.094	3.854	2.907
60～80	2.391	0.085	2.297	1.879	2.997	0.038	3.846	2.300
80～100	2.785	0.077	1.192	1.058	3.227	0.103	2.675	1.409

由表 2-6 可知,土壤含盐量的模拟值与实测值比较,其均方根误差最小,模拟最优,而土壤含水率、速效氮、速效磷相对稍差一些。对于一膜 6 行的 XM-1 和一膜 5 行的 XM-4 土壤速效氮、速效磷在浅层土壤 0～40 cm 均方根误差较大,这是由于浅层土壤速效氮、速效磷含量较高,模型参数率定精度较差,造成模拟检验结果偏低。其余模型拟合基本能够反映土壤含水率、含盐量、速效氮、速效磷的变化趋势。

4. 模型检验

在对 2014 年一膜 6 行的 XM-1 处理和一膜 5 行的 XM-4 处理分别进行率定后,对 2015 年一膜 6 行的 XM-1 处理和一膜 5 行的 XM-4 处理在 0～20 cm、20～40 cm、40～60 cm、60～80 cm、80～100 cm 土层中土壤含水率、EC 值、速效氮、速效磷的检验,分别如图 2-30～图 2-39 所示。

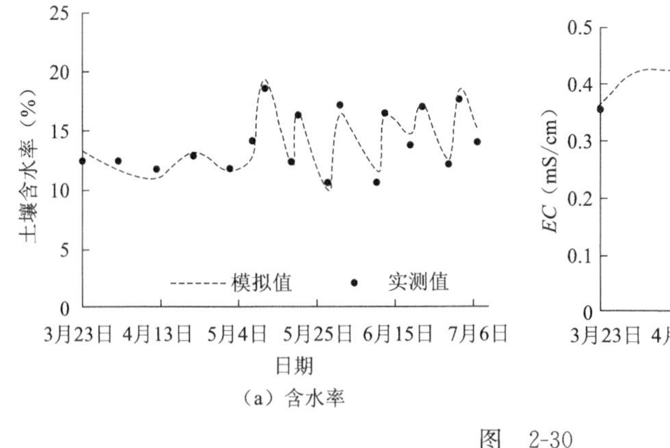

(a) 含水率

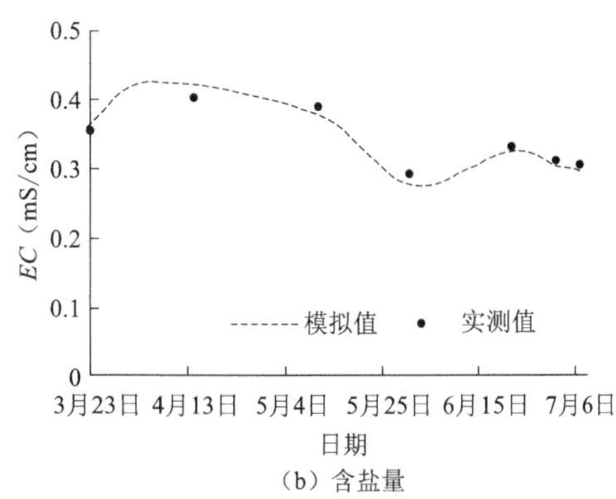

(b) 含盐量

图　2-30

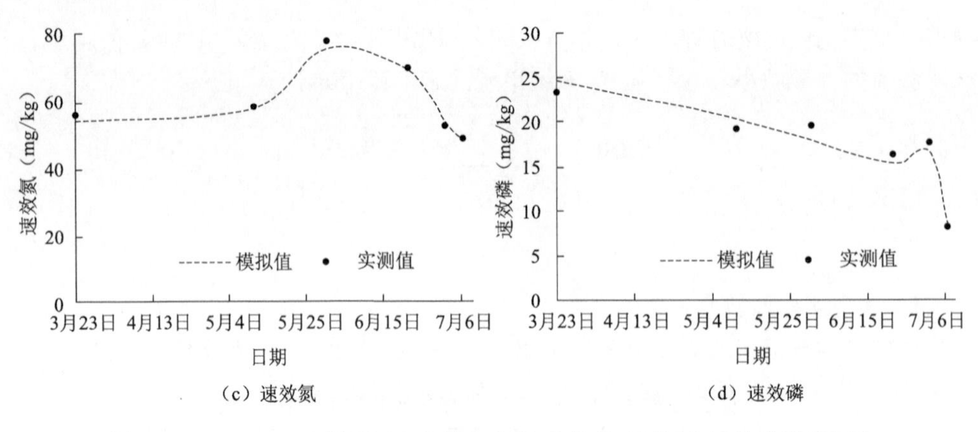

图 2-30　0～20 cm 土层 XM-1 土壤含水率、含盐量、速效氮、速效磷模型检验

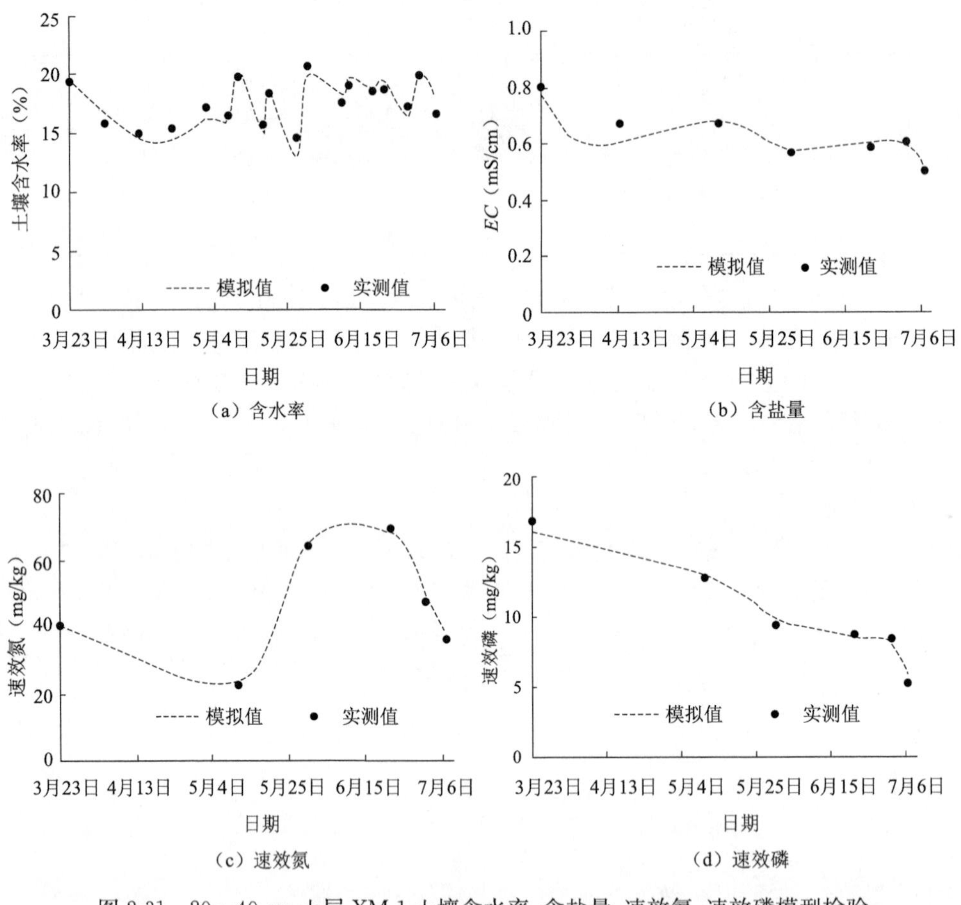

图 2-31　20～40 cm 土层 XM-1 土壤含水率、含盐量、速效氮、速效磷模型检验

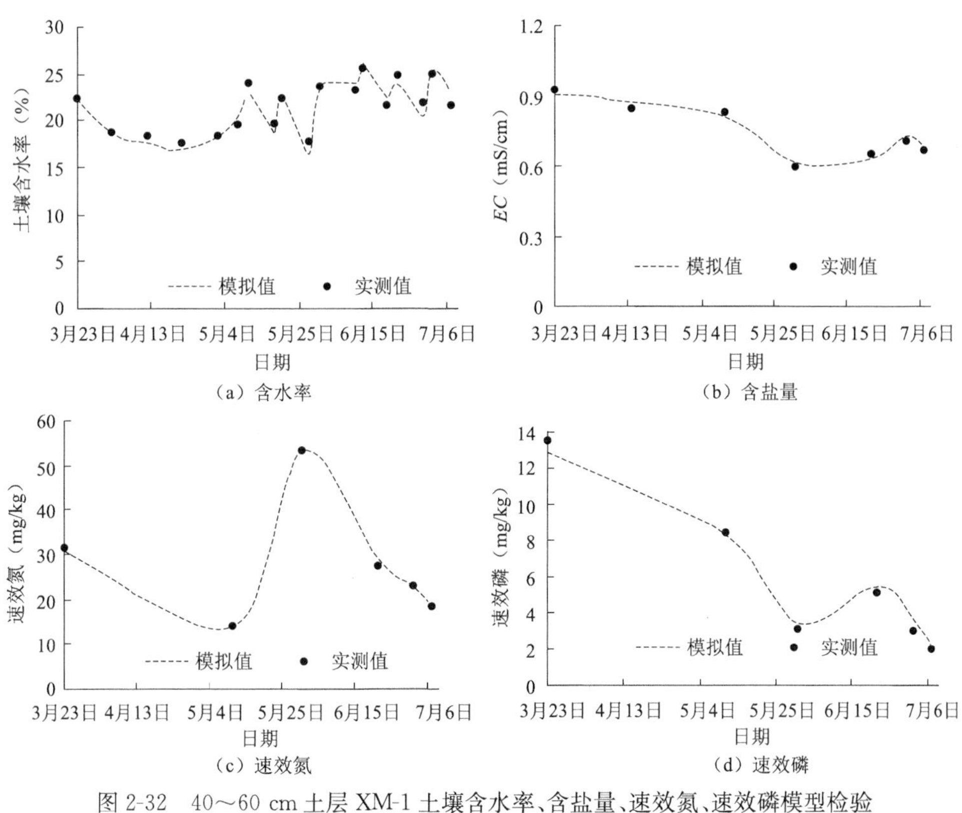

（a）含水率　（b）含盐量

（c）速效氮　（d）速效磷

图 2-32　40～60 cm 土层 XM-1 土壤含水率、含盐量、速效氮、速效磷模型检验

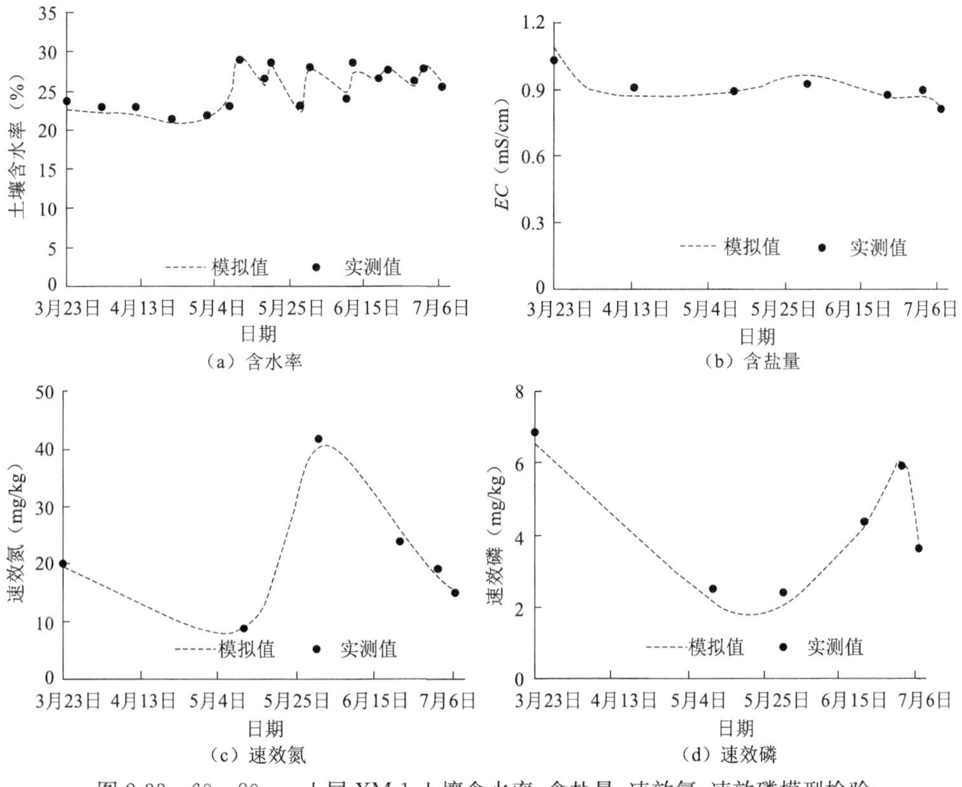

（a）含水率　（b）含盐量

（c）速效氮　（d）速效磷

图 2-33　60～80 cm 土层 XM-1 土壤含水率、含盐量、速效氮、速效磷模型检验

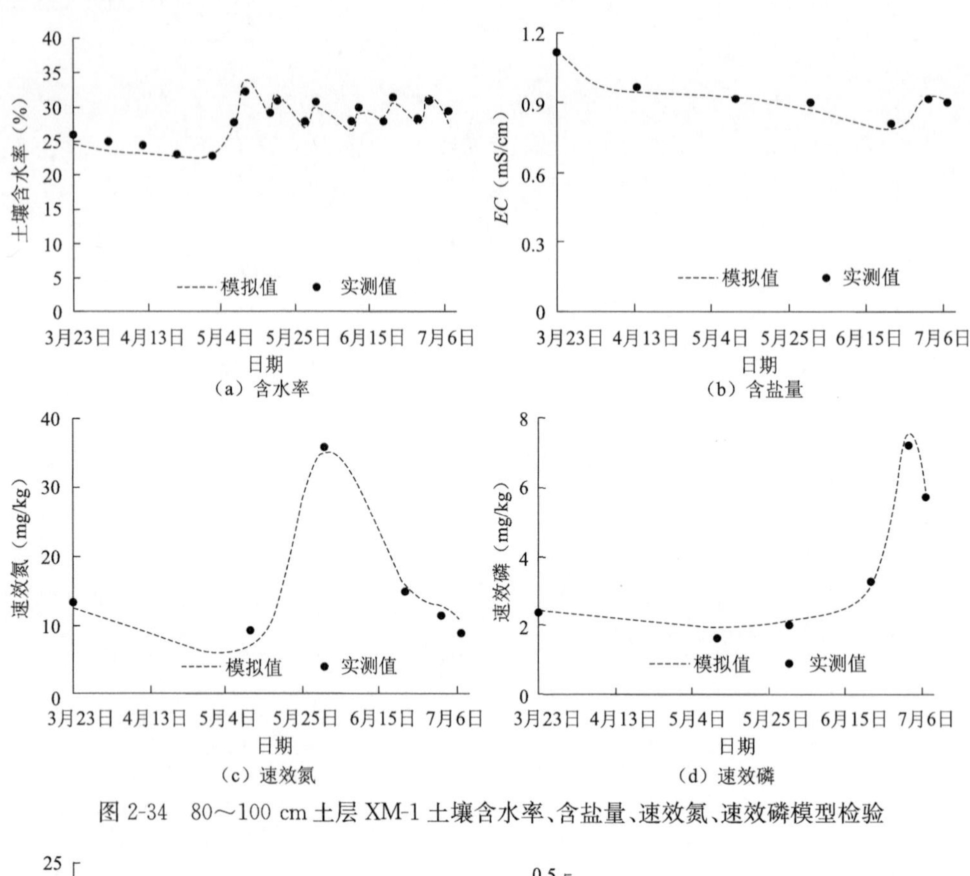

图 2-34　80～100 cm 土层 XM-1 土壤含水率、含盐量、速效氮、速效磷模型检验

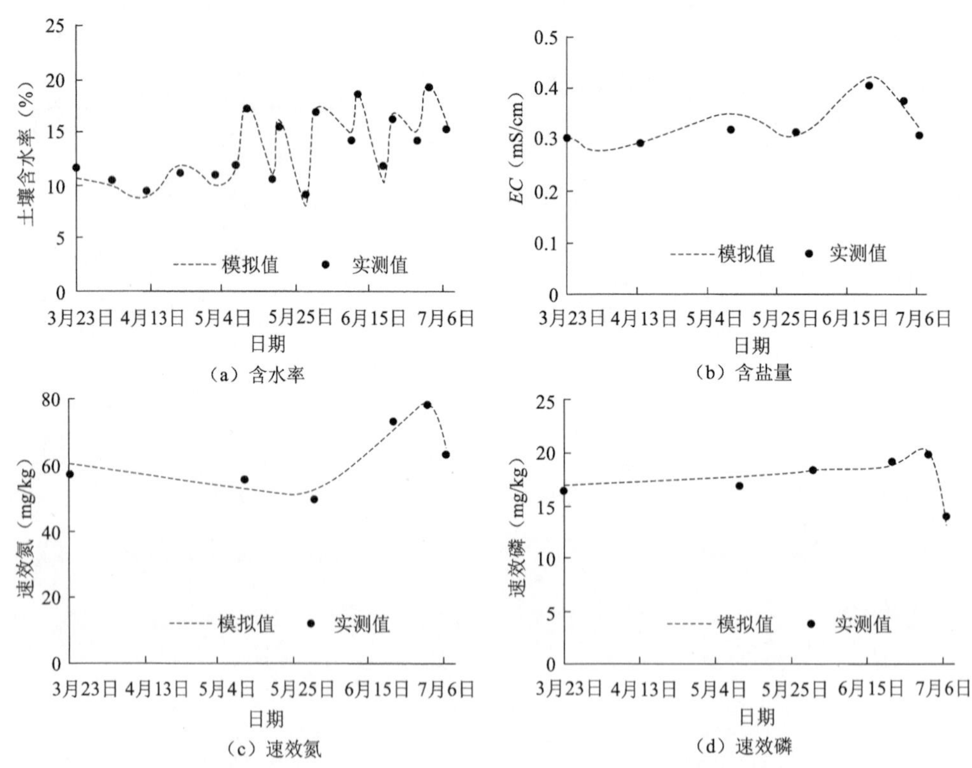

图 2-35　0～20 cm 土层 XM-4 土壤含水率、含盐量、速效氮、速效磷模型检验

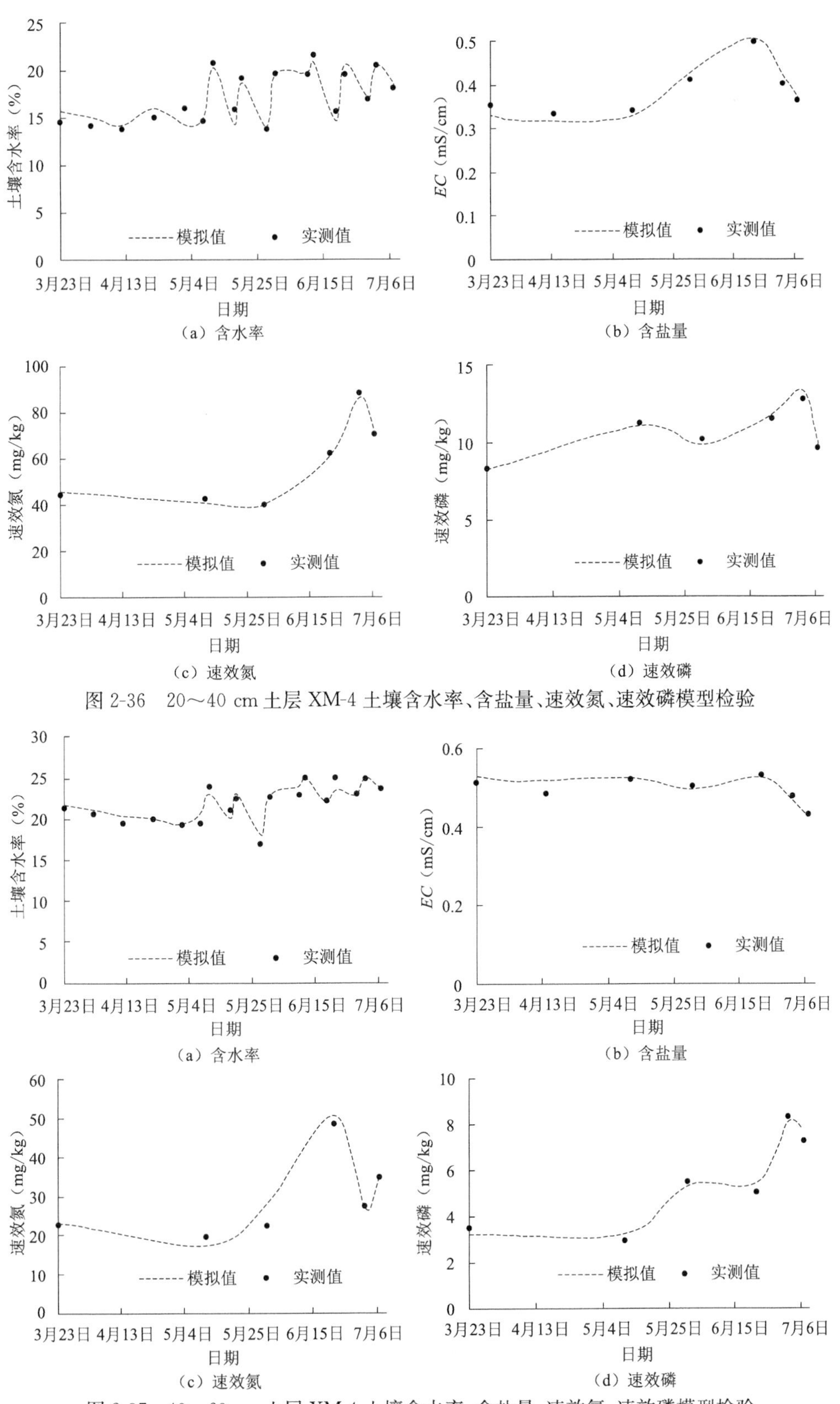

（a）含水率　（b）含盐量　（c）速效氮　（d）速效磷

图 2-36　20～40 cm 土层 XM-4 土壤含水率、含盐量、速效氮、速效磷模型检验

（a）含水率　（b）含盐量　（c）速效氮　（d）速效磷

图 2-37　40～60 cm 土层 XM-4 土壤含水率、含盐量、速效氮、速效磷模型检验

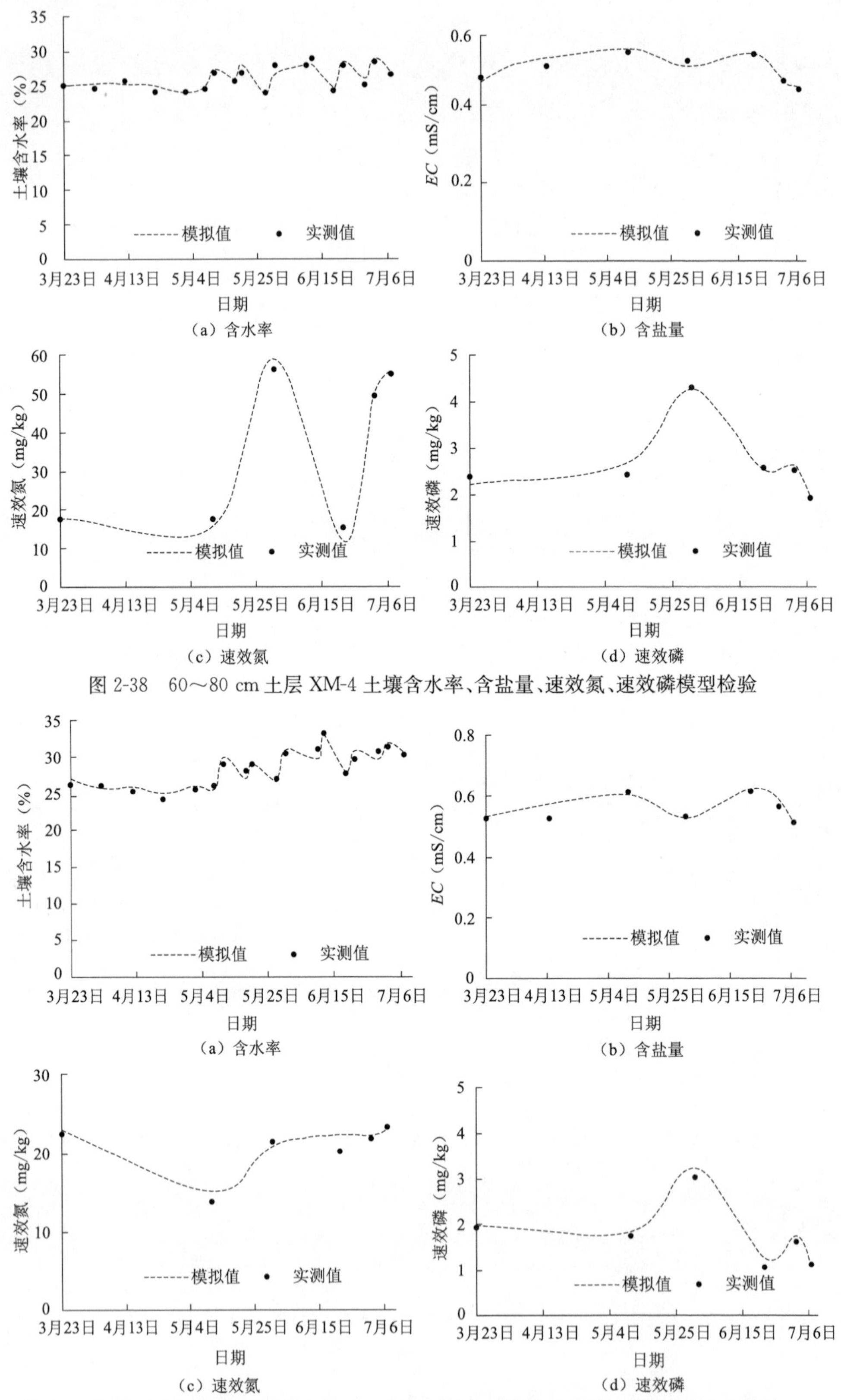

图 2-38　60～80 cm 土层 XM-4 土壤含水率、含盐量、速效氮、速效磷模型检验

图 2-39　80～100 cm 土层 XM-4 土壤含水率、含盐量、速效氮、速效磷模型检验

根据式(2-3)计算均方根误差，不同土层土壤含水率、含盐量、速效氮、速效磷的均方根误差值见表 2-7。由表 2-7 可以看出，模拟值和实测值的差异较小，模型能较好地对生育期含水率、含盐量、速效氮、速效磷的动态变化进行模拟。

表 2-7　土壤含水率、*EC* 值、速效氮、速效磷模拟值与实测值均方根误差

土壤深度(cm)	XM-1				XM-4			
	土壤含水率 RMSE	土壤 *EC* 值 RMSE	土壤速效氮 RMSE	土壤速效磷 RMSE	土壤含水率 RMSE	土壤 *EC* 值 RMSE	土壤速效氮 RMSE	土壤速效磷 RMSE
0～20	2.619	0.040	3.329	3.223	3.379	0.037	2.995	2.169
20～40	2.010	0.060	4.513	3.200	2.635	0.094	3.989	1.610
40～60	2.758	0.038	3.838	3.484	2.122	0.114	2.760	1.987
60～80	2.626	0.040	3.490	1.458	1.640	0.082	3.190	0.783
80～100	3.061	0.044	2.644	2.314	2.443	0.102	2.083	0.710

2.2.2　土壤含水率变化分析

本节利用验证后的 HYDRUS -1D 模型分别对膜下滴灌小麦 50 d(拔节期)、70 d(抽穗期)、90 d(灌浆期)、100 d(成熟期)进行模拟，对不同水分处理、不同种植模式的小麦土壤水分、盐分、速效氮、速效磷在 0～100 cm 土层的分布规律进行研究，以便分析小麦在膜下滴灌条件下土壤水分运动的一般规律。

由图 2-40 所示，不同处理间土壤含水率规律基本相同，土壤含水率随土层深度的增加而增加。50 d 处于小麦的拔节期，需水量较大，土壤含水率较低；70 d 处于小麦的抽穗期，需水量增加的同时，灌溉水量也随即增加，因此各土层土壤含水率明显增加；90 d 处于小麦的灌浆期，耗水量较大且土壤水分蒸发强烈，因此各土层土壤含水率均减小，且在 0～40 cm 土层中减少尤为明显；100 d 处于小麦的成熟期，小麦耗水量明显减少，土壤含水率略有增加。不同灌水水平条件下，土壤含水率规律：充分灌溉处理＞轻度水分亏缺处理＞中度水分亏缺处理，且充分灌溉处理与轻度水分亏缺处理在 0～40 cm 土层中差异不明显，在 40 cm 以下土层中充分灌溉处理大于轻度水分亏缺处理。在不同种植模式条件下，一膜 5 行土壤含水率在各时期均大于一膜 6 行各处理的土壤含水率，50 d(拔节期)为 0～40 cm 土壤含水率明显大于一膜6 行，更有利于作物的利用；70 d(抽穗期)、90 d(灌浆期)为 60 cm 以下土壤含水率明显大于一膜 6 行，这是由于一膜 5 行较一膜 6 行土壤水分更容易向深层运动。

由以上分析可以看出，土壤含水率变化与灌水量呈正相关，而一膜 5 行土壤含水率略优于一膜 6 行，一膜 5 行的种植模式对于膜下滴灌小麦的保墒作用更明显。

2.2.3　速效氮、速效磷及盐分运移规律分析

1. 速效氮运移规律分析

土壤速效氮是土壤中可以直接被作物吸收利用的氮素，包括土壤中的硝态氮和铵态氮。图 2-41 为膜下滴灌小麦各处理土壤速效氮变化曲线，整个生育期的速效氮呈两次先减小后增大的过程。膜下滴灌小麦播种前施入底肥，由于底肥施入的不均匀，导致速效氮的初始含量差异明显。

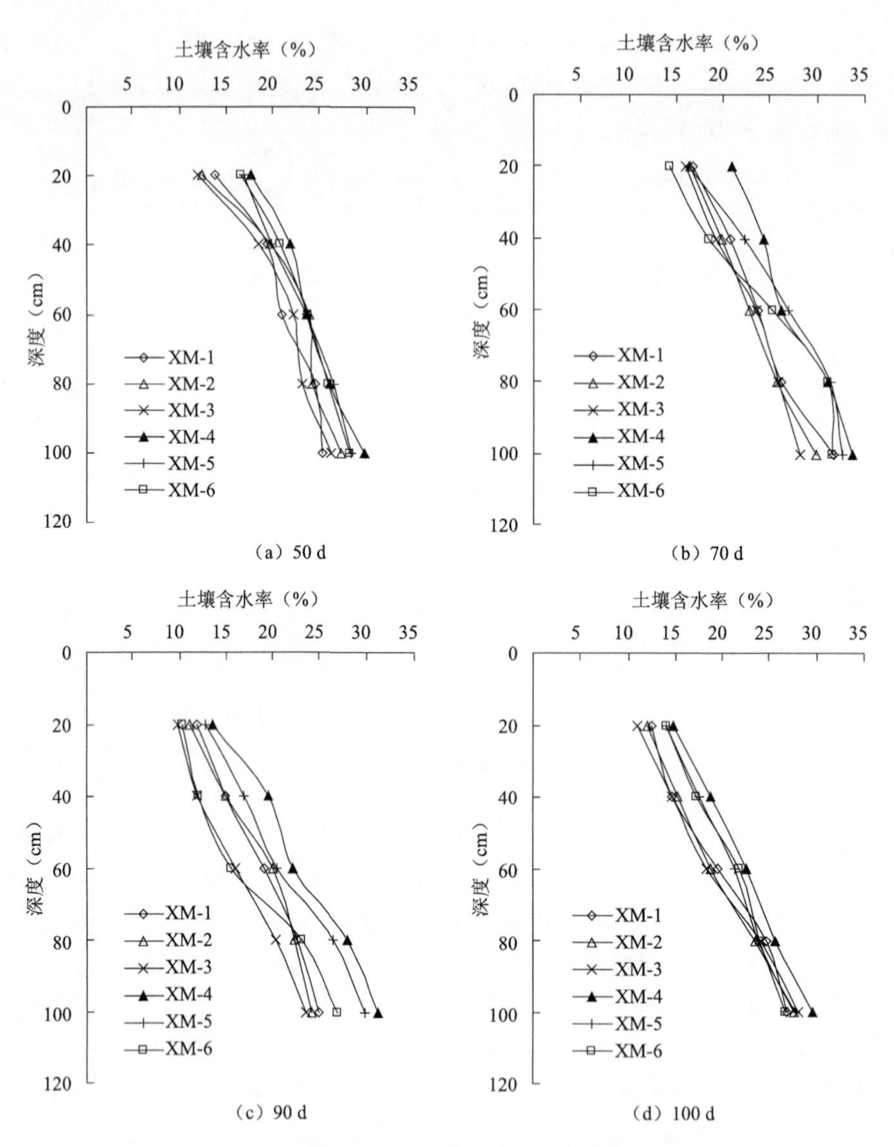

图 2-40　膜下滴灌小麦不同处理下模拟土壤含水率变化

从图 2-41 可以看出，50 d 土壤速效氮含量一膜 5 行明显大于一膜 6 行速效氮含量，且一膜 5 行的速效氮在 80 cm 土层出现积聚，由于 50 d 膜下滴灌小麦根系主要集中在 0～60 cm 土层中，该土层中的速效氮可被作物直接利用，XM-1、XM-2、XM-3、XM-4、XM-5、XM-6在 0～60 cm 土层中速效氮含量分别占整个土层含量的 71.8%、69.58%、72.87%、66.01%、64.64%、69.50%；灌水量大的处理更易将速效氮向深层土壤运移。70 d 是小麦的重要生育期，对速效氮的需求增加，0～40 cm 土层速效氮减少明显，一膜 5 行的速效氮在60 cm土层积聚，这是由于作物生长需要增加速效氮向浅层土壤迁移；一膜 5 行在各土层均大于一膜 6 行，在 20～60 cm 土层中土壤速效氮含量差异明显，XM-1、XM-2、XM-3、XM-4、XM-5、XM-6 在 0～60 cm 土层中速效氮含量分别占整个土层含量的 66.85%、67.45%、64.43%、72.48%、71.83%、72.74%；该时期水分处理对速效氮的影响并无明显规律，XM-4 高于其他处理。90 d 随着生育期的推进，速效氮需求逐渐减少且追肥后速效氮的含量明显增大；一膜 5 行各处理的速效氮在 100 cm 土层出现积聚，出现速效氮的淋失；XM-4、XM-5、XM-6 在 100 cm 土层的淋失量分别占整个土层含量的 38.31%、33.97%、9.85%，这是由于一膜 5 行的土壤速效氮由 50 d 在 60 cm 积聚向下运移至深层土层出现了土壤速效氮的淋失，且淋失量与灌水量呈正比，一膜 6 行在 0～60 cm 土层略大于一膜 5 行，无淋失现象。100 d 作物的成熟时期，对于速效氮需求较少，一膜 5 行在 100 cm 土层处的速效氮含量较高，依然有淋失现象。

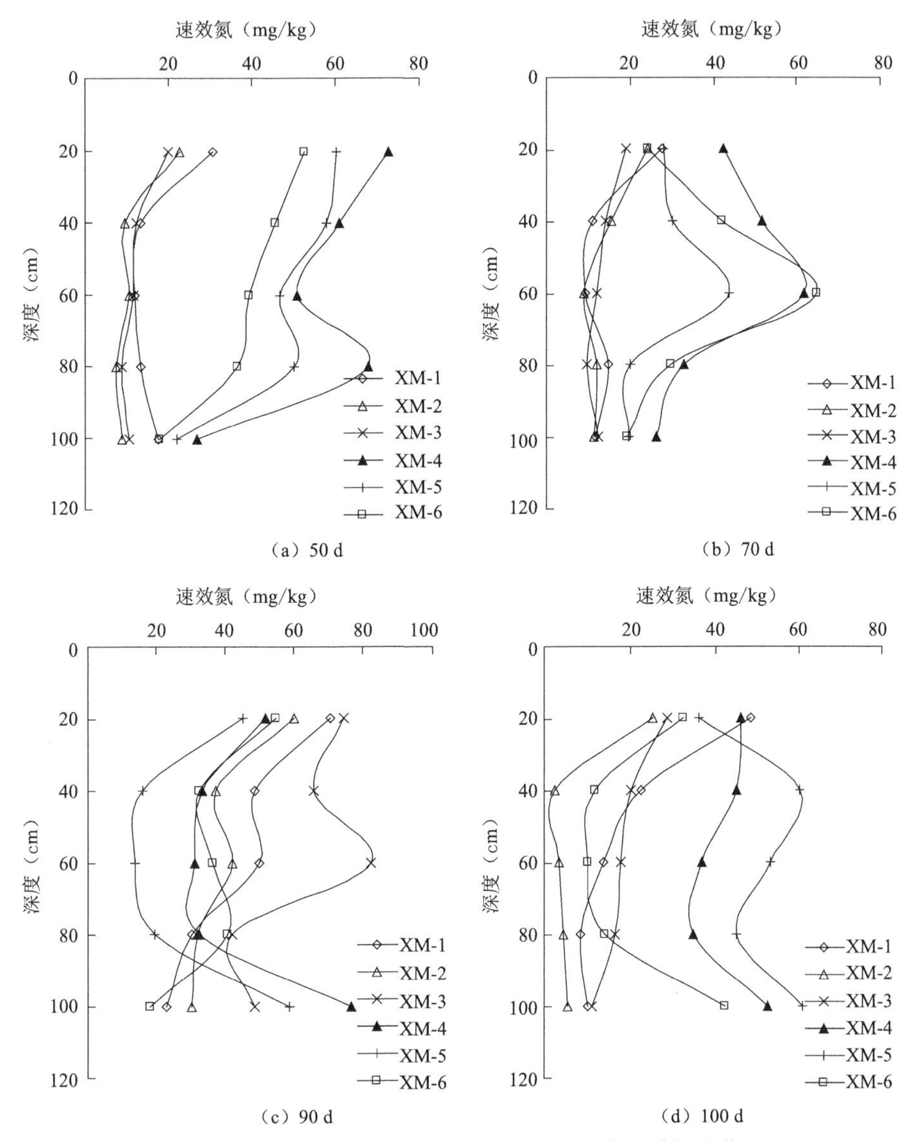

图 2-41 膜下滴灌小麦不同处理下模拟土壤速效氮变化

通过上述分析可以看出，种植模式对速效氮的影响较大，一膜 5 行较一膜 6 行更易出现土壤速效氮淋失的现象，因此应减少一膜 5 行的追肥量，减少氮肥淋失的同时也可以减少施肥量，达到节肥的目的。灌水量的多少影响了土壤速效氮向下运移的速率，灌水量大容易使土壤速效氮向下迁移，易出现淋失。

2. 速效磷运移规律分析

速效磷是土壤中可被植物吸收的磷组分，包括全部水溶性磷、部分吸附态磷及有机磷。整个生育期膜下滴灌小麦对磷肥的需求量较小，土壤中速效磷含量呈逐渐降低的趋势，且变化量不大。

从图 2-42 可以看出，50 d 各处理土壤速效磷含量差异明显，在不同水分处理条件下，各土层中均为充分灌溉处理＞轻度水分亏缺处理＞中度水分亏缺处理；在不同种植模式条件下，一膜 6 行的充分灌溉处理土壤速效磷含量在根系主要集中层为 0～60 cm 土层，明显大于一膜 5 行充分灌溉处理，而在 60 cm 以下土层中和轻度水分亏缺处理、中度水分亏缺处理为一膜 5 行大于一膜 6 行；土壤速效磷在 0～40 cm 土层中最为集中，XM-1、XM-2、XM-3、XM-4、XM-5、XM-6 在 0～60 cm 土层中速效磷含量分别占整个土层含量的 80.32％、68.77％、70.57％、61.55％、72.25％、68.61％。70 d 膜下滴灌小麦各处理的速效磷略有减小，这是由于生育期需要被作物吸收利用，中度水分亏缺的 XM-3、XM-6 处理浅层土壤 0～40 cm 中速效磷含量增加，而 40 cm 以下土层中速效磷含量减少，说明生育期需要速效磷进行了向上迁移；不同种植模式的条件下，一膜 6 行在 0～60 cm 土层土壤速效磷大于一膜 5 行，而在 60 cm 以下土层为一膜 5 行大于一膜 6 行。90 d 对于速效磷的需求量减少，一膜 5 行各处理土壤速效磷出现向深层土壤淋失，由于该时期灌水量较多，作物对于速效磷的需求减少导致速效磷淋失，且淋失量与灌水量呈正比；而一膜 6 行土壤速效磷有向下迁移的趋势，但并无明显淋失。100 d 各处理的速效磷都减小，且 XM-1、XM-5 明显高于其他处理。

通过上述分析可以看出，一膜 6 行的种植模式对于主要根系集中区的速效磷可充分利用，而一膜 5 行的种植模式可以适当减少施肥量，避免肥料浪费。

3. 盐分运移规律分析

膜下滴灌小麦土壤含盐量变化主要是由水分的迁移引起，表现为“盐随水走，水去盐留”。从图 2-43 可以看出，盐分在整个生育期内的变化规律为先增大后减小，不同深度土层盐分随生育阶段的不同而变化。50 d 膜下滴灌小麦各处理 *EC* 值在 0～40 cm 土层差异不明显，40 cm 以下土层中一膜 6 行各处理在 60～100 cm 出现明显的积盐，一膜 5 行的盐分明显小于一膜 6 行；盐分在各土层中都与水分处理呈反比，灌水量多积盐量小。70 d 各土层含盐量较 50 d 均增大，且在 20 cm 以下土层增加明显，这是由于该时期作物需水量较大，灌溉水量多，水分向

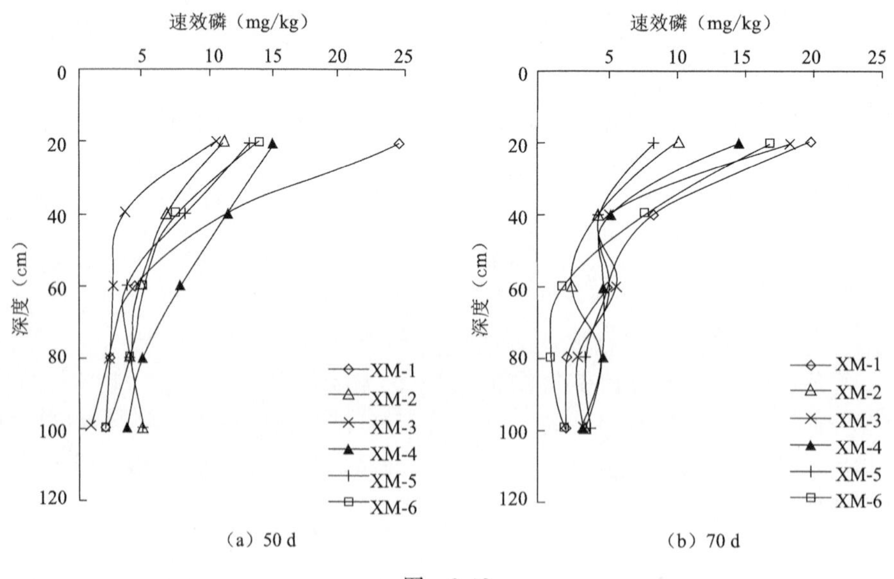

图 2-42

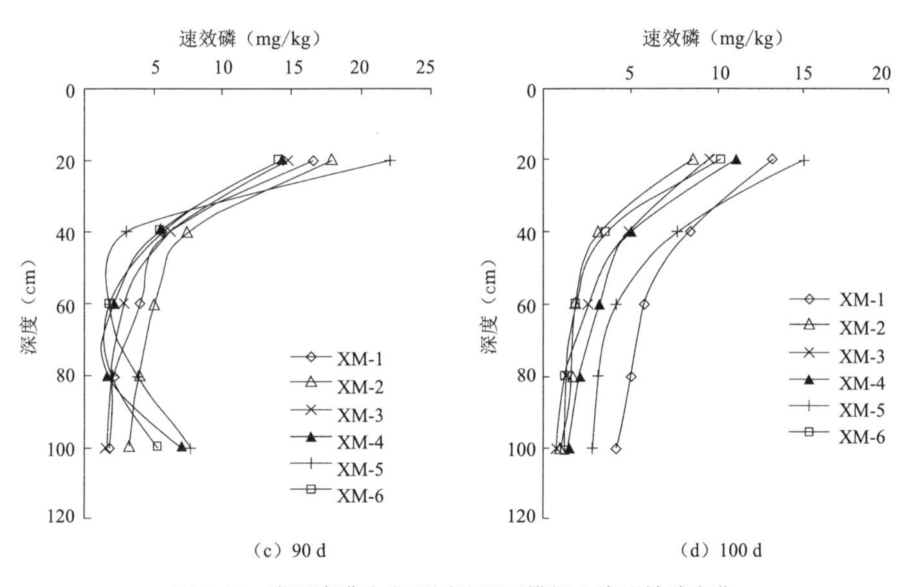

图 2-42　膜下滴灌小麦不同处理下模拟土壤速效磷变化

下运动的同时盐分跟随水分向深层土壤运移；各处理与 50 d 的规律基本相同，一膜 5 行的积盐明显较一膜 6 行小，土壤含盐量规律为中度水分亏缺＞轻度水分亏缺＞充分灌溉处理。90 d的含盐量整体呈下降趋势，0～20 cm 土层中盐分含量略有增加，其他土层均明显降低，该时期灌水量减少且灌水频率降低，小部分盐分向表层迁移，大部分盐分随着水分向下迁移；一膜 5 行在 0～80 cm 土层中土壤含盐量小于一膜 6 行，80～100 cm 土层中土壤含盐量大于一膜 6 行，说明一膜 5 行各处理在 80 cm 土层出现积盐现象，而一膜 6 行的盐分还在向深层运移。100 d 在浅层 0～40 cm 土层的盐分较 90 d 下降，而 60～100 cm 土层的盐分都略有增加，说明该时期土壤水分较少，浅层土壤中的盐分仅向下运移至 60～100 cm；一膜 5 行在各土层中的含盐量都少于一膜 6 行。

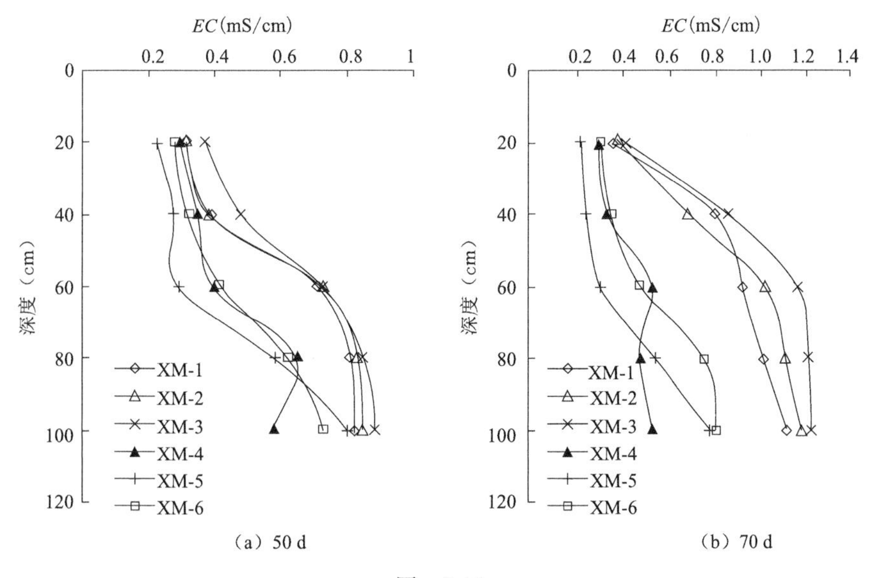

图　2-43

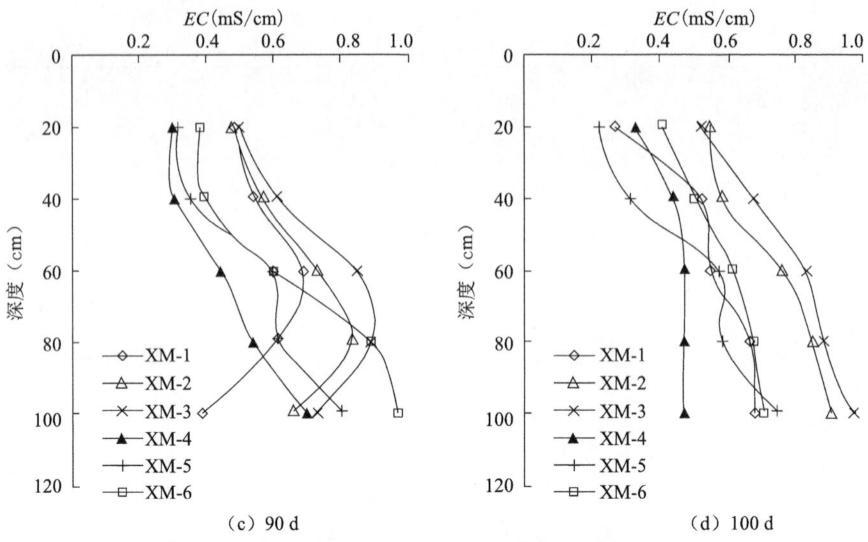

图 2-43　膜下滴灌小麦不同处理下模拟土壤 *EC* 值变化

通过上述分析可以看出，灌水量越多越有利于膜下滴灌小麦的脱盐，一膜 5 行的种植模式种植行间距较一膜 6 行更为适宜，更有利于盐分向下迁移，为根系主要的集中土层营造少盐的环境。

2.3　耗水量、耗水规律与水分利用效率

2.3.1　耗水量与耗水规律

1. 膜下滴灌小麦耗水强度

从图 2-44 中可以看出，2014 年与 2015 年小麦膜下滴灌各处理日耗水强度总体表现相同，均呈抛物线趋势，且整个生育期内 CK 的耗水量均明显大于膜下滴灌小麦各处理。苗期的耗水量最小，2014 年为 0.82～1.35 mm/d，2015 年为 0.95～1.79 mm/d，由于苗期小麦植株较小，地面的覆盖率低，对水分的吸收利用较少，该时期的水分消耗多为土壤蒸发。膜下滴灌小麦各处理明显小于 CK，这是由于膜下滴灌小麦的覆膜处理保墒作用明显，土壤蒸发量较少，而膜下滴灌小麦各处理之间的无明显差异。

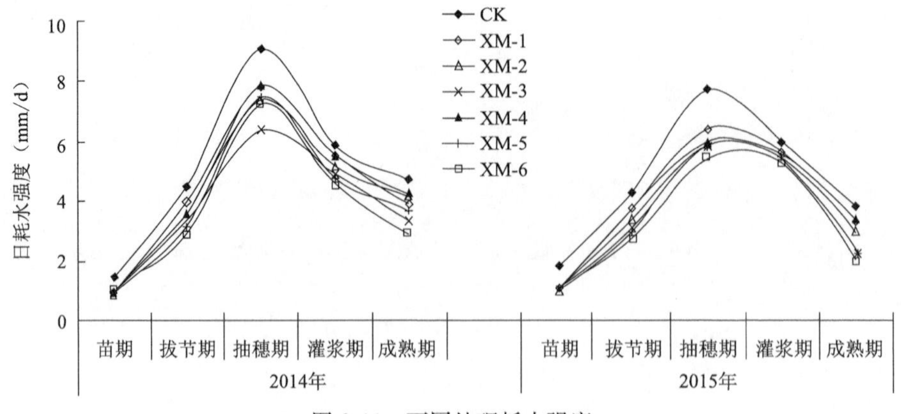

图 2-44　不同处理耗水强度

进入拔节期后耗水强度明显增加，2014 年为 2.87～4.48 mm/d，2015 年为 2.71～4.29 mm/d。拔节期小麦进入快速增长阶段，根系生长加快，对水分的需求也增大，且随着气温的升高，植株蒸腾速率加快，因此耗水强度增大。2014 年与 2015 年 CK 耗水强度均大于膜下滴灌小麦各处理，且膜下滴灌小麦各处理间耗水强度大小关系 2014 年为 XM-4＞XM-2＞XM-1＞XM-5＞XM-3＞XM-6，2015 年为 XM-1＞XM-4＞XM-2＞XM-3＞XM-5＞XM-6，一膜 5 行种植模式的小麦耗水强度略小于一膜 6 行，且 2015 年耗水强度与灌水量呈明显的正比关系。

进入抽穗期，小麦的耗水强度达到了峰值，2014 年为 7.23～9.09 mm/d，2015 年为 5.42～7.7 mm/d。该时期小麦由生长发育阶段进入生殖生长阶段，也是小麦产量形成的关键时期，该阶段时间短，耗水量的需求大，所以耗水强度较高。2014 年抽穗期耗水强度明显高于 2015 年，这是由于 2014 年抽穗期降雨量大于 2015 年。2014 年耗水强度一膜 5 行各处理略大于一膜6 行，而 2015 年为一膜 6 行略大于一膜 5 行，且 2014 年和 2015 年的耗水强度与灌水量呈正比。

灌浆期气温不断升高，且对产量的形成影响重大，该阶段水分需求较大，但此阶段持续时间较长，耗水强度较抽穗期减小，2014 年为 4.51～5.88 mm/d，2015 年为 5.23～5.96 mm/d。2014 年与 2015 年的耗水强度与耗水量规律相同，不同灌水水平条件下，充分灌溉处理＞轻度水分亏缺处理＞中度水分亏缺处理，即 XM-1＞XM-2＞XM-3、XM-4＞XM-5＞XM-6；在不同种植模式条件下，为一膜 6 行大于一膜 5 行。

成熟期作物的生长已经完成，作物耗水量明显下降。2014 年耗水强度较 2015 年高，由于 2014 年成熟期降雨较 2015 年多。

2. 膜下滴灌小麦耗水模数

耗水模数是各生育阶段耗水量占整个生育期总耗水量的百分数，它反映了作物耗水量在各生育阶段的分配状况。耗水模数的大小与生育期的长短和耗水强度有关，它反映了作物各生育阶段的需水要求，还反映了作物在各生育时期对水分的敏感性。

整个生育期的耗水模数如图 2-45 所示，各处理耗水模数的变化趋势是一致的。2014 年各处理在苗期耗水模数最小，而 2015 年各处理为成熟期耗水模数最小，说明膜下滴灌小麦在该时期对水分敏感性较弱，此时期缺水对小麦生长与产量的形成影响不明显；进入拔节期，小麦处于快速生长阶段，耗水模数明显增大，2014 年为 20.09%～24.09%，2015 年为 20.97%～24.85%，此时小麦对水分的需求量较大，缺水将会对小麦后期的生长发育及产量产生影响，因此这一时期不能缺水；抽穗期的耗水模数达到最大，2014 年为 34.71%～37.17%，2015 年为 38.91%～41.41%，而灌浆期耗水模数 2014 年 21.50%～23.95%，2015 年 19.89%～24.92%，这两个生育期是小麦产量形成的重要时期，且这两个生育期的蒸发蒸腾量较高，两个生育阶段耗水量占整个生育期的约 60%左右；成熟期耗水模数下降。

在小麦生育前期 CK 的耗水模数略大于膜下滴灌小麦各处理，在小麦生长的中后期膜下滴灌小麦的耗水模数大于 CK，这为膜下滴灌小麦高产的形成奠定了基础。

3. 膜下滴灌小麦耗水规律

2014 年与 2015 年小麦各处理的耗水量、耗水模数、耗水强度见表 2-8、表 2-9。2014 年与 2015 年小麦整个生育期的总耗水量规律相同，均为 CK 大于膜下滴灌小麦各处理，且耗水量与灌水量呈正比关系，一膜 5 行各处理较一膜 6 行各处理耗水量更小。CK 耗水量 2014 年大于膜下滴灌小麦 17.72%，2015 年大于膜下滴灌小麦 23.43%；而一膜 6 行 2014 年耗水量高于一膜5行耗水量3.4%，2015年高于一膜5行4.8%。膜下滴灌小麦的耗水量更小，且膜下滴灌小麦一膜5行种植模式较一膜6行耗水量小。这是由于覆膜减少了土壤的蒸散，且滴灌少量多次的灌水形式保持了作物的生长需求，减少了土壤的深层入渗；而一膜5行的种植模式相比一膜6行，灌水量较小，因此作物耗水量也小于一膜6行。

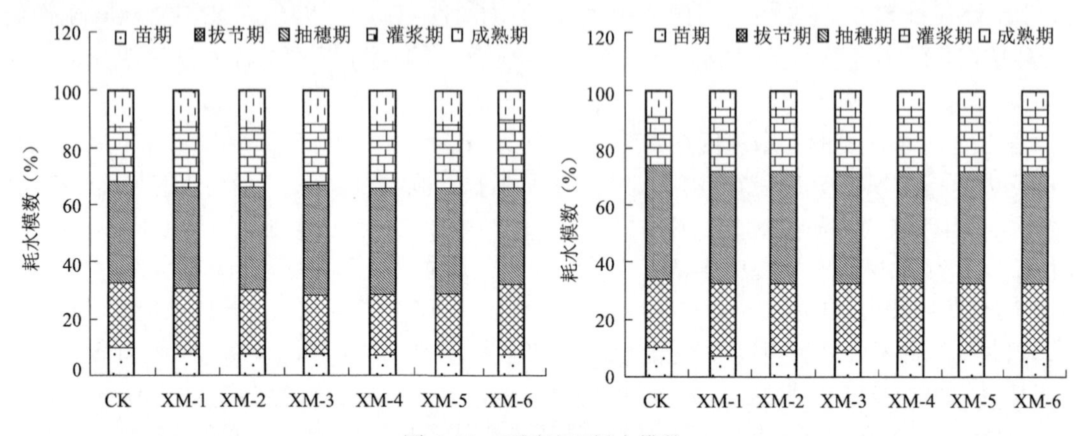

图2-45　不同处理耗水模数

表2-8　2014年膜下滴灌小麦各处理耗水量、耗水模数和耗水强度

处理	苗期(3月22日～4月23日)			拔节期(4月24日～5月19日)			抽穗期(5月20日～6月8日)		
	耗水量(mm)	耗水模数	耗水强度(mm/d)	耗水量(mm)	耗水模数	耗水强度(mm/d)	耗水量(mm)	耗水模数	耗水强度(mm/d)
CK	41.73	8.98%	1.35	111.95	24.09%	4.48	172.77	37.17%	9.09
XM-1	28.93	6.97%	0.93	98.21	23.65%	3.93	148.19	35.69%	7.80
XM-2	29.26	7.41%	0.94	89.19	22.58%	3.57	139.53	35.33%	7.34
XM-3	31.76	8.89%	0.82	71.76	20.09%	3.35	137.40	38.47%	6.37
XM-4	27.22	6.69%	0.88	87.32	21.45%	3.49	149.02	36.62%	7.84
XM-5	25.40	6.83%	0.82	79.37	21.34%	3.17	142.25	38.25%	7.49
XM-6	25.54	7.33%	1.02	83.77	24.04%	2.87	120.94	34.71%	7.23

处理	灌浆期(6月9日～6月25日)			成熟期(6月26日～7月8日)			全生育期		
	耗水量(mm)	耗水模数	耗水强度(mm/d)	耗水量(mm)	耗水模数	耗水强度(mm/d)	耗水量(mm)	耗水模数	耗水强度(mm/d)
CK	99.95	21.50%	5.88	56.40	12.13%	4.70	464.80	100	5.10
XM-1	93.24	22.46%	5.48	46.61	11.23%	3.88	415.18	100	4.41
XM-2	87.41	22.13%	5.14	49.58	12.55%	4.13	394.98	100	4.23
XM-3	76.70	21.47%	4.91	39.57	11.08%	3.30	357.19	100	3.75
XM-4	92.67	22.77%	5.45	50.76	12.47%	4.23	406.98	100	4.38
XM-5	80.82	21.73%	4.75	44.05	11.84%	3.67	371.89	100	3.98
XM-6	83.44	23.95%	4.51	34.74	9.97%	2.90	348.43	100	3.71

表 2-9　2015 年膜下滴灌小麦各处理耗水量、耗水模数和耗水强度

处理	苗期(3 月 24 日～4 月 23 日)			拔节期(4 月 24 日～5 月 20 日)			抽穗期(5 月 21 日～6 月 15 日)		
	耗水量(mm)	耗水模数	耗水强度(mm/d)	耗水量(mm)	耗水模数	耗水强度(mm/d)	耗水量(mm)	耗水模数	耗水强度(mm/d)
CK	53.80	11.22%	1.79	111.52	23.26%	4.29	192.52	40.15%	7.70
XM-1	31.51	7.86%	1.05	96.65	24.11%	3.72	159.82	39.87%	6.39
XM-2	29.82	8.01%	0.99	88.62	23.80%	3.41	146.52	39.35%	5.86
XM-3	28.62	8.06%	0.95	79.65	22.43%	3.06	145.65	41.02%	5.83
XM-4	28.96	7.50%	0.97	95.94	24.85%	3.69	150.22	38.91%	6.01
XM-5	28.95	8.21%	0.97	76.62	21.74%	2.95	145.95	41.41%	5.84
XM-6	31.85	9.49%	1.06	70.40	20.97%	2.71	135.58	40.38%	5.42

处理	灌浆期(6 月 16 日～7 月 2 日)			成熟期(7 月 3 日～7 月 10 日)			全生育期		
	耗水量(mm)	耗水模数	耗水强度(mm/d)	耗水量(mm)	耗水模数	耗水强度(mm/d)	耗水量(mm)	耗水模数	耗水强度(mm/d)
CK	95.38	19.89%	5.96	26.23	5.47%	3.75	479.45	100	4.70
XM-1	89.62	22.36%	5.60	23.25	5.80%	3.32	400.86	100	4.02
XM-2	86.75	23.30%	5.42	20.62	5.54%	2.95	372.34	100	3.73
XM-3	85.62	24.11%	5.35	15.54	4.38%	2.22	355.09	100	3.48
XM-4	87.62	22.70%	5.48	23.31	6.04%	3.33	386.06	100	3.89
XM-5	85.13	24.15%	5.32	15.84	4.49%	2.26	352.49	100	3.47
XM-6	83.65	24.92%	5.23	14.26	4.25%	2.04	335.74	100	3.29

2.3.2　小麦产量及水分利用效率

1. 对产量及水分利用效率的影响

目前，国内对水分利用效率的研究大体上分三个层次：产量水平上的水分利用效率、群体冠层水平上的水分利用效率以及叶片水平上的水分利用效率。采用最多的是产量水平上的水分利用效率，本节即讨论产量水平上的水分利用效率。

作物水分生产率(WUE)是指单位面积的作物耗水量所获得的经济产量。其表达式：

$$\mathrm{WUE} = \frac{Y}{ET} \tag{2-4}$$

式中　Y ——作物经济产量($\mathrm{kg/hm^2}$)；

ET ——作物耗水量(mm/d)。

不同处理膜下滴灌小麦耗水量及作物水分生产率见表 2-10，2014 年与 2015 年小麦各处理产量的显著性分析结果相同，均为膜下滴灌小麦各处理极显著高于 CK($P<0.01$)；膜下滴灌小麦各处理之间为 XM-1、XM-4、XM-5 显著高于 XM-2、XM-3、XM-6($P<0.05$)。2014 年与 2015 年作物水分生产率与灌溉水分生产率均为膜下滴灌小麦极显著高于 CK($P<0.01$)，而膜下滴灌小麦各处理间 2014 年作物水分生产率与灌溉水分生产率均为 XM-5 显著高于其他处理($P<0.05$)。2015 年膜下滴灌小麦各处理作物水分生产率为差异显著($P<0.05$)，其

关系为 XM-5＞XM-4＞XM-6＞XM-1＞XM-2＞XM-3。2015 年灌溉水分生产率为一膜 5 行各处理显著高于一膜 6 行($P<0.05$)。

表 2-10　不同处理膜下滴灌小麦作物水分生产率

试验处理	2014 年			2015 年		
	产量（kg/hm²）	作物水分生产率（kg/m³）	灌溉水分生产率（kg/m³）	产量（kg/hm²）	作物水分生产率（kg/m³）	灌溉水分生产率（kg/m³）
CK	5 208.45	1.12	1.45	4 946.91	1.03	1.37
XM-1	6 481.89	1.56	2.13	6 436.87	1.60	2.17
XM-2	6 098.60	1.54	2.27	5 899.70	1.58	2.18
XM-3	5 706.79	1.60	2.29	5 413.99	1.52	2.26
XM-4	6 720.39	1.65	2.40	6 525.11	1.69	2.37
XM-5	6 473.38	1.74	2.53	6 329.83	1.79	2.44
XM-6	5 817.52	1.67	2.37	5 559.07	1.65	2.30

可以看出，膜下滴灌小麦较 CK 的增产节水效果明显，同时显著提高了作物水分生产率与灌溉水分生产率；一膜 5 行的产量、作物水分利用率与灌溉水分生产率均大于一膜 6 行；充分灌溉较轻度水分亏缺、中度水分亏缺的产量提高明显，但作物水分生产率与灌溉水分生产率的提高并不明显。综上所述，一膜 5 行的种植模式不仅促进了根系的生长，同时增加了小麦产量，提高了作物水分生产率与灌溉水分生产率。

2. 膜下滴灌小麦耗水量与产量的关系

根据 2014 年与 2015 年膜下滴灌小麦耗水量、产量得出一膜 5 行、一膜 6 行两种种植模式耗水量与产量的关系，从图 2-46 中可知，膜下滴灌小麦各处理耗水量与产量呈二次抛物线关系：

一膜 5 行：$Y=-0.260\ 3ET^2+208.62ET-35\ 110$，$R^2=0.901\ 2$。

一膜 6 行：$Y=-0.084\ 4ET^2+80.925ET-12\ 553$，$R^2=0.925\ 2$。

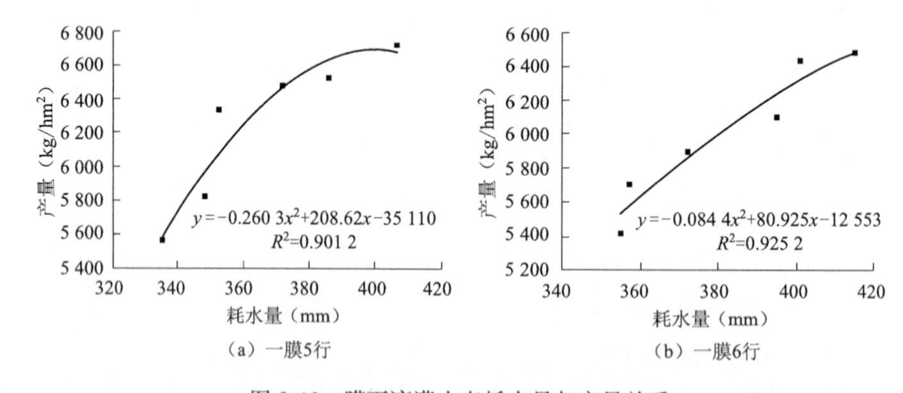

图 2-46　膜下滴灌小麦耗水量与产量关系

在一定灌水量的情况下，产量随着耗水量的增加不断增加，当耗水量达到一定值时，产量随着耗水量的增加而降低，继续增加灌水量不仅不会促进产量，反而会影响产量的增加，说明确定出适宜的灌水量是提高作物产量的关键。

一膜 5 行的产量随着耗水量的增加而迅速增加，在耗水量 390～410 mm 出现拐点，说明一模 5 行的种植模式在耗水量为 390～410 mm 达到产量的峰值，可据此得出适宜的灌水量。一膜 6 行的产量较一膜 5 行对耗水量的敏感程度下降，随着耗水量的增大，产量的增加并不明显，说明一膜 6 行种植模式耗水量对产量敏感性较弱。所以应该合理利用耗水量与产量的关系，使二者实现平衡，从而实现有限水资源的最大效益。

2.4　基于 DSSAT 模型小麦灌溉制度优化

2.4.1　DSSAT 模型简介与原理

20 世纪 80 年代，全世界范围内对作物模型开始研发，出现了 100 多种不同原理的作物模型。这些模型操作各异、复杂程度不一，其运行所需的参数也存在一定差异，也因此模型的应用和推广比较困难。1986 年在美国农业部资助下，夏威夷大学主持的 IBSNAT 项目，将各种作物模型进行汇总，同时为了将农业生产新技术进行改进和普及，把模型输入和输出变量格式标准化，以便模型的普及应用。由此发展了一套综合的计算机系统，这套计算机系统称为农业技术转移决策支持系统 DSSAT(Decision Support System for Agrotechnology Transfer)。DSSAT 模型是目前使用较广泛的模型，DSSAT 4.5 是将不同的农作物模型做成模块集成到作物模型 CSM(Cropping System Model)中，CSM 主要包括 CERES(Crop Environment Resource Synthesis)系列模型、CROPGRO 豆类作物模型、SUBSTOR potato 马铃薯模型、CROPSIM cassava 木薯模型、OILCROP 向日葵模型以及 CANEGRO 甘蔗模型。

CSM 使用一套模拟土壤水分、氮和碳动力学的代码，而农作物的生长和发育则通过 CERES、CROPGRO、CROPSIM 和 SUBSTOR 模块来进行模拟。DSSAT 模型适用于单点或相同类型区，可通过 GIS 外插至区域水平。

2.4.2　模型参数率定

研究采用 DSSAT 4.5 自带的 GLUE 参数调试程序对小麦品种“永良 4 号”进行参数率定，由于 DSSAT 模型要调用作物品种遗传参数来确定作物的生长发育特征，这些参数需经过田间试验数据校验。关于遗传参数的调试方法，主要是对作物的开花期、成熟期、产量、生物量等参数的模拟值和实测值比较来优化的。本节采用“试错法”进行调试，以 2014 年试验数据为参数调试，然后利用 2015 年的试验数据对参数进行验证，包括开花期、成熟期以及产量进行参数调试和验证。首先在原程序给定参数范围内进行参数率定，不断调试缩小参数范围，最终得到最满意的参数组合。一次率定最高可进行 3 000～5 000 次随机搜索。经调试后，参数调试结果见表 2-11。

表 2-11　小麦“永良 4 号”的作物品种遗传参数

参数	描述	单位	取值范围	调试后取值
PID	光周期系数		0～13%	11.2%
P5	籽粒灌浆期积温	℃·d	300～800	664.8
G1	单位株质量的籽粒数	粒/g	15～35	32.9
G2	标准籽粒质量	mg	30～70	35.2

续上表

参数	描述	单位	取值范围	调试后取值
G3	成熟期单株茎穗标准干重	g	1～2	1.846
PHINT	完成一片叶生长所需积温	℃·d	60～100	96.4

1. 作物参数率定

对比小麦开花期、成熟期及最终产量的模拟值与实测值之间的差异，见表 2-12。将率定后的作物品种参数输入模型中运行后，小麦开花期与成熟期日期模拟值与实测值误差不超过 2 d。2014 年一膜 5 行膜下滴灌小麦产量模拟值比实际值产量低 2.8%，一膜 6 行膜下滴灌小麦产量模拟值比实际值产量低 1.8%；2015 年一膜 5 行膜下滴灌小麦产量模拟值比实际值产量低 2.1%，一膜 6 行膜下滴灌小麦产量模拟值比实际值产量低 1.4%。模型模拟小麦产量时，表现为模拟产量均小于实测产量，且模拟值和实测值差值均保持在 5%之内。

表 2-12　日期与产量模拟值与实测值

对比项目	2014 年			2015 年		
	实测值	模拟值	误差	实测值	模拟值	误差
开花期(d)	70	69	1	71	73	−2
成熟期(d)	108	108	0	108	109	−1
一膜 5 行产量 (kg/hm^2)	6 337	6 160	178(2.8%)	6 138	6 007	131(2.1%)
一膜 6 行产量 (kg/hm^2)	6 096	5 987	109(1.8%)	5 917	5 836	81(1.4%)

2. 土壤含水率的率定

基于 DSSAT 模型模拟两种种植模式下的不同灌溉方案对作物产量的影响，因此模型对土壤水分模拟的精度直接影响研究结果的可靠性。表 2-13、表 2-14 是膜下滴灌小麦 2014 年与 2015 年整个生育期土壤含水率的实测值与模拟值情况。在此模型中当 RMSE<0.1 为极好，0.1<RMSE<0.2 为好，0.2<RMSE<0.3 为中等，RMSE>0.3 为差。除 2014 年一膜 6 行 80～100 cm 外，各土层的 RMSE 均小于 0.1，模拟结果极好。

表 2-13　2014 年不同土层土壤含水率模拟值与实测值对比

土壤深度 (cm)	一膜 5 行			一膜 6 行		
	实测值	模拟值	RMSE	实测值	模拟值	RMSE
0～20	15.19%	15.15%	0.014	15.88%	15.68%	0.031
20～40	17.74%	17.72%	0.015	19.20%	18.99%	0.014
40～60	21.33%	21.23%	0.025	22.41%	22.05%	0.070
60～80	24.67%	24.77%	0.078	25.96%	26.37%	0.070
80～100	28.33%	28.14%	0.093	29.49%	28.02%	0.136

表 2-14　2015 年不同土层土壤含水率模拟值与实测值对比

土壤深度(cm)	一膜 5 行			一膜 6 行		
	实测值	模拟值	RMSE	实测值	模拟值	RMSE
0～20	13.98%	13.90%	0.027	13.47%	13.52%	0.035
20～40	17.33%	17.49%	0.024	17.09%	17.16%	0.052
40～60	21.12%	21.42%	0.068	21.92%	21.83%	0.067
60～80	25.08%	25.38%	0.070	26.19%	25.99%	0.072
80～100	27.52%	27.97%	0.078	28.39%	28.30%	0.062

由于膜下滴灌小麦根系主要分布在 0～60 cm 土层内，因此该土层土壤含水率的变化对最终产量的形成有重要影响。所以，又对 0～60 cm 土层土壤含水率的模拟值和实测值进行了配对 T 检验，检验结果为 $P>0.05$，模拟值和实测值无显著性差异。由此可见，DSSAT 模型在模拟土壤水分变化时较为精确，且在模拟生育期的时间上也有较好的精度。因此，可以利用该模型模拟不同灌水方案下膜下滴灌小麦的潜在生产力。

2.4.3　灌溉制度优化

在对小麦遗传品种参数的调试和验证基础上，利用 DSSAT 模型模拟分析得出两种种植模式下不同灌水方案的产量和水分利用效率，从而确定最优灌溉制度。

1. 模拟试验设计

膜下滴灌小麦随着生育期的不同，其需水量也不同。根据 2014 年与 2015 年试验的灌水水平和灌水方案，考虑当地的降水情况及小麦的丰产经验，在小麦的拔节初期、拔节末期、抽穗初期、抽穗中期、抽穗末期、灌浆初期、灌浆末期分别灌水，每个灌水时期设计四种灌水定额，分别为 22.5 mm、35 mm、45 mm。两种因素形成组合后产生 $7^3=343$ 种不同的灌水方案，结合当地种植小麦的经验和 2014 年、2015 年的试验经验，现用 DSSAT 模型模拟其中的 18 种灌水方案，分别用一膜 5 行和一膜 6 行进行模拟，具体见表 2-15。

表 2-15　灌溉试验方案设计

灌水方案	灌水次数	灌水定额(mm)							合计(mm)
		拔节初期	拔节末期	抽穗初期	抽穗中期	抽穗末期	灌浆初期	灌浆末期	
T1	7	22.5	22.5	22.5	22.5	22.5	22.5	22.5	157.5
T2	7	35	35	35	35	35	35	35	245
T3	7	45	45	45	45	45	45	45	315
T4	7	22.5	22.5	35	35	35	22.5	22.5	195
T5	7	35	35	45	45	45	35	35	275
T6	7	22.5	22.5	45	45	45	22.5	22.5	225
T7	7	35	35	35	35	35	22.5	22.5	220
T8	7	45	45	45	45	45	35	35	295
T9	7	45	45	45	45	45	22.5	22.5	270
T10	7	22.5	22.5	22.5	22.5	22.5	35	35	182.5

续上表

灌水方案	灌水次数	灌水定额(mm)							合计(mm)
		拔节初期	拔节末期	抽穗初期	抽穗中期	抽穗末期	灌浆初期	灌浆末期	
T11	7	22.5	22.5	22.5	22.5	22.5	45	45	202.5
T12	7	35	35	35	35	35	45	45	265
T13	7	35	22.5	35	22.5	22.5	35	22.5	195
T14	7	45	35	45	35	35	45	35	275
T15	7	45	22.5	45	22.5	22.5	45	22.5	225
T16	7	22.5	35	22.5	22.5	35	22.5	35	195
T17	7	35	45	35	35	45	35	45	275
T18	7	22.5	45	22.5	22.5	45	22.5	45	225

2. 结果与分析

由于2014年4～9月降雨量为65.4 mm，为当地的平水年，因此利用2014年的气象数据对膜下滴灌小麦的灌溉制度进行优化分析。

利用DSSAT模型将18种灌水方案分别对一膜5行和一膜6行进行产量模拟，由图2-47可以看出，多数方案下一膜5行的产量略大于一膜6行。种植模式为一膜5行时，灌水方案T3产量最高，为6 682 kg/hm^2，此方案灌水量最大，整个生育期灌溉定额为315 mm。灌水方案T1产量最低，仅为3 995 kg/hm^2，此方案灌水量最小，不能满足小麦生育期的需要，产量偏低。灌水方案T4、T5、T6均为抽穗期的灌水定额大于拔节期与灌浆期，其中灌溉定额最大的T5产量最大，T6的产量较T5产量减少不明显，而T4产量明显降低，说明灌溉定额的适度减少产量不会明显降低。灌水方案T7、T8、T9为拔节期、抽穗期灌水定额大，灌浆期灌水定额小，而灌水方案T10、T11、T12为拔节期、抽穗期灌水定额小，灌浆期灌水定额大，说明虽然灌浆期为产量形成的关键时期，但是如小麦在生长旺盛期拔节期与耗水量大的抽穗期出现水分不足情况，即使灌浆期灌溉定额增加也将对其产量影响明显，出现明显的减产情况。灌水方案T13、T14、T15为每个生育初期灌水定额大于生育末期灌水定额，而灌水方案T16、T17、T18为每个生育初期灌水定额小于生育末期灌水定额，灌水定额相同的T13与T16、T14与T17、T15与T18，产量均为前者略大于后者，说明在生育期初期较高的灌水定额对产量的增加有一定的影响，且在相同灌溉处理时会在一定程度上提高产量。

种植模式为一膜6行时，灌水方案T8产量最高，为6 646 kg/hm^2，此方案整个生育期灌溉定额为295 mm。灌水方案T1产量最低，仅为3 532 kg/hm^2，此方案灌水量最小，不能满足小麦生育期的需要，产量偏低。一膜6行其他灌溉方案下的规律与一膜5行的规律基本相同，而一膜6行在灌溉定额较低的情况下，其产量略大于一膜5行，说明在灌溉定额低时，一膜5行对水分的敏感性大于一膜6行。

水分利用效率作为节水农业研究的最终目标，想要达成较高的水分利用效率是干旱地区农业持续发展的关键所在。利用DSSAT模型将18种灌溉方案分别对一膜5行和一膜6行进行水分利用效率模拟，由图2-48可以看出，多数方案下一膜5行的水分利用效率略大于一膜6行。一膜5行水分利用效率最高的方案为T15，为1.67 kg/m^3，但其对应产量仅为

5 421 kg/hm²；一膜 6 行水分利用效率最高的方案为 T4，为 1.62 kg/m³，其对应产量为 4 878 kg/hm²。因此，水分利用效率就成为选择最优灌溉制度考虑的重要因素。

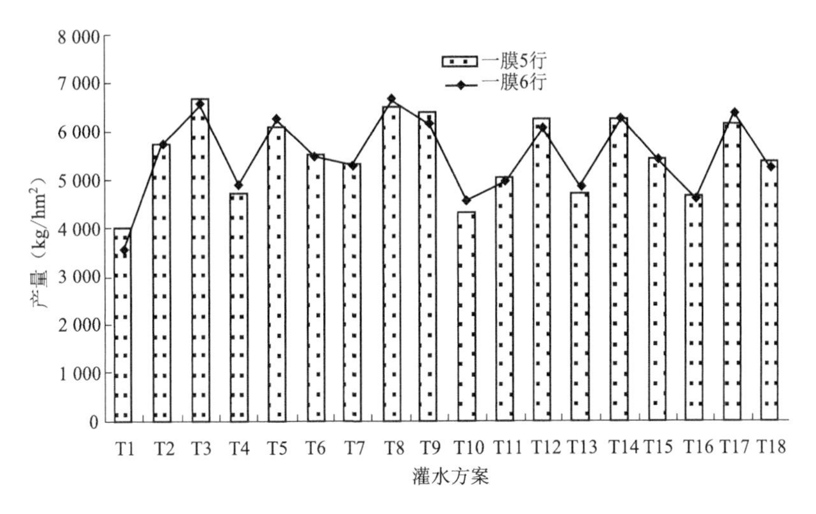

图 2-47　不同模拟灌溉方案对小麦产量的影响

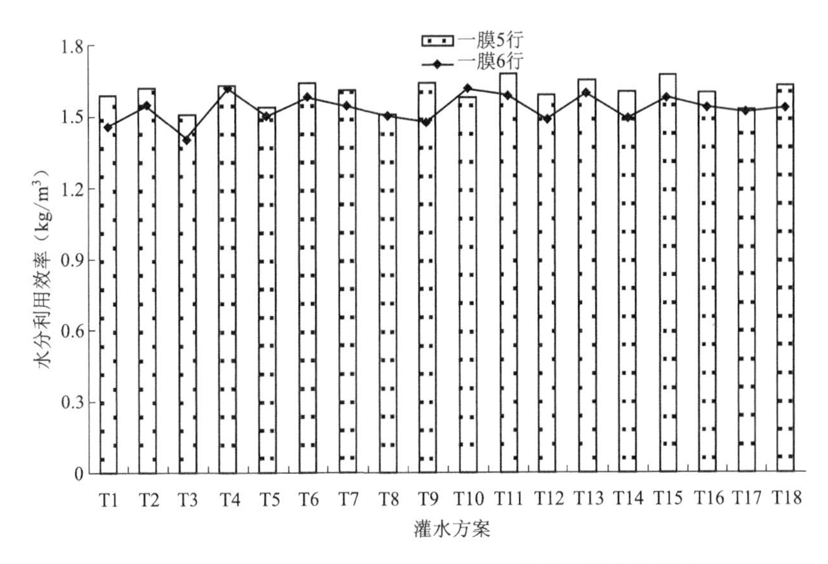

图 2-48　不同模拟灌溉方案对小麦水分利用效率的影响

3. 最优灌溉制度的确定

利用 DSSAT 模拟试验共设计了 18 种不同的灌水方案，确定正确合理筛选方案的依据，对筛选出适宜河套地区的最优灌溉制度具有重要意义。筛选条件主要依据以下几点：

(1)作物高产。作物的高产是首要目标，也是研究的重要内容，因此最优灌溉制度的选择以小麦的产量作为首要的筛选条件。

(2)节约水资源。发展节水灌溉的主要目的是节约水资源，水资源的高效利用，既是研究的主要目的也是解决地区水资源短缺的重要途径。

(3)适宜的种植模式。选取适宜的种植模式，不仅对作物产量的提高、水资源的合理利用具有重要意义，同时也可以达到节约肥料、减少盐分累积的目的。

根据以上筛选条件，对一膜5行和一膜6行小麦的产量与水分利用效率的模拟值进行了对比，如图2-49、图2-50所示。可以看出，一膜5行和一膜6行的产量均随着需水量的增加而增大，而水分利用效率先随着需水量的增大而增大，后随着需水量的增大而减小。根据筛选条件结合试验实际方案与模拟设计方案，得出一膜5行为方案T9最优，其灌溉定额为270 mm，模拟产量为6 404 kg/hm^2，水分利用效率为1.64 kg/m^3；一膜6行为方案T17最优，灌溉定额为275 mm，模拟产量为6 141 kg/hm^2，水分利用效率为1.53 kg/m^3。本书第4章得出一膜5行脱盐效果更佳，且其节肥潜力大，因此，对比后选取最优灌溉制度为一膜5行的方案T9。

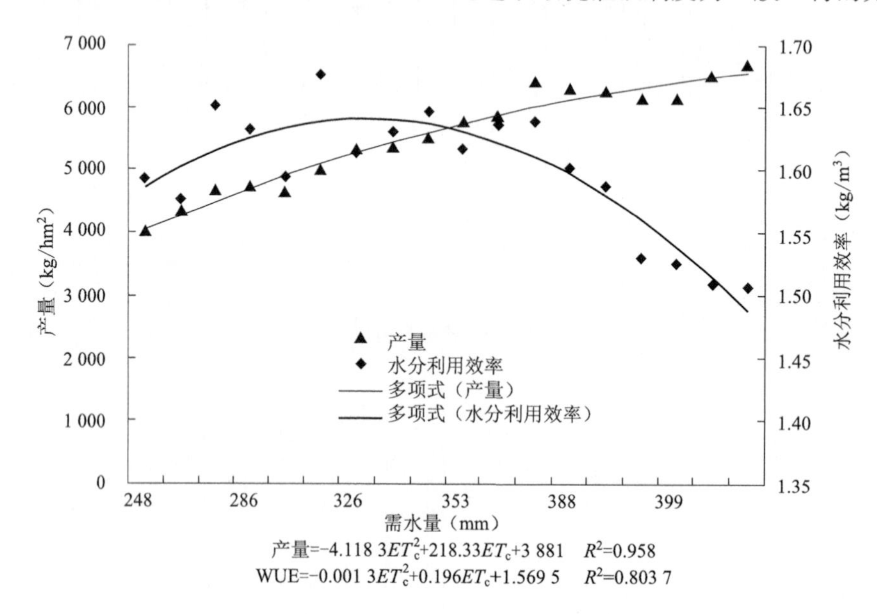

图2-49 一膜5行小麦模拟产量、WUE和需水量的关系

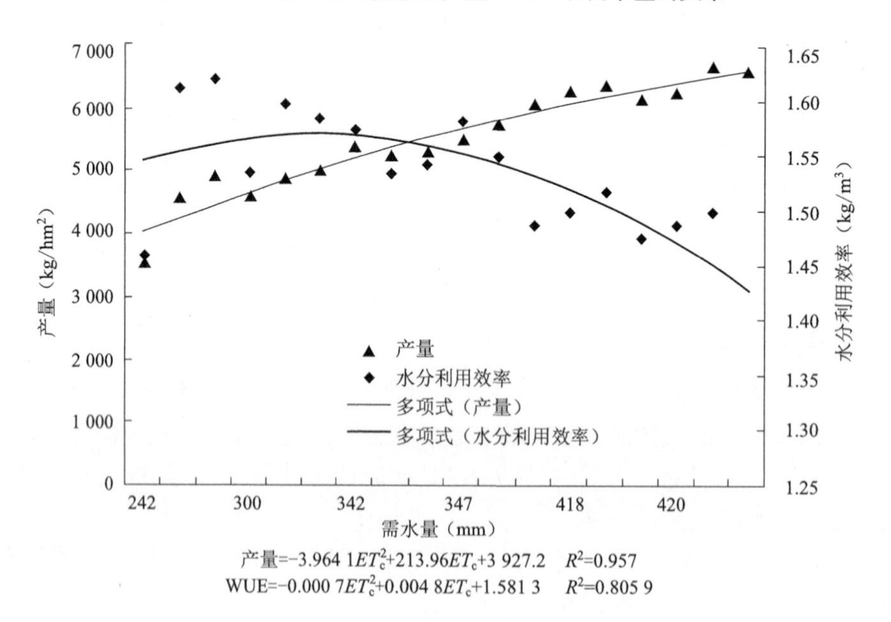

图2-50 一膜6行小麦模拟产量、WUE和需水量的关系

第3章　河套灌区玉米和向日葵膜下滴灌技术研究

3.1　膜下滴灌对作物生理生态指标及生产能力的影响

3.1.1　不同灌水处理对作物生育指标的影响

1. 不同灌水处理对作物株高的影响

灌水定额对作物影响的差异性可直观地从作物的株高表现出来，作物的株高在一定程度上可以反映出植株的营养生长状况。试验过程中定期对玉米、向日葵各个生育时期的株高进行测量，按测得株高的平均值绘制出不同灌水处理株高随时间的变化过程，如图3-1、图3-2所示。

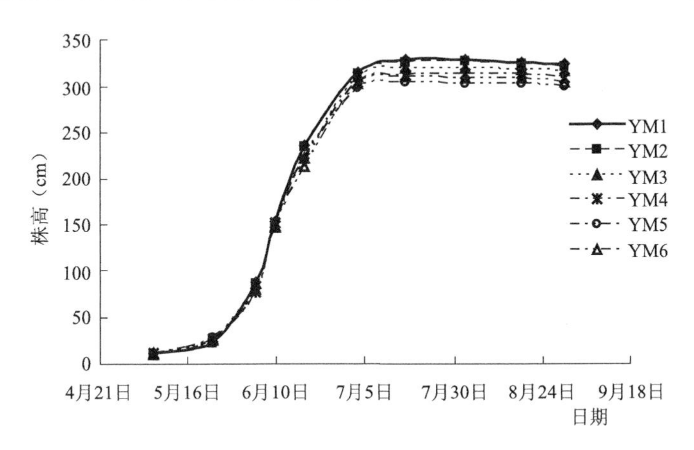

图3-1　不同灌水处理玉米株高变化

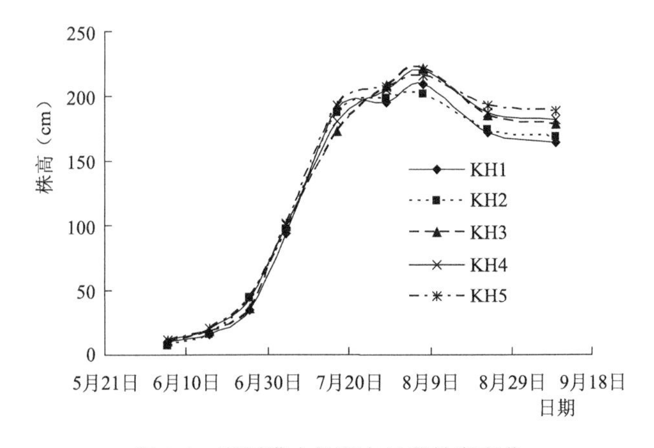

图3-2　不同灌水处理向日葵株高变化

（1）不同灌水处理对玉米株高的影响

从图 3-1 可以看出，不同灌水处理玉米总体长势一致，均是由慢到快再变慢的生长过程。由图 3-1 可知在生长初期各处理的长势没有差异，进入生长快速期和中后期各处理的株高差异性开始体现出来，灌水量最多的处理 YM1 株高最高，灌水量最少的 YM6 处理的株高最低。各处理的株高 YM1 为 322.8 cm、YM2 为 320.0 cm、YM3 为 314.3 cm、YM4 为 307.9 cm、YM5 为 297.6 cm、YM6 为 296.4 cm，差异性较明显，说明株高与灌水量有一定的关系。YM1～YM6 六种处理全生育期株高平均增长速率分别为 5.04 mm/d、4.98 mm/d、4.92 mm/d、4.84 mm/d、4.80 mm/d 和 4.75 mm/d。从图 3-1 中还可以看出，玉米从出苗开始到 5 月 23 日的苗期中后期生长较为缓慢，6 月 4 日～7 月 6 日（拔节期）玉米进入生长快速期，之后又缓慢生长，直到灌浆成熟期几乎停止生长，整个生长过程呈现出 S 形的曲线生长过程。

（2）不同灌水处理对向日葵株高的影响

从图 3-2 可以看出，不同灌水处理的向日葵总体生长趋势与玉米的基本一致，由慢到快再变慢的过程，向日葵到后期株高明显下降。从整各生育过程中，各处理向日葵的平均株高 KH1 为 121.13 cm、KH2 为 122.03 cm、KH3 为 125.90 cm、KH4 为 128.15 cm、KH5 为 130.77 cm，各处理间差异性显著。

图 3-2 中显示，各生长生育阶段，株高随灌水量的变化而变化，灌水量最大的 KH5 的株高最大，其次为 KH4、KH3、KH2、KH1。原因是 KH5 的灌水量较多，能够及时补充向日葵所需的水分，使 KH5 处理的向日葵的营养能够输送到各个器官。从现蕾期（6 月 15 日左右）到花期（7 月 8 日）向日葵株高生长速度最快，五种处理的平均生长速率为 4.33 cm/d、4.44 cm/d、4.47 cm/d、4.43 cm/d、4.45 cm/d。到灌浆期株高几乎停止生长，灌浆后期到成熟期向日葵花盘开始下垂，自然株高降低。其主要原因是向日葵开花后，花盘经过授粉灌浆，灌浆使籽盘重量增加导致花盘下垂。

2. 不同灌水处理对作物茎周长的影响

茎周长是反映作物是否健康成长的一个指标，同时也可以反映出作物是否高产，茎周长大的，作物产量就高。试验过程中定期定株对玉米、向日葵各个生育时期的茎周长进行了测量，按测得茎周长的平均值绘制出不同灌水处理茎周长随时间的变化过程，如图 3-3、图 3-4 所示。

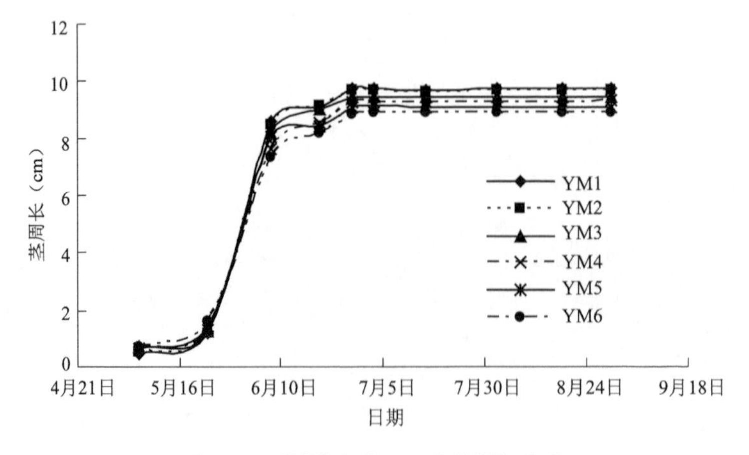

图 3-3 不同灌水处理玉米茎周长变化

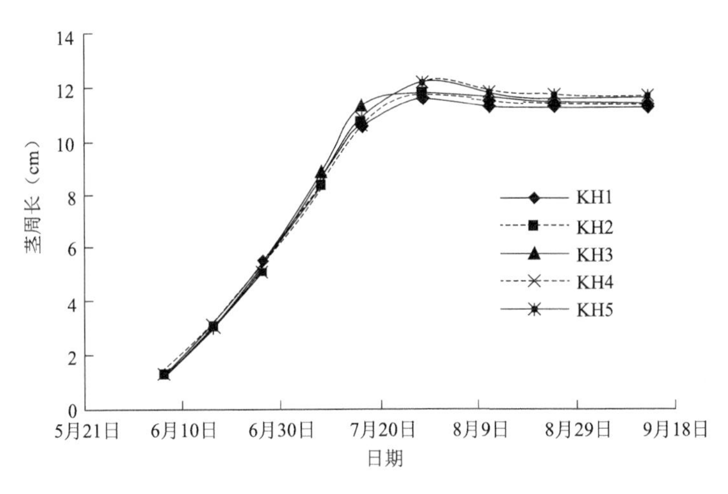

图 3-4　不同灌水处理向日葵茎周长变化

(1)不同灌水处理对玉米茎周长的影响

从图 3-3 可看出，玉米茎周长的变化随水分的增加而变长，YM1＞YM2＞YM3＞YM4＞YM5＞YM6。

从图 3-3 还可以看出苗期各处理的茎周长无明显差异，从 5 月 23 日开始，玉米进入快速生长阶段，到 6 月 8 日(拔节期)茎周长开始出现差异性，随着灌水量的增加，茎周长均有不同程度变粗，此时期的茎周长生长较快；到了玉米生长中后期(7 月 18 日～8 月 30 日)玉米茎周长有小幅度的下降，直到收获后茎周长不再有明显的变化。玉米茎周长的变化有以上趋势，是因为玉米苗期对水分需求量不大，很少的水分就能满足玉米苗期的生长，且苗期玉米不灌水，玉米在苗期各处理土壤中的水分含量相当；进入拔节期，对玉米进行不同水量的灌溉，灌水量的不同引起玉米茎周长的变化，玉米茎周长随着灌水量的不同表现出了差异性；到了生长中后期，玉米主要是将营养生长转移到生殖生长上，而自身基本停止了生长，所以会出现茎周长小幅减小。

(2)不同灌水处理对向日葵茎周长的影响

从图 3-4 可以看出，向日葵各处理的茎周长变化趋势与其株高变化趋势基本相同。苗期—花期(6 月 6 日～7 月 16 日)茎周长生长较快，花期—灌浆期进入慢速生长期，灌浆—成熟期向日葵基本停止生长，茎周长有减小的趋势，是因为此时期向日葵由前期的营养生长转入生殖生长，且此时期植株体内的水分开始减少，导致茎周长降低。向日葵在现蕾期—花期茎周长生长最快，此时期的茎周长生长速率为 0.32 cm/d；花期—成熟期的茎周长生长速率为 0.053 cm/d，差异性显著，说明向日葵中后期几乎不再生长。

(3)不同灌水处理对玉米叶面积的影响

叶片主要是进行光合作用，而叶面积是作物生长发育的重要指标，群体叶面积发展变化，能充分反映光合有效面积的大小和对光能截获量的多少，从而最终影响经济产量的高低。对粮食作物而言，营养生殖生长茂盛期是叶面积增长速度最快的阶段。李守谦等(1993)研究了小麦、玉米等作物，发现结果期和成熟期其叶面积指数呈急剧下降趋势，叶面积指数变得较小。玉米叶面积指数及单株叶面积受到土壤含水率变化的影响有明显变化。根据试验实测数据，膜下滴灌玉米各处理中叶面积生长在前中期随时间呈现明显的增加趋势，在中后期随着时间的变化叶面积开始降低，如图 3-5 所示。

从图 3-5 可以看出，不同灌水处理玉米叶面积长势情况基本一致，均呈现出叶面积前期(5 月6 日～7 月 2 日)增长迅速，中期(7 月 3 日～8 月 2 日)增长缓慢，后期(8 月 3 日～9 月 16 日)叶面积减小的趋势，叶面积整体长势呈抛物线型。各处理中 YM3 的叶面积最大；处理 YM5 与 YM6 的叶面积最小，这是因为整个生育期内 YM5 与 YM6 的灌水量最少，水分不足，不能满足玉米生长需求，影响了玉米叶片的发育，从而影响叶片有效光合作用。

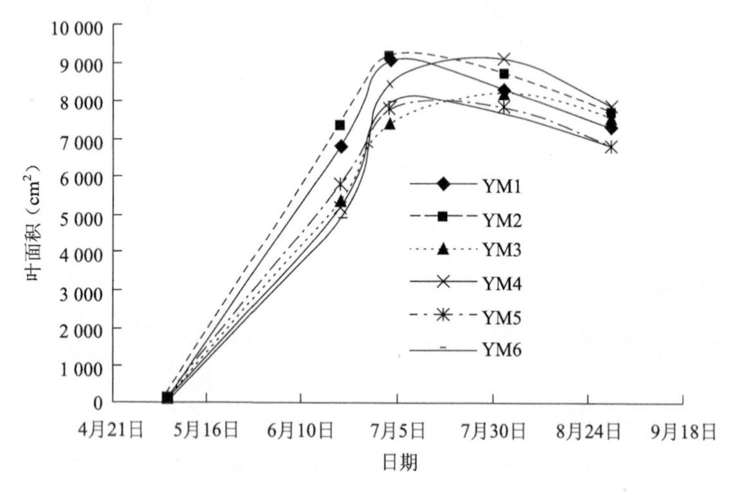

图 3-5　不同灌水处理玉米叶面积变化

3.1.2　不同灌水处理对作物生产能力的影响

灌浆速率是影响粒重最重要的参数，作物不同灌浆阶段的灌浆速率对作物粒重的影响不同。试验在玉米、向日葵开始灌浆的第 5 天取样，之后每隔 10 d 取样 1 次至收获，每次取代表性果穗(5 穗)中部 100 颗籽粒在 105 ℃下杀青 30 min，然后在 80 ℃下烘干至恒重，称烘干粒重。玉米、向日葵的灌浆速率随时间的变化过程如图 3-6、图 3-7 所示。

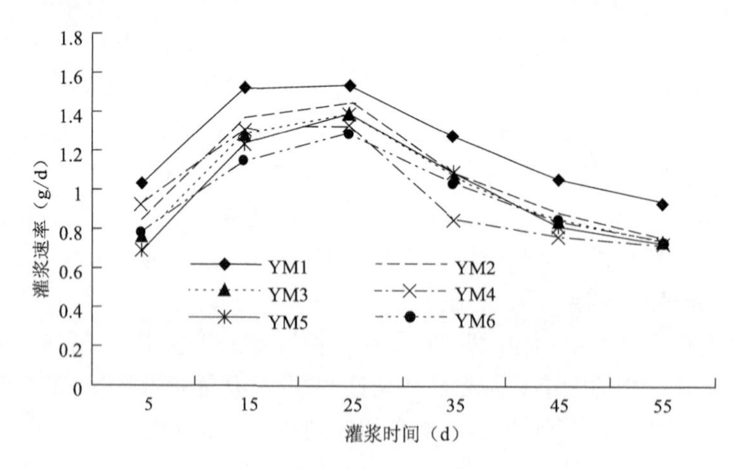

图 3-6　不同灌水处理玉米灌浆速率变化

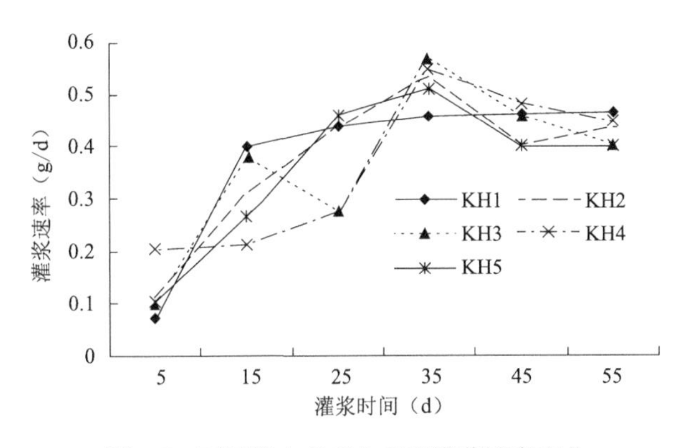

图 3-7　不同灌水处理向日葵灌浆速率变化

1. 不同灌水处理对玉米灌浆速率的影响

从图 3-6 可以看出，不同灌水处理的灌浆速率变化趋势基本一致，灌浆速率均随灌浆时间逐渐变缓。灌浆前期(5～15 d)灌浆速率最快，最大的灌浆速率为 1.51 g/d；15～25 d，灌浆速率开始变慢，即灌浆速度由快开始向慢过渡；25～55 d，灌浆速率减慢，说明在灌浆第 25 天玉米籽粒干物质累积量开始减少。

由图 3-6 可知，灌浆速率最快的为 YM1 处理，其次为 YM2、YM3、YM5、YM6、YM4，说明灌浆速率的快慢与灌水量有很大关系，灌水量大，灌浆速率快。灌浆速率的快慢对玉米产量的高低有决定性作用。

2. 不同灌水处理对向日葵灌浆速率的影响

从图 3-7 可以看出，向日葵在整个灌浆期的灌浆速率变化趋势为快—慢，在 5～35 d 的灌浆速率较快，在第 35 天的灌浆速率最快，也是灌浆速率由快—慢的过渡点。35～45 d 向日葵的灌浆速率减慢，此时间段各处理平均灌浆速率 KH1 为 0.46 g/d、KH2 为 0.42 g/d、KH3 为 0.43 g/d、KH4 为 0.46 g/d、KH5 为 0.44 g/d。

3.2　膜下滴灌对土壤水热的变化影响

土壤含水率与土壤温度的变化是影响作物生长发育的重要指标。膜下滴灌条件下的水分能够积蓄在土壤中，对作物的生长、根区的土壤温度、根系的发育及生理生态指标与非膜下滴灌相比均有明显的变化，膜下滴灌具有阻碍土壤水分的蒸发散失，保墒提墒作用。试验共研究了两种作物，玉米、向日葵，主要研究不同灌水处理下对玉米、向日葵土壤含水率和地温的影响变化。

2013 年 4 月 21 日开始播种玉米，5 月 18 日开始播种向日葵，平均每隔 4 d 对土壤含水率进行观测，观测土层深度为 10 cm、20 cm、40 cm、60 cm。玉米灌水日期为 6 月 7 日、6 月 14 日、6 月 21 日、6 月 29 日、7 月 5 日、7 月 12 日、7 月 17 日、7 月 26 日、8 月 2 日、8 月 11 日、8 月 17 日。向日葵从 7 月 5 日开始灌水，以后灌水日期与玉米相同。

3.2.1　作物膜下滴灌全生育期不同深度土壤水分变化

1. 玉米全生育期膜内不同深度土壤水分变化规律

据已有学者对膜下滴灌的有关研究成果可知，在膜下滴灌条件下，土壤的湿润深度一般都小于 60 cm，故本文对土壤含水率研究的土层深度设定为 10 cm、20 cm、40 cm、60 cm。对玉米膜内土壤含水进行分析，将玉米膜内全生育期各土层土壤含水率变化规律进行绘制，具体如图 3-8所示。

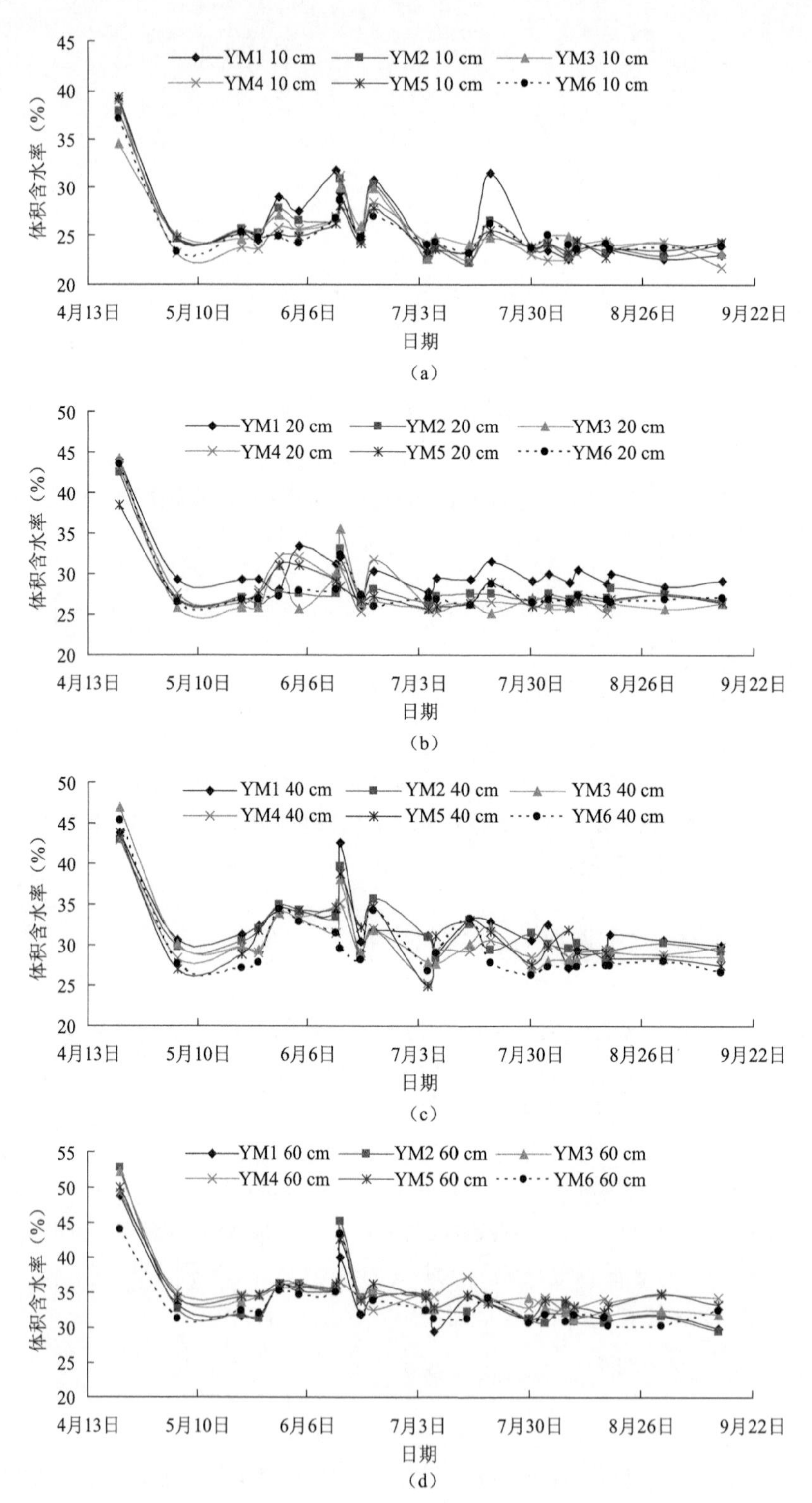

图 3-8　不同灌水处理玉米膜内各层土壤水分动态变化

从整体看，图 3-8 中各处理不同土层土壤含水率的变化趋势基本一致，播前土壤体积含水率最大，各土层平均体积含水率分别为 25.73%(10 cm)、28.40%(20 cm)、31.48%(40 cm)、34.58%(60 cm)，从这 4 组数据可知，浅层土壤的含水率最小，土层越深，含水率越大，深层(60 cm)土壤体积含水率较浅层(10 cm)大 8.85%。出现以上规律的原因是，在秋浇的情况下，播前土壤含水率最高，可以满足玉米、向日葵发芽、出苗需要。秋浇后，气温快速降低，进入冬季结冻期内，水分因冻结作用向冻结层移动，大量的水分冻结在表层土壤中，第二年春天土壤融化后，释放的液态水导致土壤含水率升高，较高的含水率有利于土壤保墒，保证春播作物正常出苗发芽；浅层土壤含水率低于深层土壤，是因为浅层土壤受太阳辐射和风力吹蚀，蒸发强烈，水分散失快所致。40 cm 土层的水分波动较大，是因为 40 cm 深度土壤是膜下滴灌条件下作物根系密集分布层，须根多，对水分的需求就大，所以 40 cm 土层水分波动幅度较大。

从图 3-8 得出，玉米整个生育期各土层土壤含水率有多个峰值，主要是由灌溉和降水引起。6 月 7～22 日期间含水率受灌溉的影响较大，此期间含水率较其他时期高，而 7 月中下旬，虽然有降雨和灌水，但土壤含水率较 6 月低。6 月 7～22 日大气温度较低，地面蒸发较弱，同时玉米植株较小，对水分需求也较小，因此含水率随灌溉的增加有明显的变化；而 7 月中下旬植株长高，地面覆盖度增大，相应作物蒸发蒸腾量变大，作物对水分的利用量加大，从而导致土壤含水率变小。

从各处理土壤含水率变化过程可看出，YM1 土壤含水率较其他处理的含水率要高，说明土壤含水率的变化随灌水定额的增加而变大。YM1 全生育期的平均土壤含水率较 YM2、YM3、YM4、YM5、YM6 分别高 0.39%、1.23%、1.29%、1.38%、1.62%，土壤含水率的大小与灌水定额密切相关。

2. 向日葵全生育期膜内不同深度土壤水分变化规律

从整体看，图 3-9 不同处理各层土壤含水率的变化规律基本一致，不同灌水处理间土壤含水率的变化与灌水定额的多少有密切的关系，灌水定额大的处理对应土壤含水率较大，并且在灌水前后及降雨前后含水率有明显的变化，5 月末和 6 月土壤含水率较高，这是因为此期间降雨较多。

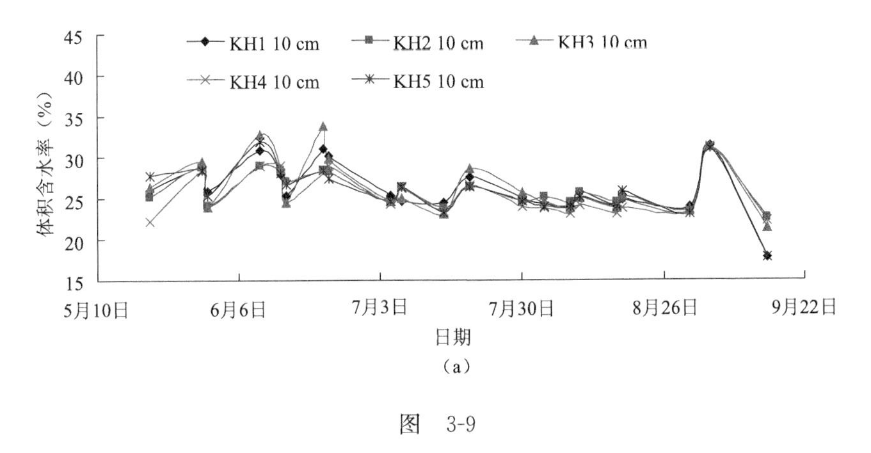

(a)

图　3-9

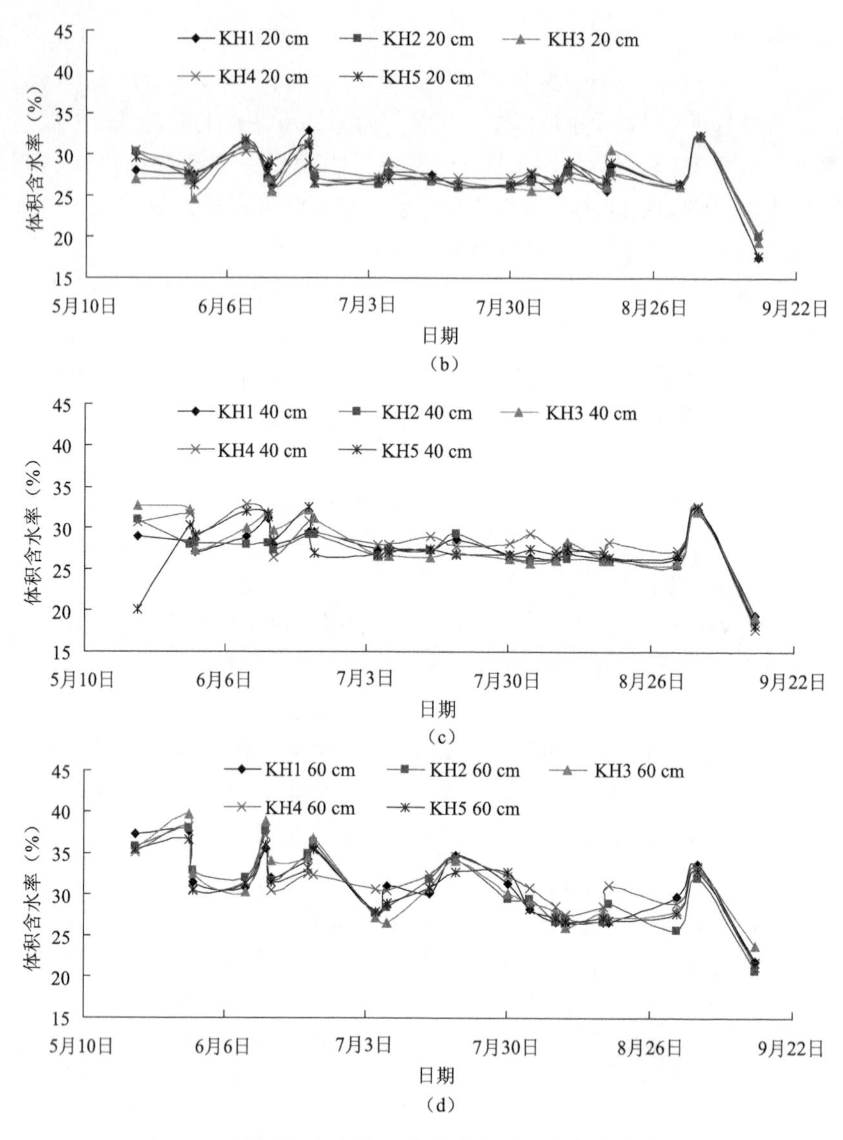

（b）

（c）

（d）

图 3-9 不同灌水处理向日葵膜内各层土壤水分动态变化

3. 玉米 0～60 cm 土层平均土壤含水率的动态变化

从图 3-10 可以看出，膜内不同处理各土层土壤含水率变化过程基本一致，土壤含水率在一定范围内波动，而膜间土壤含水率变化较散乱；膜内和膜间在 4～6 月的土壤含水率较7～9月要高，主要是因为土壤在冬季冻结和春季解冻过程中表层土壤积累了大量的液态水，使土壤水分含量增大。土壤高含水率正符合当地春播和种子萌发出苗需要，而 5 月、6 月土壤含水率较高，是因为这一阶段玉米尚处于苗期和拔节期，水分消耗较小，少量的水分就能满足玉米生长发育需要。到拔节期，随着玉米植株的快速长大，对水分的需求量随之增加，此时期对玉米进行第一次灌溉，灌溉使土壤含水率显著增加。7～9 月土壤含水率较低，因为7 月、8 月玉米随着植株生长，进入生殖生长发育阶段，叶面积增大，对地面的覆盖度加大，虽然此期间有灌水和降雨，但玉米的蒸发蒸腾量变大，而且 7 月、8 月的气温较高，地面的蒸发也加强，相应的土壤含水率就会下降；9 月玉米接近成熟，此时期玉米不需灌水，降雨也相对减少，所以土壤含水率仍继续降低。

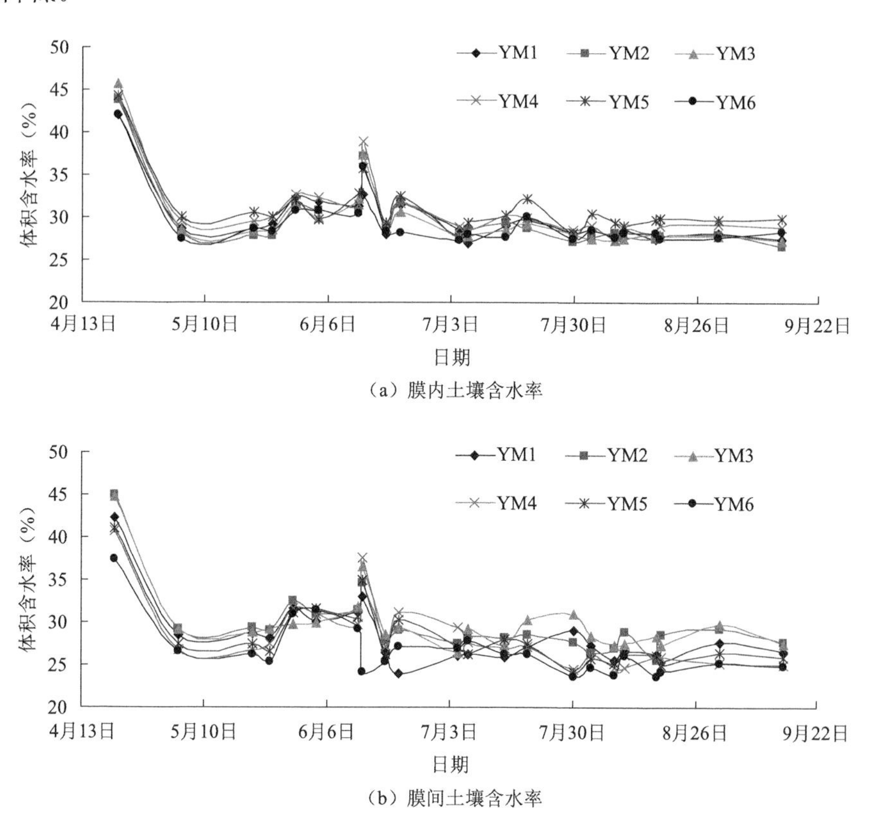

(a) 膜内土壤含水率

(b) 膜间土壤含水率

图 3-10 玉米膜内与膜间 0～60 cm 土层水分动态变化

膜内玉米土壤含水率高于膜间土壤含水率,膜内 YM1～YM6 处理土壤含水率与膜间相应各处理土壤含水率的差值分别为 1.43%、1.10%、0.99%、2.38%、2.86%、2.75%,差异性显著。这是因为地膜覆盖减缓了土壤水分的垂直蒸发和横向扩散速率,导致膜内土壤水分较高。从膜内与膜间的差值可看出,随着生育期的延长,膜内与膜间的差值逐渐增大,既与气温升高,膜间蒸发量大有关,覆膜阻碍了地面蒸发,起到了提墒保墒的作用。

4. 向日葵 0～60 cm 土层平均土壤含水率的动态变化

由图 3-11 可知,膜内各处理土壤水分变化基本一致,在 5 月下旬到 8 月末土壤水分出现多个峰值,此时期的波幅范围为 24.96%～32.83%,9 月土壤含水率的波动较大,最大波幅为 32.24%,最小波幅为 18.69%;膜间各处理土壤水分变化波动较大,尤其在 5～7 月的波动最明显,此时期的最大波幅为 32.62%,最小波幅为 21.47%,8 月份土壤含水率变化不明显,9 月变化与膜内土壤含水率变化相似,出现了波峰。在向日葵整个生育期内,土壤含水率出现的波峰点是因为灌水和降雨所致,其中 5 月、6 月膜间波峰较明显,这是因为 5 月、6 月降雨较多,但向日葵植株较小,覆膜阻碍水分外渗,5 月、6 月气温又不高,地面蒸发较小所致;而在 9 月 4 日出现的峰值,是因为在 9 月 3 日降雨引起。

对膜内与膜间 0～60 cm 土层土壤含水率进行对比分析,还可看出,膜内各处理平均土壤含水率高于膜间,KH1～KH5 处理膜内与膜间分别相差 1.89%、2.19%、3.96%、2.34%和 3.19%,其主要原因是膜下滴灌属于局部灌溉,只湿润膜下耕层土壤,而不湿润行间空地土壤。

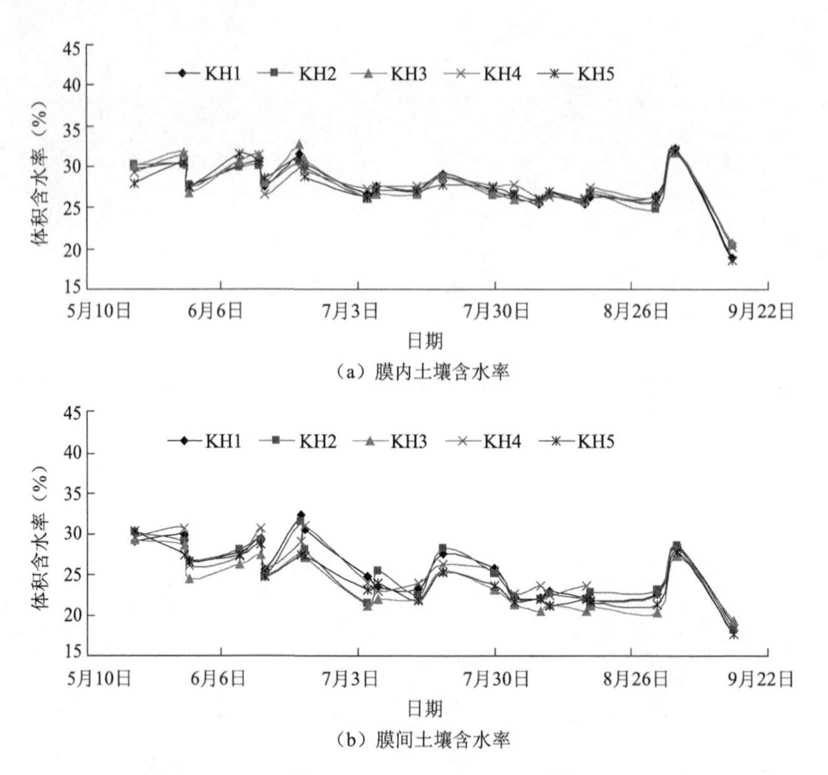

（a）膜内土壤含水率

（b）膜间土壤含水率

图 3-11　向日葵膜内与膜间 0～60 cm 土层水分动态变化

3.2.2　作物膜下滴灌对土壤温度的影响

1. 作物土壤温度随生育期的变化规律

(1)玉米土壤温度随生育期的变化规律

在膜下滴灌条件下，不同灌水处理玉米全生育期 0～25 cm 土层土壤平均温度变化过程如图 3-12 所示。从图 3-12 可知，各处理的土壤平均温度变化规律与平均气温基本相同(特别是在中后期)，但也存在一定差异，平均气温在抽雄吐丝期温度达到最大值，而覆膜各处理的平均地温在拔节期达到最大；在 6 月 24 日以前，各处理之间土壤平均温度差异性微弱，6 月 24～7 月30 日，各处理之间土壤平均温度表现出差异性，其中 YM6 处理的平均地温最高，较 YM1～YM5 的差值分别为 1.54 ℃、1.06 ℃、0.87 ℃、0.59 ℃、0.43 ℃，各处理之间差异性较明显。由各处理间的温差可知，灌水量的大小对土壤温度有明显的影响，灌水量大，地温相对低。

从图 3-12 还可得出，6 月 17 日(拔节期)到 7 月 7 日(抽雄期)之间，气温总体趋势上升，而各处理平均地温却有一定下降，原因是此期间玉米正处于快速生长发育阶段，玉米株高与叶面积都快速增加，导致玉米植株对地面的覆盖度增大，降低了太阳对地面的直接照射，减少了土壤对阳光吸收，从而引起地温的下降。由此可知，地表土壤对太阳能有效吸收的多少决定了地温的高低。

(2)灌溉对向日葵土壤耕层温度的影响

土壤含水率在土壤体系中决定着土壤中的热散失。一般土壤含水率高，则热量被土壤吸收用于水分的蒸发，当土壤含水率低时，则热量直接被土壤吸收，从而使土壤温度升高。土壤的比热容和热导率一般会随土壤的含水率增大而增大，对浅层 0～10 cm 处的地温影响较大。当土壤含水率较低时，对土壤进行灌水，土壤导热率增加的速度会大于热容量增加的速度，当土壤含水率增加到一定数值时，土壤的导热率就会下降。在田间试验中，由于不同土层的土壤含水率不同，导致土壤热特性不恒定，以致各层土壤温度产生差异。

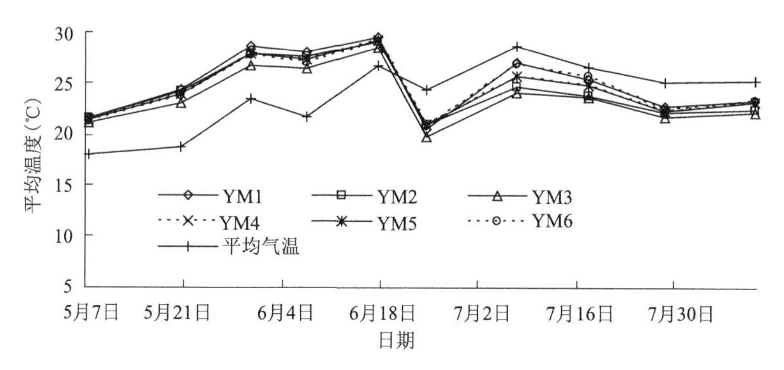

图 3-12　玉米不同灌水处理 0～25 cm 土层土壤平均温度变化

试验采用 6 月 29 日和 6 月 30 日 KH1、KH5 处理灌水前后各层土壤温度日变化，如图 3-13所示。从图 3-13 可以看出，灌水后不同处理各层土壤温度均有不同程度的降低；KH1 处理灌水前后 0～10 cm 土层土壤温度高于 KH5 处理灌水前后土壤温度，可知土壤温度的变化与灌溉定额的大小有直接关系。灌水对浅层(0～10 cm)土壤温度影响大，随着土层深度的增加对土壤温度影响逐渐减弱，KH1 处理灌水前后 10 cm 处土壤平均温差为 3.96 ℃，而 20 cm处为 1.37。

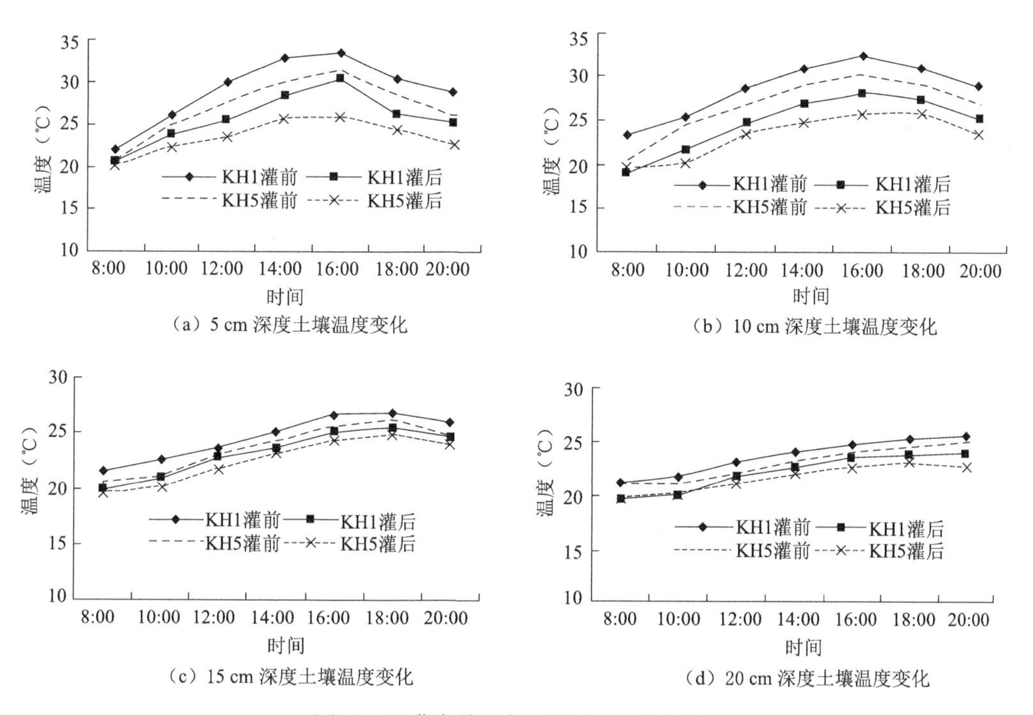

图 3-13　灌水前后各层土壤温度日变化

2. 膜下滴灌作物膜内与膜间土层平均温度变化规律

(1)膜下滴灌玉米膜内与膜间 5 cm 土层平均温度变化规律

将各处理玉米全生育期膜内与膜间 5 cm 土层温度进行平均，比较分析膜内与膜间表层土壤温度随生育期的变化过程，如图 3-14 所示。从图 3-14 可以看出，膜内 5 cm 土层土壤平均温度高于膜间 5 cm 处，尤其在 5 月 7 日～6 月 24 日(苗期—拔节期)期间，膜内土壤温度与膜间相差较大，膜内土壤平均温度比膜间高 1.42 ℃。可知，滴灌覆膜后有利于地温的提高，尤其在作物生长发育前期，所以地膜的覆盖有提温保墒的作用，覆膜增温作用明显，这也是覆膜增产的主要原因。

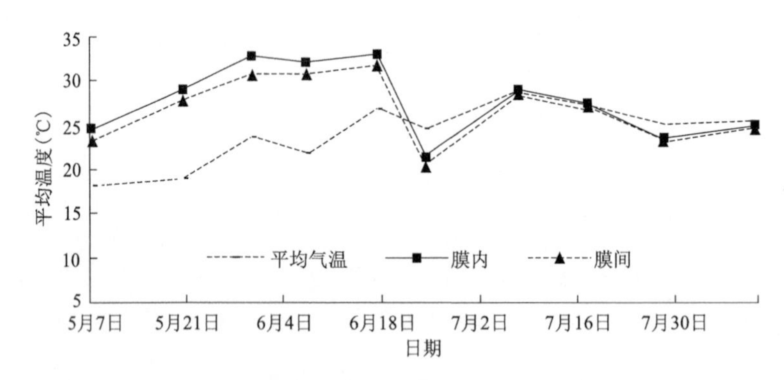

图 3-14 玉米膜下滴灌膜内与膜间 5 cm 土层平均温度对比

(2)向日葵不同处理 5 cm 和 25 cm 土层土壤温度日变化

由于 5 cm 土层的土壤最易受外界环境的影响，而 25 cm 土层较 5 cm 土层受外界环境的影响较小，因此取 6 月 4 日灌溉定额最小的、中间的和最大的处理 KH1、KH3、KH5，对其5 cm 和 25 cm 土层的日地温进行绘制，如图 3-15 所示。

从图 3-15 可以看出，高水分处理 KH5 5 cm 处地温明显低于低水分处理 KH1 和中水分处理 KH3，其中 KH5 与 KH1 和 KH3 5 cm 处地温的平均差值为 2.64 ℃和 0.93 ℃。而 25 cm土层几乎不受外界环境的影响，但受水分的影响较大，25 cm 土层地温为 KH1＞KH3＞KH5，但差异性很小。由此可见，地温的高低受灌溉定额的多少影响。

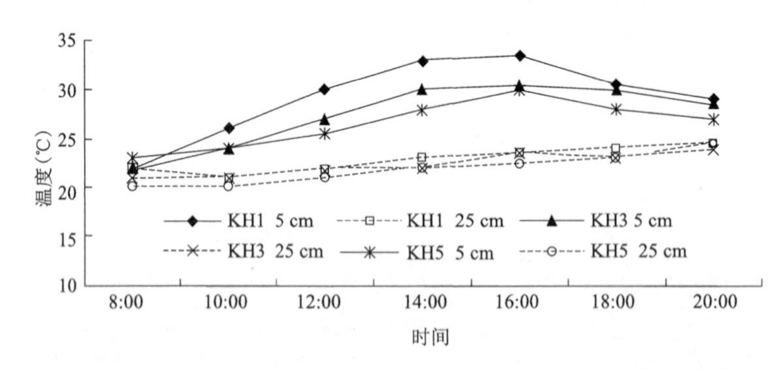

图 3-15 向日葵膜下滴灌不同处理 5 cm 和 25 cm 土层地温日变化

3. 膜下滴灌玉米膜内地温日变化规律

由于各处理地温日变化规律相似，因此取 5 月 20 日(典型晴天)YM1 的地温为代表，如

图3-16所示。从图3-16可以看出，5 cm土层地温日变化最剧烈，其次是10 cm土层，随着土层深度的增加土壤温度日变化幅度逐渐平缓，且随着土层深度的增加，土壤温度显现出滞后性，5 cm土层最高温度出现在14:00为38 ℃，其平均地温为30.36 ℃；10 cm土层最高温度出现在16:00为33.5 ℃，其平均地温为27 ℃；15 cm土层最高温度出现在18:00为27 ℃，其平均地温为23.57 ℃；20 cm土层最高温度出现在20:00为24 ℃，其平均地温为20.78 ℃；25 cm土层最高温度出现在20:00为22.5 ℃，其平均地温为20.07 ℃。

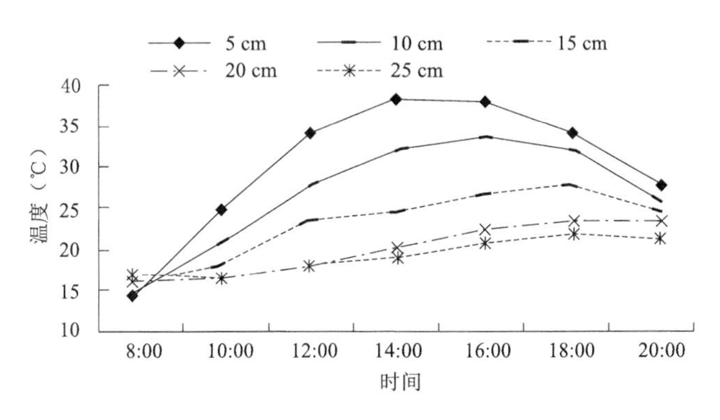

图3-16 5月20日YM1地温日变化

3.3 作物耗水量、耗水规律及水分利用效率

3.3.1 作物耗水量与耗水规律

谢贤群定义的作物耗水量为作物生长在土壤湿度适宜、生长正常、高产量水平条件下的土壤（或水面）蒸发量和植株蒸腾量以及组成植物体、消耗于光合作用等生理过程所需水量之和。而作物需水量是生长在大面积上的无病虫害作物，土壤水分和肥力适宜时，在给定的生长环境中能取得高产潜力的条件下，为满足植株蒸腾、棵间蒸发、组成植株体的水量之和。目前确定作物需水量的方法很多，大致分为两类，一类是直接计算法，另一类是间接计算法。直接计算作物需水量采用较多的是水量平衡法；间接计算法是通过参考作物蒸腾量（ET_0）与作物系数K_c估算。在确定作物需水量时要先确定作物耗水量。本文以农田水量平衡原理为基础，采用水量平衡法直接计算作物各生育阶段的耗水量。

1. 作物耗水量计算

水量平衡方程如下：

$$ET_c = M_i + K_i + P_i - \Delta W_i + D_i \tag{3-1}$$

式中 ET_c——阶段作物实际耗水量（mm）；

P_i——第i阶段有效降雨量（mm），通过气象站测得；其中$P_i = \alpha P$（P为降雨量），一般认为，一次降雨量小于5 mm时，α为0；当一次降雨量在5～50 mm时，α为1.0～0.8，本试验研究α取1.0；当一次降雨量大于50 mm时，α为0.7～0.8；

M_i——第i阶段灌水量（mm），由每次的灌溉水量得出；

K_i——第i阶段地下水补给量（mm），试验区土壤既非纯黏土也不是纯砂土，土壤是黏土与砂土相间，故地下水利用量采用中夹黏土资料，见表 3-1；

D_i——第 i 阶段土壤水渗漏量(mm)，由于年蒸发量较大，考虑到渗漏量一般很少，故近似 $D_i=0$；

ΔW_i——第 i 阶段土壤储水量变化(mm)。

表 3-1　不同埋深地下水利用量计算结果　　(单位：m^3/hm^2)

埋深(m)	3月	4月	5月	6月	7月	8月	9月	10月
1	157.95	189.75	242.55	897.3	616.5	395.55	291.3	336.9
1.5	62.7	40.2	51.3	104.1	586.05	233.4	171.9	193.2
2	41.85	36.3	48.15	142.35	406.65	280.65	240	238.35
2.5	128.55	34.95	39.75	50.25	47.1	91.05	48.75	142.65
3	63.45	44.85	78.3	15.45	3.75	6.6	39.75	43.2
3.5	44.4	63.45	63.9	47.85	13.95	44.7	56.7	80.55

2. 作物耗水量与耗水规律研究

(1)玉米膜下滴灌耗水量与耗水规律

膜下滴灌条件下不同灌水处理玉米各生育期耗水量、耗水强度和耗水模数统计见表 3-2。不同灌水处理玉米日耗水强度随生育期的变化过程如图 3-17 所示。

表 3-2　膜下滴灌各处理玉米各生育期耗水量、耗水模数和耗水强度

处理	播种—拔节(4月21～6月8日)			拔节—抽雄(6月8日～7月8日)			抽雄—开花(7月8日～20日)		
	耗水量(mm)	耗水模数	耗水强度(mm/d)	耗水量(mm)	耗水模数	耗水强度(mm/d)	耗水量(mm)	耗水模数	耗水强度(mm/d)
YM1	63.32	11.82%	1.32	182.77	34.12%	6.09	98.82	18.44%	8.23
YM2	39.49	8.48%	0.82	168.15	36.10%	5.60	77.14	16.56%	6.43
YM3	35.66	8.26%	0.74	143.35	33.20%	4.78	93.95	21.76%	7.83
YM4	43.81	11.36%	0.91	118.48	30.73%	3.95	83.85	21.75%	6.99
YM5	35.25	8.36%	0.73	127.71	30.31%	4.26	66.30	17.38%	5.52
YM6	28.52	8.49%	0.59	111.41	33.17%	3.71	57.96	17.26%	4.83

处理	开花—灌浆(7月20日～28日)			灌浆—成熟(7月28日～9月15日)			全生育期		
	耗水量(mm)	耗水模数	耗水强度(mm/d)	耗水量(mm)	耗水模数	耗水强度(mm/d)	耗水量(mm)	耗水模数	耗水强度(mm/d)
YM1	83.45	15.58%	10.43	107.30	20.03%	2.24	535.66	100%	3.64
YM2	78.18	16.78%	9.77	102.81	22.07%	2.14	465.77	100%	3.17
YM3	80.19	18.57%	10.02	78.65	18.21%	1.64	431.80	100%	2.94
YM4	66.96	17.37%	8.37	72.49	18.80%	1.51	385.59	100%	2.62
YM5	61.18	14.52%	7.65	90.94	21.58%	1.89	381.39	100%	2.59
YM6	61.82	18.40%	7.73	76.17	22.68%	1.59	335.88	100%	2.28

从图3-17可以看出，玉米日耗水强度总体表现为低—高—低的变化趋势。播种—拔节期日耗水量最小，仅为0.59～1.32 mm/d，因为苗期玉米植株较小，对地面的覆盖率较低，且根系刚刚扎稳，对水分的吸收利用较少，此时期的水分消耗多为株间土壤蒸发；进入拔节期后耗水强度增加为3.71～6.09 mm/d，拔节期气温升高，玉米进入快速生长阶段，新生叶片数不断增加，对地面的覆盖率加大，此时期植株蒸腾速率加快，因此耗水强度增大；进入抽雄—开花期和开花—灌浆期，玉米的耗水强度达到了最大，为10.43 mm/d，此时期玉米由生长发育阶段进入生殖生长阶段，同时也是玉米形成产量的关键时期，因此对水分消耗增大，又因此阶段时间较短，所以耗水强度较高；灌浆—成熟阶段，气温渐降，叶片开始发黄，此阶段持续时间较长，耗水强度相应减小，为1.51～2.23 mm/d。

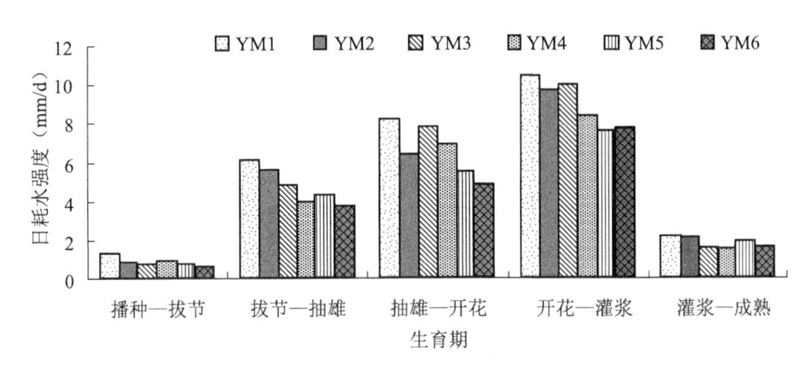

图3-17 不同灌水处理玉米日耗水强度变化

从图3-17各处理的耗水强度可知，在播种—拔节期各处理的耗水强度几乎没有差异；从拔节到灌浆期，各处理的耗水强度随着灌水量与植株高度的不同出现差异，YM1处理的耗水强度最高，全生育期为3.64 mm/d，YM6处理耗水强度最小，全生育期为2.28 mm/d。各处理耗水强度的关系为YM1＞YM2＞YM3＞YM4＞YM5＞YM6。

(2)玉米生育期耗水模数

耗水模数指各生育阶段耗水量占全生育期总耗水量的百分比，它反映了作物耗水量在各生育阶段的分配状况。耗水模数的大小与生育期的长短和日耗水量有关，它反映了作物各生育阶段的需水需求，还反映了作物在各生育时期对水分的敏感性。

图3-18显示，各处理玉米耗水模数的变化趋势是一致的，均是由小到大，再由大到小。各处理在播种—拔节阶段耗水模数最小，为8.26%～11.82%，说明此时期玉米对水分敏感性较弱，此时期缺水对玉米后期的生长发育影响不大；进入拔节—抽雄阶段，耗水模数均大于其他各生育期耗水模数，占全生育期耗水量的30%～36%，可知拔节期玉米处于快速生长阶段，该阶段对水分的需求量较大，缺水将会对玉米后期的生殖生长发育产生影响，因此这一时期不能缺水；抽雄—开花期耗水模数为16.56%～21.76%，开花—灌浆期耗水模数为18.8%～22.68%，这两个生育期耗水模数占整个生育期的40%左右，因为这两个生育期影响着玉米的产量，且这两个阶段作物蒸发蒸腾量较高；灌浆—成熟期耗水模数有少许下降，此生育期时间较长，相应的耗水量也大。

(3)向日葵膜下滴灌耗水量与耗水规律

根据实测土壤含水率资料和阶段水量平衡方程计算出向日葵在膜下滴灌条件下不同灌水处理各生育阶段的耗水量，具体见表3-3。根据表3-3中耗水强度与耗水模数绘制向日葵日耗水强度随生育期变化与向日葵全生育期耗水模数变化，如图 3-19、图 3-20 所示。

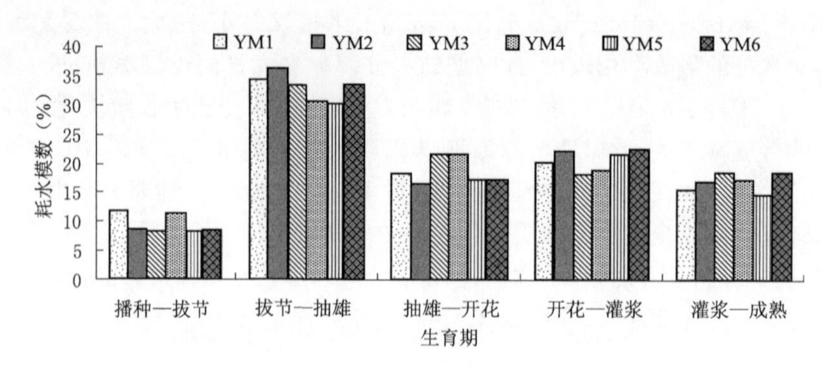

图 3-18　玉米生育期内阶段耗水模数变化

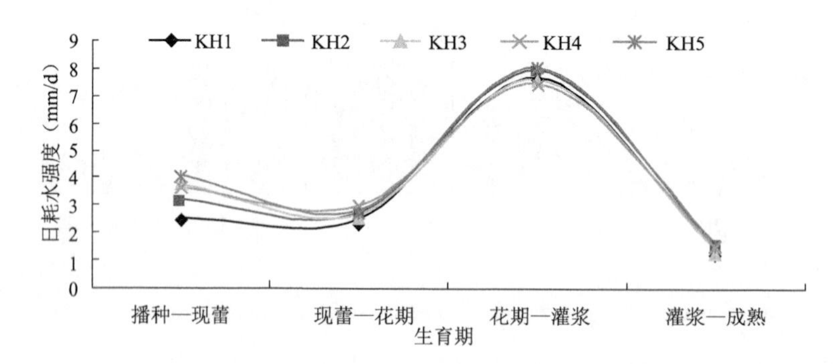

图 3-19　不同灌水处理向日葵日耗水强度变化

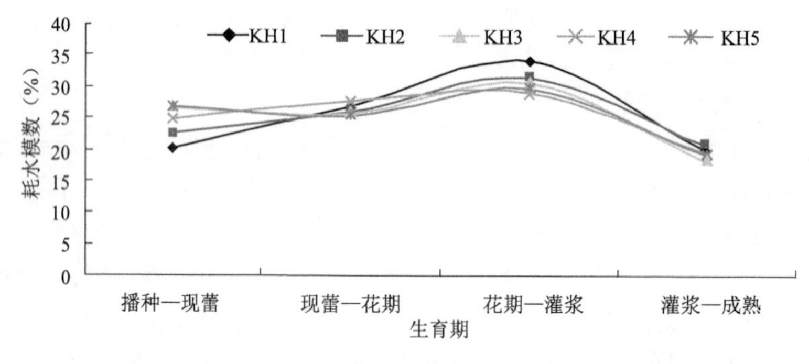

图 3-20　向日葵全生育期耗水模数变化

从表 3-3 中可以看出，向日葵在不同灌水处理下全生育期的耗水量变化较大，在同一灌水处理下，不同生育期的耗水量变化亦较大。从总体看，全生育期的耗水量为 311.56～376.40 mm，具有时空上的变化性。从生育期看，各处理花期—灌浆阶段的耗水量最大，其次是现蕾—花期，此两阶段向日葵进入生长旺盛阶段，也是所需营养的关键期，加之此时期的气温较高，植株增高，叶面积指数增大，相应的作物蒸发蒸腾量加大，所需的耗水量也随之加大。现蕾—花期阶段耗水量为 82.88～99.15 mm，花期—灌浆阶段耗水量为 104.03～111.55 mm。两阶段耗水量为总耗水量的 60%左右。

从图 3-19 和图 3-20 可以看出，不同处理向日葵耗水强度与耗水模数变化趋势基本一致，均是低—高—低的变化规律。向日葵在花期—灌浆期耗水强度和耗水模数均出现峰值，各处理耗水强度变化范围为7.43～7.97 mm/d，耗水模数变化范围为28.98%～34.29%。因为这一时期，向日葵对地面的覆盖率较大，植株蒸腾蒸发强烈，加之此时期经历时间较短，气温较高，因此耗水强度与耗水模数均较大，此时期向日葵不宜缺水。在播种—现蕾期和灌浆—成熟期，向日葵耗水强度与耗水模数均较低，耗水强度分别为2.45～3.63 mm/d和1.31～1.55 mm/d。因为播种—现蕾期，气温较低，植株较矮，对地面的覆盖率较低，而灌浆—成熟期，向日葵的各种生理机能均逐渐减弱。从图3-19、图3-20还可看出，不同处理之间的耗水强度没有明显差异。

表3-3　膜下滴灌条件下向日葵各处理耗水量、耗水模数和耗水强度

处理	播种—现蕾(5月18～6月12日)			现蕾—花期(6月12日～7月16日)			花期—灌浆(7月16日～30日)		
	耗水量(mm)	耗水模数	耗水强度(mm/d)	耗水量(mm)	耗水模数	耗水强度(mm/d)	耗水量(mm)	耗水模数	耗水强度(mm/d)
KH1	61.36	19.69%	2.45	82.88	26.60%	2.44	106.85	34.29%	7.63
KH2	77.55	22.23%	3.10	90.02	25.81%	2.65	110.15	31.58%	7.87
KH3	90.81	26.32%	3.63	87.67	25.41%	2.58	106.09	30.75%	7.58
KH4	88.07	24.53%	3.52	99.15	27.62%	2.92	104.03	28.98%	7.43
KH5	100.62	26.73%	4.03	93.97	24.96%	2.76	111.55	29.64%	7.97

处理	灌浆—成熟(7月30日～9月15日)			全生育期		
	耗水量(mm)	耗水模数	耗水强度(mm/d)	耗水量(mm)	耗水模数	耗水强度(mm/d)
KH1	60.47	19.41%	1.31	311.56	100%	2.62
KH2	71.12	20.39%	1.55	348.84	100%	2.93
KH3	60.45	17.52%	1.31	345.02	100%	2.90
KH4	67.73	18.87%	1.47	358.99	100%	3.02
KH5	70.26	18.67%	1.53	376.40	100%	3.16

3.3.2　作物需水量

作物需水量在农业生产上包括生理需水和生态需水两个方面。生理需水包括叶面光合作用、植株蒸腾作用所需的水分；生态需水指改变农田土壤温度、养分等状况所需的水分。作物需水量主要受气象因素的影响，同时也受作物种类、土壤因素、灌排水和农田管理技术的影响。作物需水量变化有一定的规律性，不同种类的作物，因其本身形态和生长季节的不同，需水量差异较大；同一作物在不同生育时期对水分的需求量也有很大差异。因此确定作物需水量是一个复杂的过程。

1. 参考作物腾发量的变化情况

参考作物腾发量 ET_0 的计算采用1990年FAO(世界粮农组织)修订的Penman-Monteith方法，Penman-Monteith方法是当前被推荐的唯一定义和计算参考作物腾发量的标准方法。

由修订的Penman-Monteith方法，结合试验区气象站采集的2013年的气象数据，计算出作物生育期每日的参考作物腾发量 ET_0，计算结果如图 3-21 所示。

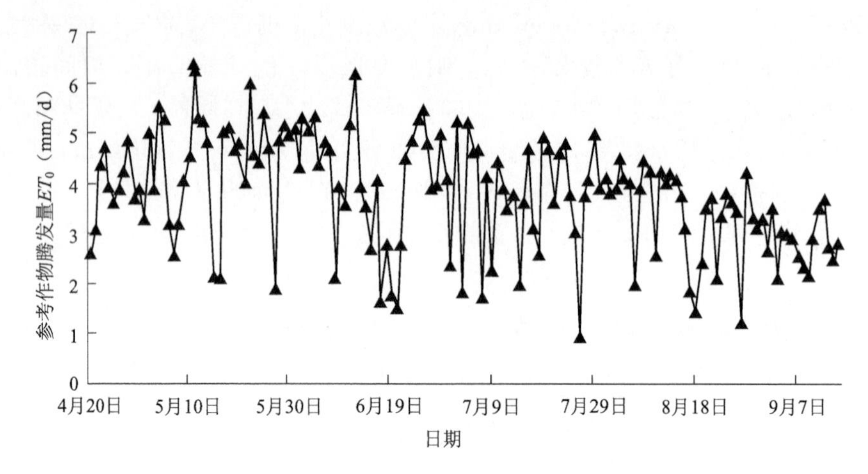

图 3-21　生育期内参考作物腾发量

从图 3-21 可以看出，整个生育期内参考作物腾发量呈现两边较低中间稍高的趋势，整个生育期内 ET_0的平均值为 3.78 mm/d。4 月，由于气温相对较低，ET_0较 5 月、6 月、7 月的平均值小，为 3.89 mm/d；进入 5 月、6 月、7 月，气温升高，太阳辐射加强，地面蒸发相应较大，ET_0增大，平均为 4.72 mm/d；8 月、9 月，随着气温的逐渐降低，ET_0逐渐减小。在6～8 月期间，由于降雨或阴天的影响，ET_0出现一些较小值。

2. 作物系数的确定

作物系数反映了作物整个生育期内随季节的耗水变化和作物本身的生物学特性，它把作物各种特性和土壤蒸发的平均影响协调在一起，是作物需水量 ET_c 与参考作物腾发量 ET_0的比值，即：

$$ET_c = K_c ET_0 \tag{3-2}$$

式中　K_c——作物系数；

ET_c——作物需水量；

ET_0——参考作物腾发量。

作物全生育期可划分为四个不同生育阶段：生长初期、快速生长期、生长中期和生长后期。生长初期为从播种日到地面覆盖率达 10%为止；快速生长期为从地面覆盖约 10%到地面被有效覆盖为止；生长中期为从地面有效全覆盖时开始持续到开始成熟为止；生长后期为从开始成熟持续到收获或完全衰老为止。

本试验作物系数的确定是参考 FAO 表 12 并根据试验作物实测资料和气象资料对作物系数进行修正而得出。玉米、向日葵生育阶段的作物系数 K_c 值见表 3-4。图 3-22 为膜下滴灌玉米与向日葵作物系数曲线。

表 3-4　玉米、向日葵生育阶段作物系数

作物	生长初期	快速生长期	生长中期	生长后期
玉米	0.25	0.72	1.18	0.55
向日葵	0.2	0.69	1.14	0.38

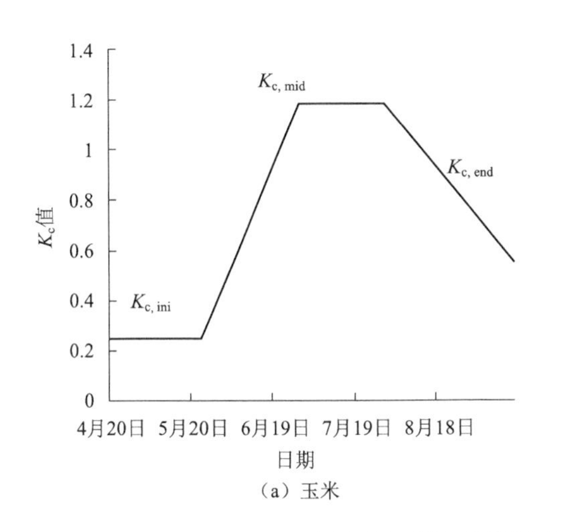

（a）玉米

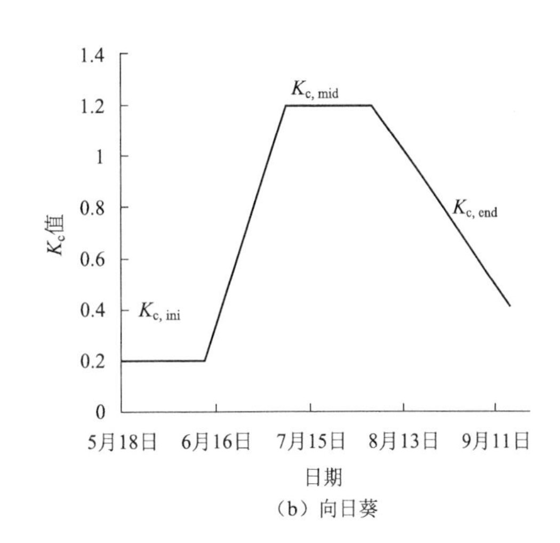

（b）向日葵

图 3-22　膜下滴灌玉米与向日葵作物系数曲线

3. 作物需水量计算

根据已算得的参考作物腾发量 ET_0 和玉米、向日葵的 K_c 值，由式(3-2)计算作物需水量，玉米和向日葵的需水量见表 3-5。

从表 3-5 可知，在没有水分胁迫，灌水充分的处理其需水量高于试验设计中其他非充分灌溉处理的耗水量值，但在这些处理中全生育期灌溉定额最大的处理最接近需水量要求。

表 3-5　玉米、向日葵需水量　（单位：mm）

作物	播种—拔节	拔节—抽雄	抽雄—开花	开花—灌浆	灌浆—成熟	全生育期
玉米	89.59	147.45	114.65	109.40	87.17	548.25
作物	播种—现蕾	现蕾—花期	花期—灌浆	灌浆—成熟	全生育期	
向日葵	75.69	93.93	121.57	94.30	385.49	

3.3.3　膜下滴灌作物水分利用效率

1. 膜下滴灌玉米水分利用效率

膜下滴灌条件下玉米水分生产率与全生育期耗水量的关系见表 3-6。

表 3-6　膜下滴灌条件下玉米耗水量与水分生产率

处理编号	全生育期耗水量(mm)	产量(kg/hm²)	水分生产率(kg/m³)	节水百分数
YM1	535.66	12 871.83	2.83	0
TM2	465.77	12 541.35	2.69	13.05%
YM3	431.8	12 069.75	2.79	19.39%
YM4	421.39	11 736.15	2.78	21.33%
YM5	385.59	11 296.5	2.93	28.02%
YM6	335.88	9 673.2	2.88	37.30%

从表 3-6 中可以看出，YM5 处理的水分生产率最大，为 2.93 kg/m^3，但耗水量却很小，而 YM2 处理的耗水量很大，水分生产率却是最小的，为 2.69 kg/m^3。由此可知并不是耗水量越

大水分生产率越高。YM5 和 YM6 处理虽然水分生产率较高，但是产量较其他处理低。经水分生产率、节水百分数和产量综合考虑，YM3 处理的灌水模式较适合当地膜下滴灌。

不同处理玉米耗水量与产量及 WUE 的关系如图 3-23 所示。从图 3-23 可知，玉米耗水量与产量和水分生产率均呈二次抛物线，耗水量与产量之间的拟合公式为 $Y=-113.31ET^2+1\ 366.1ET+8\ 635$，$R^2=0.959\ 6$，符合产量与耗水量的变化规律；耗水量与水分生产率之间的拟合公式为 $\mathrm{WUE}=-0.005\ 4ET^2+0.082\ 9ET+2.621\ 7$，$R^2=0.985\ 8$，相关系数较高。由图中耗水量与产量的关系中可知，在一定灌水量的情况下，产量随着耗水量的增加不断增加，当达到一定值时，产量会随耗水量的增加而降低，说明确定一个最适宜的灌水量是提高作物产量的关键。从耗水量与水分生产率的关系中可知，耗水量的增加对水分生产率的敏感性大于产量，因为随着耗水量的增加，水分生产率要先于产量达到最大值，因此在合理的灌溉中要充分考虑产量与耗水量和水分生产率与耗水量的关系，在使产量达到最大的同时，水分生产率也要提高，这样才能在有限的水资源下达到最大的经济效益。

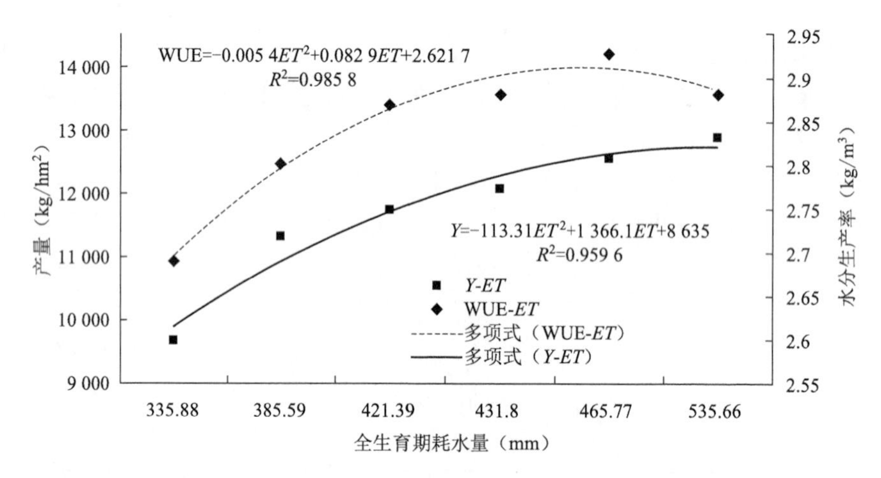

图 3-23　不同处理玉米耗水量与产量及 WUE 的关系

2. 膜下滴灌向日葵水分利用效率

膜下滴灌条件下向日葵水分生产率与全生育期耗水量的关系见表 3-7。

表 3-7　膜下滴灌条件下向日葵耗水量与水分生产率

处理编号	全生育期耗水量(mm)	产量(kg/hm²)	水分生产率(kg/m³)	节水百分数
KH1	311.56	3 651.08	1.17	17.22%
KH2	348.84	3 674.18	1.05	7.32%
KH3	345.02	3 850	1.12	8.34%
KH4	358.99	4 406.97	1.23	4.63%
KH5	376.4	4 426.6	1.18	0

从表 3-7 可知，向日葵的产量随着灌水量的增加而增加，充分灌溉 KH5 处理的耗水量最大，产量最高，但其水分生产率不高，为 1.18 kg/m³。可知水分生产率随耗水量的增大有下降的趋势。KH4 处理在苗期和乳熟期相对缺水，产量与 KH5 处理相比减产并不明显，为 0.4%，可见在苗期和成熟期轻度缺水对产量的影响不大。有关学者研究，在苗期缺水有利于

作物的后期生长，同时可提高作物的抗旱能力。KH1、KH2、KH3 处理的产量较充分灌水的 KH5 处理分别低 17.5%、17%和 13%，耗水量较处理 KH5 少 17.2%、7.32%、8.33%，表明向日葵的产量随灌水量的增加而增加。从水分生产率、节水百分数和产量方面综合分析，KH4 处理在各处理中表现出一定的优势。

从图 3-24 可知，随着耗水量的增加水分生产率与产量均增加，但产量增加的较快，水分生产率达到最大值较快，说明产量对耗水量的敏感性较水分生产率差。水分生产率与耗水量和产量与耗水量的关系均呈二次抛物线，耗水量与产量的关系式为 $Y=-21.929ET^2+346.07ET+3\ 283.6$，$R^2=0.962\ 7$，耗水量与水分生产率的关系式为 $\mathrm{WUE}=-0.013ET^2+0.108\ 2ET+0.967$，$R^2=0.664\ 1$。从拟合方程可知，产量与耗水量的关系和水分生产率与耗水量的关系与玉米的相似，当 WUE 达到最大时，产量随耗水量的增加而增加缓慢，直到产量达到最高时，随着耗水量的增加产量逐渐减小，由此可知产量和耗水量与水分生产率和耗水量的关系不同步。因此，要使产量达到最大，只有合理利用三者的关系，才能实现在节水的同时达到产量最大。

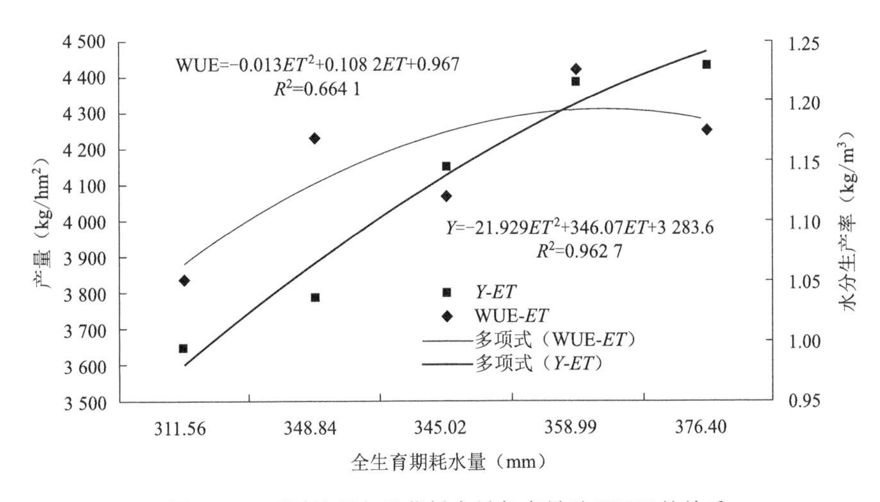

图 3-24　不同处理向日葵耗水量与产量及 WUE 的关系

3.4　作物灌溉制度优化

3.4.1　作物水分生产函数与作物-水模型

作物水分生产函数又称作物-水模型或时间水分生产函数，是指作物产量与投入水量或作物消耗水量之间的数量关系，它可确定作物在不同时期遇到的不同程度的缺水时对产量带来的影响，是研究非充分灌溉的必要资料之一，可为制定灌溉制度优化配水提供基本依据。

作物产量与水分的关系很早就受到人们的关注与重视。国内外许多学者从不同角度入手，探讨研究水分与作物产量之间的关系，建立了许多作物-水模型。作物-水模型归纳起来可分为两大类：第一类是全生育期的作物水分生产函数；第二类是各生育阶段的作物水分生产函数。第一类是以作物全生育期总耗水量为自变量，反映作物全生育期总耗水量与产量之间的函数关系。这种模型是经验半经验型，可以通过对非充分灌溉试验数据的回归分析来确定，适用于全生育期总水量亏缺的宏观规划预测和由水分亏缺造成的作物实际减产，用于预测不同水分亏缺引起的减产量。第二类是以作物各生育阶段的相对耗水量为自变量，反映作物各生育阶段水分亏缺与作物产量之间的函数关系。这类模型又可分为加法模型和乘法模型，本节从加法模型和乘法模型中选出 5 个具有代表性的模型，利用玉米和向日葵产量与耗水量的关系，系列推敲出作物各生育阶段的敏感指标，从而确定出一种适合于当地膜下滴灌条件下玉米与向日葵的作物-水模型。

3.4.2 作物的敏感指标及其变化规律

1. 作物敏感指标

作物敏感指标是作物-水模型的关键参数，它是指单位缺水量所造成的减产量，是水分亏缺时作物敏感程度的指标。作物敏感性指标的大小表示作物产量在不同阶段缺水所造成的影响程度。水分亏缺对不同作物所产生的敏感性不同，同一作物在不同时期对水分亏缺的敏感性也不同。敏感性指标与作物的增产量呈负相关关系，即敏感性指标越大，对作物的产量影响越大，造成减产。因此在有限的灌水量中，应尽量满足敏感性指标大的生育阶段，以降低作物产量的减少。

2. 作物敏感指标的推求过程

为确定适合磴口县膜下滴灌条件下玉米、向日葵的作物-水模型，选用具有代表性的 Jensen 模型、Minhas 模型、Blank 模型、Stewart 模型和 Singh 模型来确定相应的敏感指标，描述产量和各阶段蒸发蒸腾量的关系。整个求解过程中加法模型可采用一元和多元线性回归方法求解敏感指标，乘法模型要先取对数转换成线性方程，而后利用多元线性回归方法推求敏感指标。

3. 模型结果分析与检验

检验模型参数的方法有两种：F 检验法和复相关系数检验法，本节同时采用这两种检验法。先将所求的各阶段相对蒸发蒸腾量代入所得到的模型中，求得计算产量；然后分别求出 F 检验法和复相关系数检验法所需参数。

依据 2013 年玉米与向日葵两种作物的实际蒸发蒸腾量及实测产量，以全生育期总灌溉定额最大处理的实际蒸发蒸腾量和实测产量为最大蒸发蒸腾量和最高产量，与各处理的实际蒸发蒸腾量和实际产量组成一组试验数据。得出不同模型玉米和向日葵各生育阶段的敏感指标和检验系数，计算结果见表 3-8。

表 3-8　玉米各生育阶段敏感指标及检验

模型	播种—拔节	拔节—抽穗	抽穗—开花	开花—灌浆	灌浆—乳熟	R^2	F
Jensen	0.074 1	0.214 0	0.814 3	0.386 5	0.035 6	0.956 6	$F>F_{0.05}$
Minhas	0.012 8	−2.274 5	1.04	3.931 2	2.031 7	0.831 7	$F<F_{0.05}$
Blank	0.071 1	0.241 7	0.868 7	0.366 6	0.015	0.924 9	$F>F_{0.05}$
Singh	0.842 9	1.562 3	−0.618 9	−0.657 8	0.002 4	0.850 8	$F<F_{0.05}$
Stewart	0.062 7	0.282 6	0.875 2	0.414 9	0.004 3	0.906 9	$F>F_{0.05}$

由表 3-8 可知，在 Jensen、Blank 和 Stewart 模型中抽穗—开花和开花—灌浆两个阶段的敏感指标较高，其次是拔节—抽穗。敏感指标的变化规律符合玉米生长阶段的需水规律，敏感

指标越大，表明在此阶段缺水对玉米的产量影响越大，引起减产。在这三个模型中均是 $F>F_{0.05}$，但 Jensen 模型的相关性最高为 0.956 6，因此应优先选用 Jensen 模型描述当地玉米膜下滴灌时阶段水量分配和产量的预测。此外，也可选用 Blank 和 Stewart 模型进行敏感指标的确定。

Minhas 和 Singh 模型中，两模型在需水较大的生育期敏感指标出现了负值，因此不推荐使用这两个模型来确定各时期的水量分配。

从推荐的三种模型中，可以看出玉米在拔节—灌浆期的敏感指标最大，对水分的敏感性最强，因此这一期间要增加对玉米的滴灌次数。

表 3-9　向日葵各生育阶段敏感指标及检验

模型	播种—现蕾	现蕾—花期	花期—灌浆	灌浆—成熟	R^2	F
Jensen	0.229 6	0.654 9	0.103 3	0.090 1	0.988 4	$F>F_{0.05}$
Minhas	0.018 4	1.328 2	−2.490 3	−0.664 1	0.488 4	$F<F_{0.05}$
Blank	0.114 4	0.686 4	0.117 9	0.074 2	0.923 0	$F>F_{0.05}$
Singh	0.337 9	4.328 7	0.002 2	2.487 4	0.613 5	$F<F_{0.05}$
Stewart	0.395 6	4.287	0.009 7	2.912	0.644 7	$F<F_{0.05}$

由表 3-9 中结果可以看出，Jensen 和 Blank 模型均是 $F>F_{0.05}$，但 Jensen 模型中的相关系数为 0.988 4，接近于 1，因此 Jensen 模型能较好地预测膜下滴灌条件下向日葵各阶段的水量分配关系，同时 Blank 模型的相关系数为 0.923 0，也可采用。

在 Minhas、Singh 和 Stewart 模型中由于相关系数较小，且 $F<F_{0.05}$，因此不推荐采用。

Jensen 和 Blank 模型都是在现蕾—花期的敏感指标最大，说明此时期对缺水最敏感，不适宜缺水。而在灌浆—成熟期敏感指标最小，说明此时期可对向日葵有适量的水分亏缺。

通过以上分析，Jensen 模型能较好地描述磴口县玉米和向日葵膜下滴灌条件下生育阶段灌水量和产量的关系。

3.4.3　灌溉制度优化

作物灌溉制度的优化是在有限灌水量的情况下对作物全生育期内的灌溉时间和灌水定额的最优分配，从而得到最高产量。时间对作物每一生育阶段的决策具有一定的影响，因此膜下滴灌条件下的作物灌溉制度是一个多阶段决策过程的最优化问题，要采用动态规划法进行求解。依据水分生产函数，采用动态规划的方法，对膜下滴灌条件下作物节水高产的优化模型求解，从而对有限的水资源进行灌溉优化。

1. 确定作物-水模型

根据 2013 年磴口试验站的实测资料推求出的敏感指标，得出 Jensen 模型最适宜玉米和向日葵的水分生产函数。具体表达式：

$$\text{玉米：}\frac{Y_a}{Y_m}=\left(\frac{ET_a}{ET_m}\right)_1^{0.0741}\times\left(\frac{ET_a}{ET_m}\right)_2^{0.2140}\times\left(\frac{ET_a}{ET_m}\right)_3^{0.8143}\times\left(\frac{ET_a}{ET_m}\right)_4^{0.3865}\times\left(\frac{ET_a}{ET_m}\right)_5^{0.0356}$$

$$\text{向日葵：}\frac{Y_a}{Y_m}=\left(\frac{ET_a}{ET_m}\right)_1^{0.2296}\times\left(\frac{ET_a}{ET_m}\right)_2^{0.6549}\times\left(\frac{ET_a}{ET_m}\right)_3^{0.1033}\times\left(\frac{ET_a}{ET_m}\right)_4^{0.0901}$$

其中，Y_a 为实际产量，Y_m 为最大产量，ET_a 为实际蒸发蒸腾量，ET_m 为最大蒸发蒸腾量。

2. 动态规划模型的建立

以Jensen模型为基础，目标函数为单位面积产量最大，对动态模型中的变量及参数进行分析。

(1)阶段变量

阶段变量i为玉米和向日葵各生育阶段的顺序编号，玉米的生育阶段划分为播种—拔节、拔节—抽穗、抽穗—开花、开花—灌浆和灌浆—乳熟5个生育时期，因此$i=1,2,3,4,5$；向日葵的生育阶段为播种—现蕾、现蕾—花期、花期—灌浆、灌浆—成熟4个生育时期，$i=1,2,3,4$。

(2)决策变量

决策变量为各生长发育阶段的灌溉用水量m_i。

(3)状态变量

状态变量为各阶段初可用于分配的灌溉水量q_i及计划湿润层内可供作物利用的土壤水量W_i，其中W_i为土壤含水率的函数：

$$W_i = 667\gamma H(\theta - \theta_w) \tag{3-3}$$

式中 W_i——计划湿润层内可供作物利用的总有效水量(mm)；

γ——土壤容重(g/cm^3)；

H——计划湿润层深度(m)；

θ——计划湿润层内土壤平均含水率(以占干土质量的百分数计)；

θ_w——凋萎系数，由实测土壤含水率资料得到。

(4)系统方程

系统方程为描述状态转移过程中各变量之间的关系，两个状态变量对应两个系统方程。

水量分配方程：

$$q_{i+1}=q_i-m_i \tag{3-4}$$

式中 q_i,q_{i+1}——第i及第$i+1$阶段初，系统可用于分配的水量(换算成单位面积水深，mm)；

m_i——第i阶段的灌水定额。

计划湿润层土壤水量平衡方程：

$$W_{i+1}=W_i+P_i+K_i+M_i-ET_{ai} \tag{3-5}$$

式中 W_i，W_{i+1}——第i阶段始末土壤计划湿润层内的储水量(mm)；

ET_{ai}——第i阶段实际蒸发蒸腾量(mm)；

P_i——有效降雨量(mm)；

K_i——地下水补给量(mm)；

M_i——灌溉水量(mm)。

(5)目标函数

在可分配水量一定的情况下，采用Jensen模型，追求单位面积的产量最大为目标，即

$$F = \max\left(\frac{Y_a}{Y_m}\right) = \max\prod_{i=1}^{n}\left(\frac{ET_{ai}}{ET_{mi}}\right)^{\lambda_i} \tag{3-6}$$

式中 λ_i——第i阶段的敏感指标。

(6)约束条件

约束条件包括灌水量约束、土壤含水率约束和边界约束。

灌水量约束：

$$0\leqslant m_i\leqslant q_i \tag{3-7}$$

$$\sum_{i}^{n} m_i = q \tag{3-8}$$

$$(ET_{\min})_i \leqslant ET_{ai} \leqslant (ET_{\max})_i \tag{3-9}$$

式中　　　　　q——全生育期单位面积可供水量(mm)；

$(ET_{\min})_i$，$(ET_{\max})_i$——第 i 阶段的最小耗水量和最大耗水量(mm)。

计划湿润层土壤含水率约束：

$$\theta_w \leqslant \theta_i \leqslant \theta_f \tag{3-10}$$

式中　θ_i——计划湿润层土壤平均含水率(占干土质量百分数)；

　　　θ_f——田间持水率(占干土质量百分数)。

边界约束(土壤初始含水率约束)：

$$\theta_1 = \theta_0 \tag{3-11}$$

$$q_1 = q \tag{3-12}$$

式中　θ_0——初始计划湿润层土壤平均含水率(占干土质量百分数)。

(7)递推方程

由于该模型有两个状态变量 (q_i, W_i)，因此有两个递推方程。采用逆序递推，顺序决策，其递推方程为

$$f_i^*(q_i) = \max\left(R_i(q_i, m_i) f_{i+1}^*(q_{i+1})\right) \quad (i=1,2,\cdots,n-1) \tag{3-13}$$

$$R_i(q_i, m_i) = \left(\frac{ET_{ai}}{ET_{mi}}\right)^{\lambda_i} \quad (i=1,2,\cdots,n) \tag{3-14}$$

$$f_n^*(q_n) = \left(\frac{ET_{ai}}{ET_{mi}}\right)^{\lambda_i} \quad (i=n) \tag{3-15}$$

式中　$R_i(q_i, m_i)$——第 i 阶段在 q_i 状态下所得到的效益；

　　　　$f_n^*(q_n)$——余留阶段的最大总效益。

3. 模型求解

以上模型有两个状态变量一个决策变量，采用逆向递推法进行求解。可供水量为生育期内全部用水量，需要对各生育期水量进行分配，在第一阶段水量分配不受限制，但在最后阶段可供水量要全部用完，中间阶段用水量受前一阶段的约束。因此，对于一定的状态，有唯一的最优决策 d_i。各生长阶段的实际腾发量和目标函数的最优值可由得出的决策运用系统方程推算得出，各生长阶段的最佳灌水量和在相应灌水策略下的产量也可得出，最终优化灌溉制度也在相应的约束条件下得出。

4. 优化灌溉制度

依据作物水分生产函数，再根据上述的模型制定出磴口县玉米和向日葵膜下滴灌条件下不同水分处理的优化灌溉制度，见表 3-10、表 3-11。

表 3-10　玉米膜下滴灌灌溉制度优化

灌溉定额(mm)	阶段灌水量(mm)					相对产量 Y_a/Y_m
	播种—拔节	拔节—抽穗	抽穗—开花	开花—灌浆	灌浆—乳熟	
75	0	0	60	15	0	0.266
125	0	20	65	30	10	0.394

续上表

灌溉定额(mm)	阶段灌水量(mm)					相对产量 Y_a/Y_m
	播种—拔节	拔节—抽穗	抽穗—开花	开花—灌浆	灌浆—乳熟	
175	15	20	80	50	10	0.541
225	15	35	95	65	15	0.721
275	15	40	115	80	25	0.916
300	25	60	115	80	20	0.992

表 3-11 向日葵膜下滴灌灌溉制度优化

灌溉定额(mm)	阶段灌水量(mm)				相对产量 Y_a/Y_m
	播种—现蕾	现蕾—花期	花期—灌浆	灌浆—成熟	
75	0	50	25	0	0.480 9
125	0	75	50	0	0.614 1
175	30	75	70	0	0.761 5
225	50	80	75	20	0.927 1
275	65	100	70	40	0.953 4

从表 3-10 可以看出，随着灌水量的增加，玉米的产量也增加。对于不同的灌溉定额，灌水量主要集中在抽穗—开花和开花—灌浆期，苗期和成熟期灌水量较小。因此当灌水量较小时，应先满足对水分敏感性强的抽穗—开花和开花—灌浆这两个时期，从而获得理想的产量。

灌溉制度优化结果表明：当灌水量达到 275 mm 时，再增加灌水量，相对产量的增幅变小；灌水量在 275～300 mm 之间时，玉米的实际产量接近最大；其相应的优化灌溉制度为播种—拔节灌水量为 15～25 mm，拔节—抽穗灌水量为 40～60 mm，抽穗—开花灌水量为 115 mm，开花—灌浆和灌浆—乳熟的灌水量分别为 80 mm 和 20～25 mm。

从表 3-11 可以看出，在灌水量较少时，应先满足现蕾—花期和花期—灌浆期的需水要求；当灌水量逐渐增大时(175～275 mm)，首先要保证现蕾—花期、花期—灌浆期和播种—现蕾，其次是灌浆—成熟期的需水要求，而且向日葵的产量随灌水量的增大而增加；灌水量在 225～275 mm 区间，随着灌水量的增加，产量的增幅放缓，由此可知，在不减产的情况下，可采用轻度水分亏缺，能充分节约水资源。

第4章　苜蓿滴灌条件下SAP及PAM复配技术研究

4.1　苜蓿滴灌条件下SAP、PAM施用对土壤性质的影响

4.1.1　SAP、PAM不同施用方式对土壤结构的影响

1. SAP、PAM单施对土壤结构的影响

(1)单施不同处理对土壤容重的影响

土壤容重是反映土壤紧实状况的物理参数。一般情况下，土壤容重小，表明土壤比较疏松，孔隙多；反之，土壤容重大，表明土壤紧实，结构性差，孔隙少。图4-1为SAP、PAM单施条件下土壤容重的变化。从图中可看出，不同处理0～40 cm土层土壤容重随着土层深度的增加均呈增大趋势，但总体上各处理相较对照(CK)处理而言，均有不同程度降低。其中，0～10 cm土层，T1～T4处理土壤容重较CK处理降幅分别为0.93%、1.06%、0.20%、0.46%，降幅大小关系表现为T2>T1>T4>T3；10～20 cm土层，各处理较CK降幅分别为0.59%、0.86%、0.13%、0.39%，降幅大小关系表现为T2>T1>T4>T3；20～40 cm土层，各处理较CK降幅分别为0.51%、0.77%、0.06%、0.13%，降幅大小关系表现为T2>T1>T4>T3；不同处理0～40 cm土层土壤容重降幅平均值分别为0.68%、0.89%、0.13%、0.33%，降幅大小关系表现为T2>T1>T4>T3。

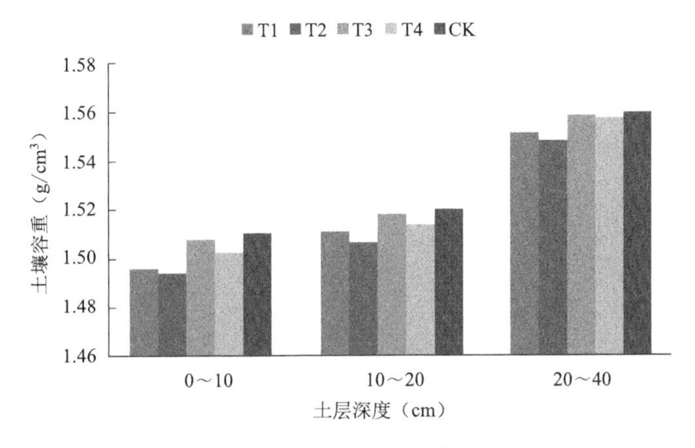

图4-1　SAP、PAM单施土壤容重变化

综上可知，SAP、PAM的施用降低了0～40 cm土层土壤容重。相同深度土壤条件下，SAP、PAM施用对土壤容重影响表现如下：SAP施用条件下，45 kg/hm^{2}的施用量对土壤容重的降幅大于30 kg/hm^{2}的施用量；PAM施用条件下，30 kg/hm^{2}的施用量对土壤容重的降幅大

于 15 kg/hm^{2}的施用量，同时 SAP 施用对于土壤容重的降幅大于 PAM 施用。此外，对于不同深度的土壤，各处理对土壤容重影响程度的大小表现为 0～10 cm＞10～20 cm＞20～40 cm。其原因主要是 SAP、PAM 施入土壤深度为 10 cm 左右，降雨或灌溉后，一方面 SAP、PAM 吸水—释水过程使得土壤疏松，孔隙度增加，容重减小；另一方面 PAM、SAP 均能够促进土壤团聚体的形成，使得内部孔隙增多，土壤孔隙度增加，因而容重减小。

(2)单施不同处理对土壤孔隙度的影响

图 4-2 为 SAP、PAM 单施条件下土壤孔隙度的变化。从图中可看出，不同处理下 0～40 cm土层土壤孔隙度与容重变化不同，随着土层深度的增加，各处理土壤孔隙度均呈下降趋势，同时总体上各处理土壤孔隙度均大于对照处理。0～10 cm 土层，T1～T4 处理孔隙度较 CK 增幅分别为 1.23%、1.40%、0.26%、0.61%，增幅大小关系表现为 T2＞T1＞T4＞T3；10～20 cm土层，各处理孔隙度较 CK 增幅分别为 0.80%、1.15%、0.18%、0.53%，增幅大小关系表现为 T2＞T1＞T4＞T3；20～40 cm 土层，各处理孔隙度较 CK 增幅分别为 0.73%、1.10%、0.09%、0.18%，增幅大小关系表现为 T2＞T1＞T4＞T3。不同处理 0～40 cm 土层孔隙度增幅平均值分别为 0.92%、1.22%、0.18%、0.44%，增幅大小关系表现为 T2＞T1＞T4＞T3。

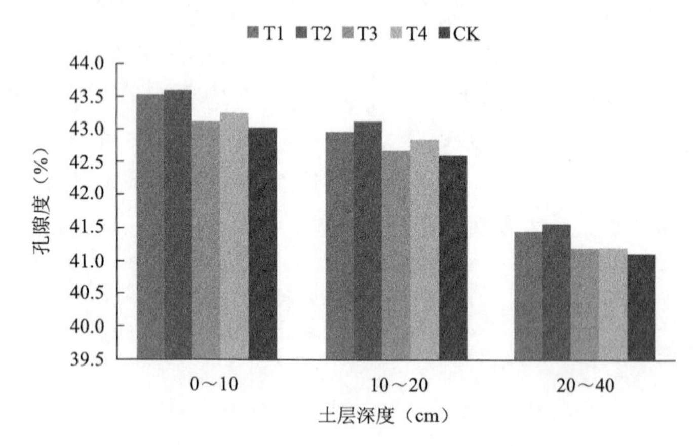

图 4-2　SAP、PAM 单施土壤孔隙度变化

可以看出，SAP、PAM 施用均可增大土壤孔隙度，SAP 施用效果优于 PAM，且施用量大的效果较佳。但随着土层深度的增加，增幅逐渐减小。T2 处理对于土壤孔隙度增幅效果较佳，且不同深度土壤孔隙度增幅大小表现为 0～10 cm＞10～20 cm＞20～40 cm。

2. SAP、PAM 复配对土壤结构的影响

(1)复配不同处理对土壤容重的影响

图 4-3 为 SAP、PAM 复配条件下土壤容重的变化。从图中可看出，不同处理容重变化规律同单施一致，但各处理变幅不一。其中，0～10 cm 土层，T5～T8 处理容重较 CK 降幅分别为 1.39%、1.59%、1.13%、1.39%，降幅大小关系表现为 T6＞T5＝T8＞T7；10～20 cm 土层，各处理较 CK 降幅分别为 1.25%、1.45%、0.92%、1.05%，降幅大小关系表现为 T6＞T5＞T8＞T7；20～40 cm 土层，各处理较 CK 降幅分别为 1.03%、1.35%、0.71%、0.90%，降幅大小关系表现为 T6＞T5＞T8＞T7。不同处理 0～40 cm 土层容重降幅平均值分别为 1.22%、1.46%、0.92%、1.11%，降幅大小关系表现为 T6＞T5＞T8＞T7。

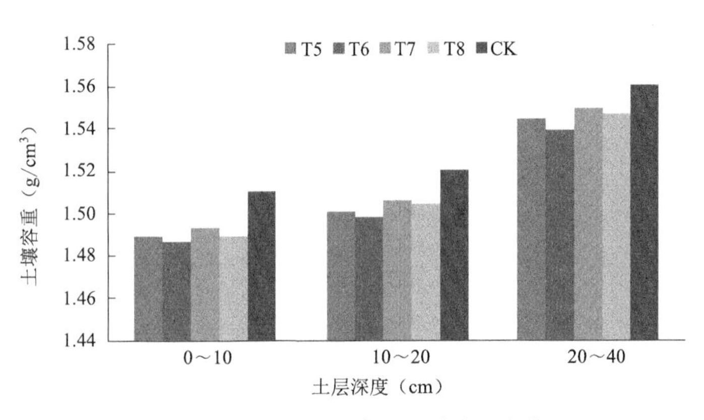

图 4-3　SAP、PAM 复配土壤容重变化

综上可知，复配条件下，SAP 施用量相同，PAM 施用量越大，其对土壤容重的降低效果越明显；而 SAP 施用量不同，复配效果则表现为 SAP 施用量大的处理复配效果较佳。因此，T6 处理(45 kg/hm² SAP＋30 kg/hm² PAM)对 0～40 cm 土层容重降低效果最佳。其原因是 SAP 对容重的影响机制主要是通过 SAP 吸水—释水使得土壤孔隙度增大，从而降低容重；而 PAM 则是通过促进土壤团聚体的形成，增加内部孔隙，从而使土壤孔隙度增加，进而降低容重。由于 SAP 通过吸水—释水改善土壤孔隙度相较于 PAM 作用机制更直接，因而复配中 SAP 施用量是改善土壤孔隙度、降低容重的主要因素。此外，不同处理对 0～40 cm 土层土壤容重影响程度大小同样表现为 0～10 cm＞10～20 cm＞20～40 cm，这主要是受 SAP、PAM 施入土壤的深度影响。

(2)复配不同处理对土壤孔隙度的影响

图 4-4 为 SAP、PAM 复配条件下土壤孔隙度的变化。从图中可看出，不同处理 0～40 cm 土层孔隙度随着土层深度的增加均呈下降趋势，但总体上各处理孔隙度均大于对照处理。其中，0～10 cm 土层，T5～T8 处理孔隙度较 CK 增幅分别为 1.84%、2.11%、1.49%、1.84%，增幅大小关系表现为 T6＞T5＝T8＞T7；10～20 cm 土层，各处理孔隙度较 CK 增幅分别为 1.68%、1.95%、1.24%、1.42%，增幅大小关系表现为 T6＞T5＞T8＞T7；20～40 cm 土层，各处理孔隙度较 CK 增幅分别为 1.47%、1.93%、1.01%、1.28%，大小关系表现为 T6＞T5＞T8＞T7。不同处理 0～40 cm 土层孔隙度增幅平均值分别为 1.66%、1.99%、1.25%、1.51%，增幅大小关系表现为 T6＞T5＞T8＞T7。

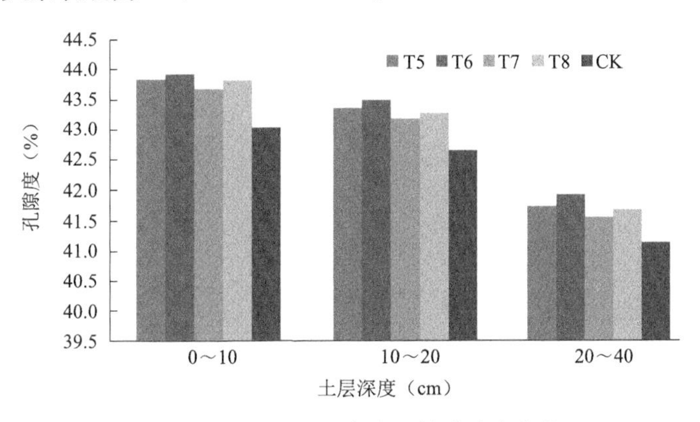

图 4-4　SAP、PAM 复配土壤孔隙度变化

可以看出，SAP、PAM不同量复配施用不同程度地增大了0～40 cm土层土壤孔隙度，其中T6处理效果最佳，即45 kg/hm² SAP复配30 kg/hm² PAM效果最佳。同时，不同处理对0～40 cm土层土壤孔隙度的增幅大小表现为0～10 cm>10～20 cm>20～40 cm。

通过对比SAP、PAM单施及复配条件下土壤容重和孔隙度分析结果可知，复配条件下土壤容重的降幅及孔隙度的增幅均优于单施条件，从而也说明SAP、PAM复配施用较单施更有利于降低土壤容重和增大土壤孔隙度。

4.1.2 SAP、PAM不同施用方式对土壤水分含量的影响

1. 生育期降水量及地下水位变化

土壤水分变化受降水和地下水影响显著，图4-5为2017～2018年紫花苜蓿生育期降水量变化。图4-5(a)紫花苜蓿生育期内累计降水量为57.43 mm，降水少且分布不均匀，主要集中在6月至7月上旬。图4-5(b)紫花苜蓿生育期内累计降水量为88.4 mm，有效降水量为72.4 mm，降水主要集中在6～8月，此段时间也是河套灌区主要作物关键需水期，适时的水分补给能够更好地促进作物生长。

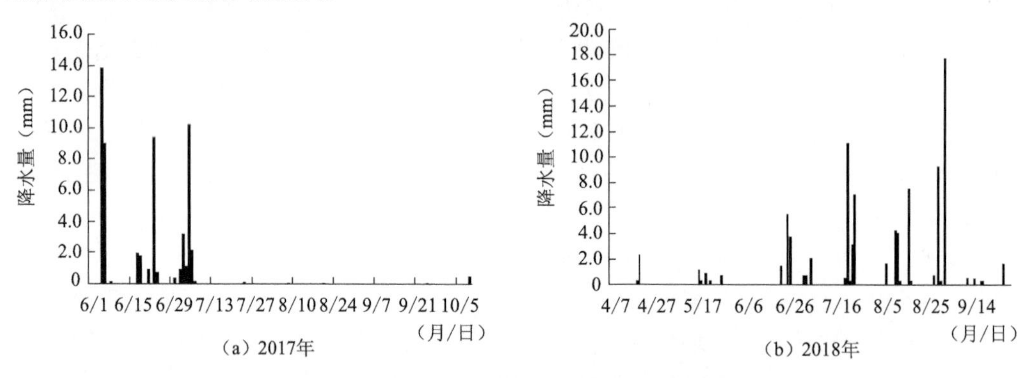

图4-5　2017～2018年紫花苜蓿生育期降水量

图4-6为2017～2018年紫花苜蓿生育期地下水位变化。可以看出，两年地下水位多次出现峰谷变化，但总体上呈上升趋势，由于河套灌区作物灌溉期间主要引黄河水采用大水漫灌方式，从而抬升了当地地下水位。由于2017、2018年试验区周边耕地种植作物不同，作物耗水量不同，灌溉量不一致，因而两年地下水位埋深不同。2017、2018年紫花苜蓿生育期地下水位平均埋深分别为2.87 m和2.55 m。

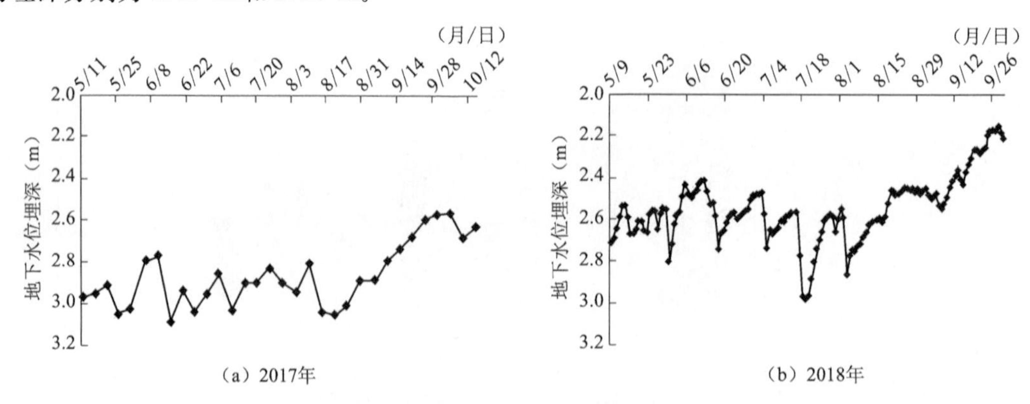

图4-6　2017～2018年紫花苜蓿生育期地下水位变化

2. SAP、PAM单施对土壤水分含量的影响

图4-7为2017年SAP、PAM单施条件下紫花苜蓿生育期不同土壤深度体积含水率变化曲线。可以看出，生育期0～100 cm土层土壤体积含水率呈现两种变化形式，0～40 cm土层体积含水率波动变化较大，而40～100 cm土层变化较小，较为平缓。一方面由于紫花苜蓿灌溉方式为地下滴灌，不同于漫灌，每次灌水定额较小，因而40 cm土层以下灌溉水分下渗较少；另一方面尽管试验区周边耕地采用黄河水漫灌，引起地下水位的波动变化，但由于试验区地下水位埋深2017年平均为2.87 m，地下水补给对100 cm以上土壤含水率影响较小。

从图4-7(a)可以看出，第一茬紫花苜蓿从苗期至开花期0～10 cm土层土壤体积含水率呈现先下降后回升的变化规律，主要由于苗期降水影响，含水率较高。随着生育期的推进，气温回升，蒸发强烈，到分枝期土壤表层含水率均降低。之后由于灌溉影响，土壤含水率再次升高。第一茬T1～T4处理全生育期土壤平均体积含水率分别较CK高13.05%、15.62%、9.79%、12.86%，增幅大小表现为T2>T1>T4>T3。第二茬紫花苜蓿土壤体积含水率变化规律与第一茬基本相似，T1～T4处理全生育期土壤平均体积含水率分别较CK高22.49%、24.34%、8.80%、15.68%，增幅大小同样表现为T2>T1>T4>T3。

图4-7(b)为各处理10～20 cm土层土壤含水率变化情况，与表层(0～10 cm)变化不同，第一茬从苗期至开花期土壤含水率变现为先上升后下降的趋势，而第二茬从返青期至开花期土壤体积含水率表现为先下降后回升的趋势。这主要是由于第一茬苗期10～20 cm土层含水率受降水影响，随着生育期灌溉影响，分枝期土壤含水率总体抬升，较苗期高。而现蕾—开花期为紫花苜蓿需水关键时期，尽管期间进行了灌溉，但是受植株蒸腾、棵间蒸发双重影响，土壤含水率呈下降趋势。第二茬返青期含水率由于上一茬开花期灌溉影响，土壤含水率较第一茬苗期高，随着生育期推进，耗水量增加以及棵间蒸发影响，分枝期含水率降低。从分枝期至开花期，土壤含水率持续回升，一方面由于灌溉影响，另一方面由于紫花苜蓿第二茬气温降低，生育期缩短，耗水量低，棵间蒸发减弱，因而总体上含水率呈上升趋势。第一茬、第二茬T1～T4处理10～20 cm土层土壤含水率均高于CK，第一茬T1～T4处理全生育期土壤平均体积含水率较CK的增幅分别为13.52%、14.32%、12.57%、12.78%；第二茬增幅分别为18.30%、18.68%、17.61%、17.83%，增幅大小均表现为T2>T1>T4>T3。

从图4-7(c)可以看出，不同处理20～40 cm土层体积含水率变化趋势与图4-7(b)类似，但波动较前者大。可能由于20～40 cm土层水分受土壤毛管力及表层(0～20 cm)土壤蒸发影响，向表层运移，因而导致其波动较大。第一茬增幅大小为T2>T4>T3>T1，第二茬增幅大小为T2>T4>T3>T1。

从图4-7(d)、图4-7(e)可以看出，40 cm以下土层土壤体积含水率从第一茬苗期开始至第二茬开花期，其变化较为平缓。但不同处理之间变化较为复杂，并非均呈线性增减关系。一方面是受地下水补给的影响，另一方面主要是由于紫花苜蓿不同生育期耗水量不同以及土壤蒸发作用的影响，深层土壤水分向上迁移，从而引起深层水分不规律的变化。

从总体上看，第一茬和第二茬紫花苜蓿生育期0～100 cm土层平均体积含水率均高于CK，T1～T4处理较CK的增幅第一茬分别为0.31%、9.17%、0.65%、4.28%，第二茬分别为7.54%、17.58%、4.44%、11.71%。由此可以看出，第二茬各处理土壤体积含水率较CK的增幅均高于第一茬，主要是由于紫花苜蓿第一茬生育期长、气温高，因而作物耗水量高、土壤棵间蒸发量大，而第二茬随着生育期推进，气温逐渐降低，作物生长缓慢，植株耗水量降低，土壤棵

间蒸发减弱。T1～T4 处理第一、第二茬紫花苜蓿 0～100 cm 土层平均体积含水率较 CK 增幅分别为 3.93%、13.38%、2.55%、7.99%，大小表现为 T2＞T4＞T1＞T3。因此，施用 SAP、PAM 均具有良好的保水效果，主要对 0～40 cm 土层含水率影响较大。其中，单施 SAP 保水效果优于单施 PAM 的效果，且施用量多的处理表现效果更佳，即施用 45 kg/hm^2 SAP 保水效果最佳。

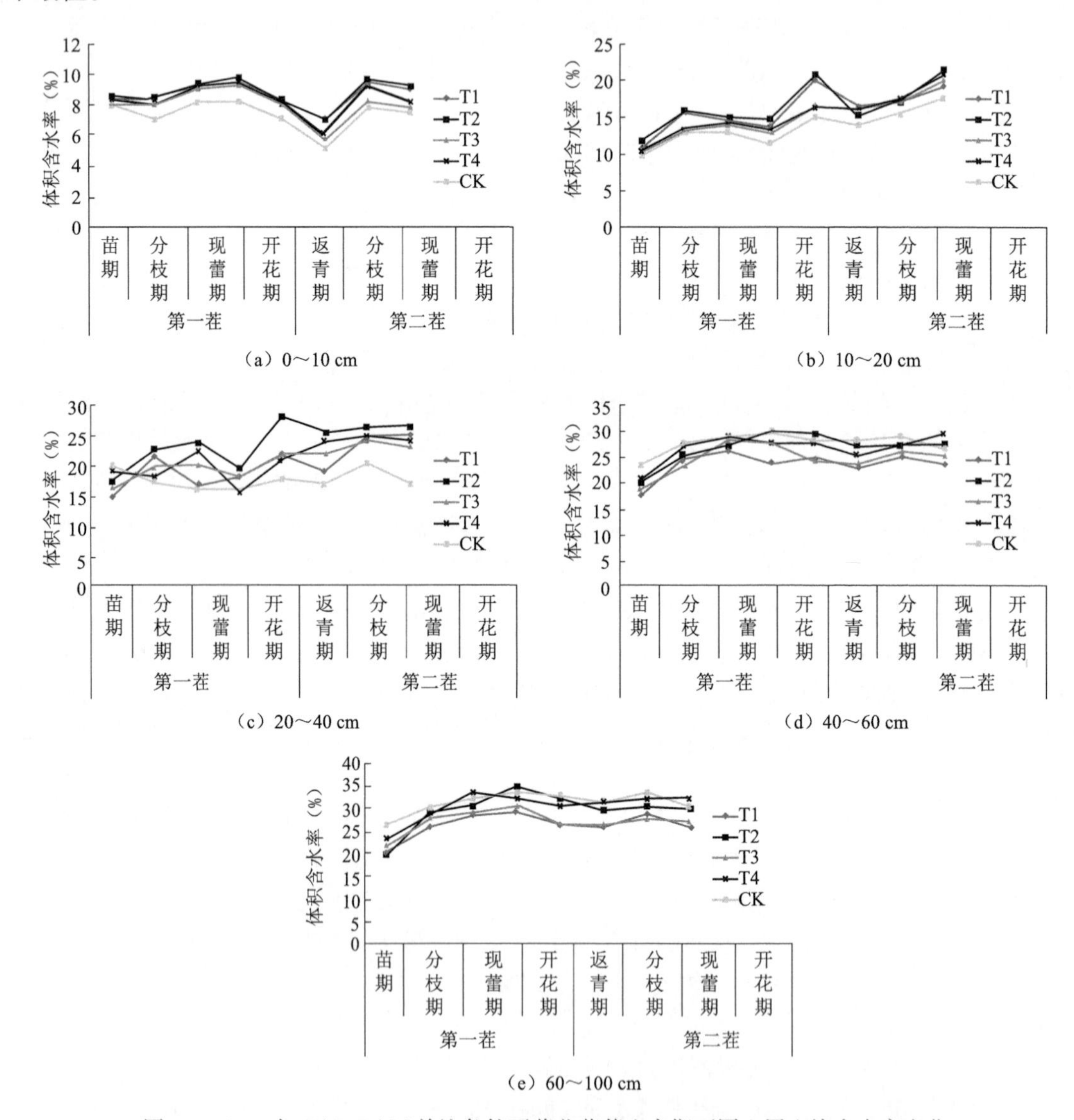

图 4-7　2017 年 SAP、PAM 单施条件下紫花苜蓿生育期不同土层土壤含水率变化

图 4-8 为 2018 年 SAP、PAM 单施条件下紫花苜蓿生育期不同土壤深度体积含水率变化曲线。可以看出，同一茬生育期 0～100 cm 土层土壤体积含水率总体上变化类似，不同茬含水率变化存在差异。

从图 4-8(a)可以看出，第一茬紫花苜蓿从返青期至开花期 0～10 cm 土层土壤体积含水率呈现先上升后下降的变化规律，这一变化由于受分枝期灌溉影响，含水率较高。随着生育期的推进，气温回升，蒸发强烈，到开花期土壤表层含水率降低。第一茬 T1～T4 处理全生育期土壤平均体积含水率分别较CK高39.30%、45.04%、13.36%、25.58%，增幅大小表现为T2>T1>T4>T3。第二茬紫花苜蓿0～10 cm土层土壤体积含水率呈先下降后回升再下降的变化规律。主要由于0～10cm土层为土壤最表层，最易受降水、灌溉、蒸发等影响，而此间段气温回升、蒸发强烈，因而表层土壤含水率变化较为明显。第二茬T1～T4处理全生育期土壤平均体积含水率分别较CK高37.17%、34.86%、11.21%、26.82%，增幅大小表现为T1>T2>T4>T3。第三茬紫花苜蓿0～10 cm土层土壤体积含水率变化规律同第一茬类似，T1～T4处理全生育期土壤平均体积含水率分别较CK高24.56%、28.30%、13.67%、18.22%，增幅大小同样表现为T2>T1>T4>T3。

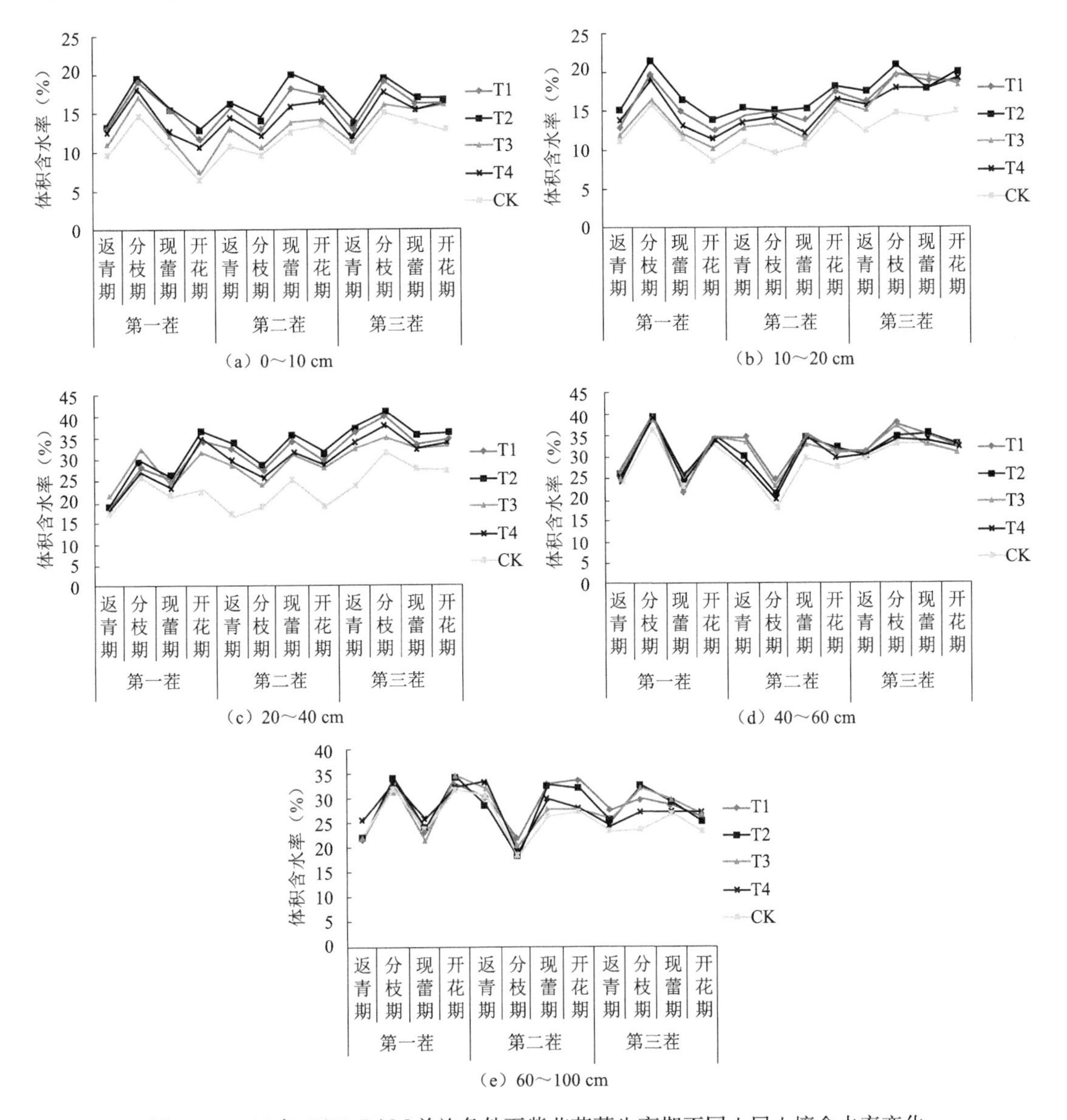

图4-8　2018年SAP、PAM单施条件下紫花苜蓿生育期不同土层土壤含水率变化

图4-8(b)为各处理10～20 cm土层土壤含水率变化情况，与表层(0～10 cm)变化规律相同，但各处理间含水率略有差异。第一茬T1～T4处理全生育期土壤平均体积含水率分别较

CK 高 27.40%、41.99%、7.49%、22.35%，增幅大小表现为 T2>T1>T4>T3。第二茬 T1～T4 处理全生育期土壤平均体积含水率分别较 CK 高 30.98%、28.55%、16.99%、22.53%，增幅大小表现为 T1>T2>T4>T3。第三茬 T1～T4 处理全生育期土壤平均体积含水率分别较 CK 高 31.41%、35.87%、29.60%、25.76%，增幅大小表现为 T2>T1>T3>T4。

图 4-8(c)为各处理 20～40 cm 土层含水率变化情况，第一茬土壤体积含水率与 20 cm 以上土层含水率变化略有不同，从返青期至开花期土壤含水率呈现上升—下降—上升的变化趋势。这一趋势主要由于苜蓿返青期之前进行了春灌，土壤含水率较高；随着生育期推进，分枝期进行了灌溉，因而含水率上升；之后由于植株蒸腾及土壤棵间蒸发，含水率降低；现蕾期—开花期为紫花苜蓿需水关键期，期间进行了多次灌溉，因而开花期含水率整体均提升。第二、第三茬含水率变化同 20 cm 以上土层变化相似，不再赘述。T1～T4 处理均不同程度提高了相应土层的土壤含水率，其中，第一茬 T1～T4 处理较 CK 的增幅分别为 11.33%、16.38%、8.05%、14.97%，增幅大小表现为 T2>T4>T1>T3；第二茬增幅分别为 42.87%、54.56%、23.88%、28.08%，增幅大小表现为 T2>T1>T4>T3；第三茬增幅分别为 23.04%、29.62%、16.14%、21.91%，增幅大小表现为 T2>T1>T4>T3。

图 4-8(d)、图 4-8(e)为不同处理 40～60 cm、60～100 cm 土层体积含水率变化曲线，可以看出，其变化规律与 20～40 cm 土层体积含水率变化相呼应。说明紫花苜蓿生育期尽管进行了降水及灌溉，但同时也受地下水补给影响。由于紫花苜蓿建植第二年，其根系较第一年有了一定生长，同时由于第二年生育期地下水位较上一年高，更易受地下水的补给影响，因而生育期地下水的补给使得 40～100 cm 土层含水率变化较为一致。通过对各处理 0～100 cm 土层中含水率分析可知，同一处理对不同茬次不同深度土壤含水率的影响各异，并未表现出明显的规律。因此对全生育期 0～100 cm 土层土壤含水率进行求平均，得到 T1～T4 各处理第一、第二、第三茬紫花苜蓿 0～100 cm 土层土壤平均体积含水率较 CK 增幅分别为 18.46%、20.45%、11.92%、13.47%，增幅大小表现为 T2>T1>T4>T3。

综上分析可知，2018 年 SAP、PAM 的施用对土壤含水率起到了很好的保蓄效果。各处理主要影响 0～40 cm 土层的土壤含水率，40～100 cm 土层不同处理的含水率与 CK 较为接近，主要受地下水补给影响。因此，SAP、PAM 施入土壤，对 0～40 cm 土层的保水效果较好。同时，从紫花苜蓿全生育期土壤含水率来看，单施 SAP 保水效果优于单施 PAM，且 T2 处理效果最佳，即施用 45kg/hm^2 SAP 保水效果最佳。

3. SAP、PAM 复配对土壤水分含量的影响

图 4-9 为 2017 年 SAP、PAM 复配条件下紫花苜蓿生育期不同土壤深度体积含水率变化曲线。可以看出，总体上复配条件下生育期 0～100 cm 土层土壤体积含水率变化规律同单施条件下基本相同。

从图 4-9(a)可以看出，复配条件下第一、第二茬各处理 0～10 cm 土壤体积含水率与单施条件下对应处理变化基本相同，但复配条件下第二茬紫花苜蓿土壤含水率呈上升趋势，而单施条件下对应生育期呈下降趋势。主要由于一方面 SAP 具有很好的保水效果，另一方面 PAM 对于土壤水分蒸发具有较好的抑制效果，因而两者复配施用对于土壤水分保持效果较单施更好，土壤水分散失相对更小。第一茬 T5～T8 处理全生育期土壤平均体积含水率分别较 CK 高 8.28%、19.17%、4.29%、10.84%，增幅大小表现为 T6>T8>T5>T7。第二茬 T5～T8 处理全生育期土壤平均体积含水率分别较 CK 高 33.93%、35.51%、18.95%、21.72%，增幅

大小表现为 T6>T5>T8>T7。

图 4-9(b)为复配条件下各处理 10～20 cm 土层土壤含水率变化曲线，其变化规律与单施条件下基本相同。T5～T8 处理全生育期土壤平均体积含水率较 CK 的增幅第一茬分别为 21.92%、28.08%、20.29%、21.19%，第二茬分别为 31.16%、32.26%、16.95%、19.03%，增幅大小均表现为 T6>T5>T8>T7。

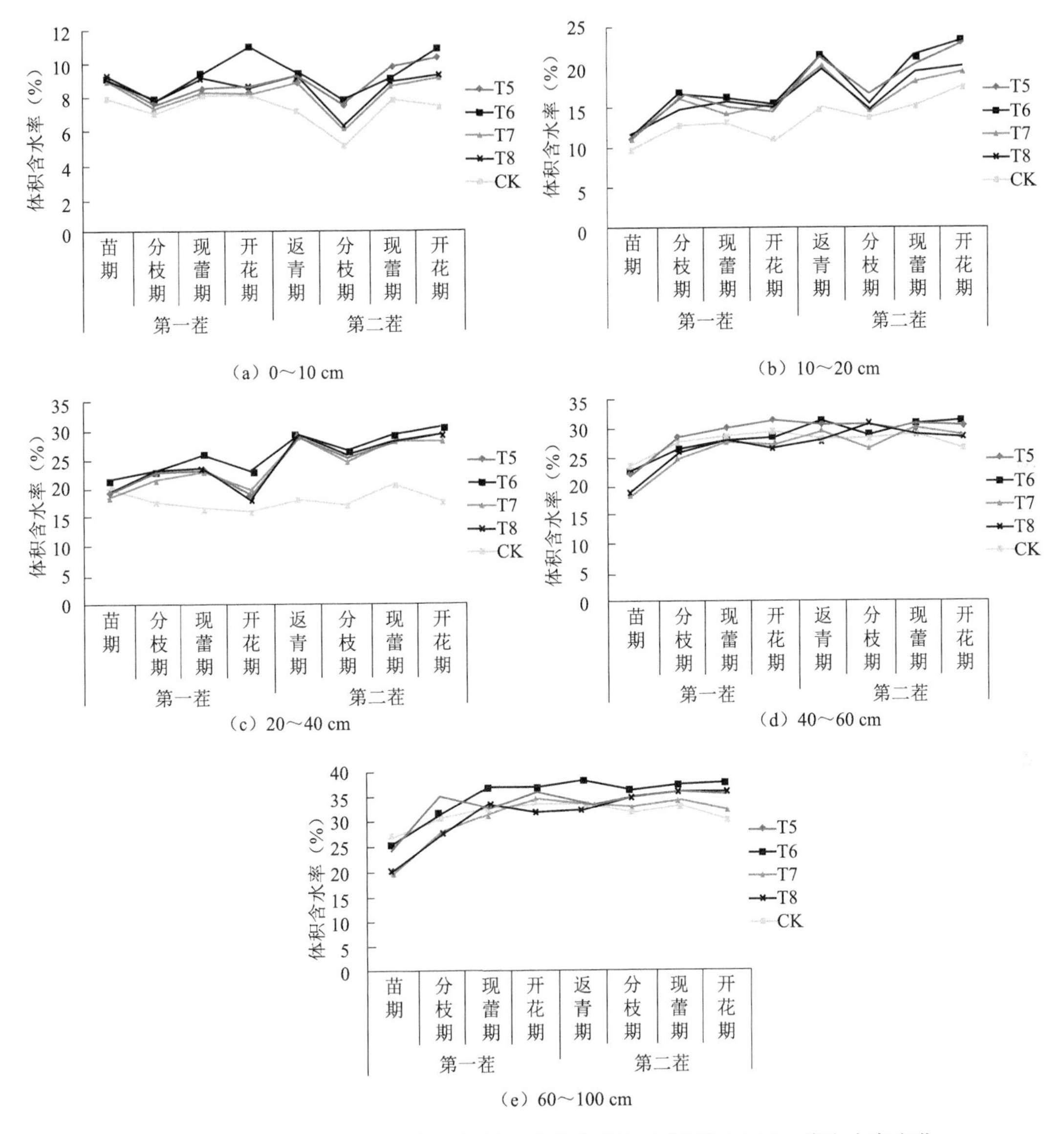

图 4-9　2017 年 SAP、PAM 复配条件下紫花苜蓿生育期不同土层土壤含水率变化

从图 4-9(c)可以看出，总体上复配条件下不同处理 20～40 cm 土层土壤体积含水率变化趋势与图 4-9(b)相同，各处理变化不尽相同。第一茬 T5～T8 处理全生育期土壤平均体积含水率较 CK 的增幅分别为 20.69%、33.44%、18.71%、22.49%，增幅大小表现为 T6>T8>T5>T7；第二茬增幅分别为 56.84%、58.20%、51.47%、54.95%，增幅大小表现为 T6>T5>T8>T7。

从图4-9(d)、图4-9(e)可以看出,复配条件下各处理40 cm以下土层土壤体积含水率与单施条件下各处理相似,其变化均较为平缓。但不同处理之间变化同样较为复杂,并非均呈线性增减关系。

从总体上看,复配条件下各处理第一茬和第二茬紫花苜蓿生育期0~100 cm土层土壤平均体积含水率均高于CK,T5~T8处理较CK的增幅分别为11.49%、16.64%、4.99%、7.27%和28.04%、30.24%、18.65%、21.69%。同样可看出,第二茬各处理土壤体积含水率较CK的增幅均高于第一茬,这与单施条件下变化一致。T5~T8处理第一、第二茬紫花苜蓿0~100 cm土层平均体积含水率较CK增幅分别为19.77%、23.11%、11.82%、14.48%,大小表现为T6>T5>T8>T7。

因此,SAP、PAM复配条件下各处理对土壤含水率的影响同样主要表现在0~40 cm土层,其中SAP施用量多的处理保水效果更佳,即45 kg/hm² SAP复配30 kg/hm² PAM土壤保水效果最佳。

图4-10为2018年SAP、PAM复配条件下紫花苜蓿生育期不同土壤深度体积含水率变化曲线。可以看出,总体上复配条件下生育期0~100 cm土层土壤体积含水率变化规律同单施条件下基本相同。

图4-10(a)为复配条件下各处理0~10 cm土层土壤含水率变化曲线,其变化规律与单施条件下基本相同。第一茬T5~T8处理全生育期土壤平均体积含水率较CK的增幅分别为55.65%、68.30%、41.64%、50.42%,第二茬增幅分别为50.95%、57.49%、35.86%、46.99%,第三茬增幅分别为38.08%、40.07%、18.35%、25.97%,增幅大小均表现为T6>T5>T8>T7。

图4-10(b)为复配条件下各处理10~20 cm土层土壤含水率变化曲线,其变化规律与单施条件下基本相同。第一茬T5~T8处理全生育期土壤平均体积含水率较CK的增幅分别为47.95%、53.73%、26.23%、36.77%,第二茬增幅分别为40.11%、44.94%、29.05%、32.79%,第三茬增幅分别为40.35%、43.84%、29.80%、32.75%,增幅大小均表现为T6>T5>T8>T7。

图4-10(c)为复配条件下各处理20~40 cm土层土壤含水率变化曲线,其变化规律与单施条件下基本相同。第一茬T5~T8处理全生育期土壤平均体积含水率较CK的增幅分别为19.04%、26.64%、25.20%、17.78%,增幅大小表现为T6>T7>T5>T8;第二茬增幅分别为54.63%、61.08%、39.76%、45.14%,第三茬增幅分别为30.89%、36.01%、20.87%、25.28%,增幅大小均表现为T6>T5>T8>T7。

图4-10(d)、图4-10(e)为复配条件下各处理40~60 cm、60~100 cm土层土壤含水率变化曲线,第一、第二茬变化规律与单施条件下基本相同,但第三茬略有差异。主要由于受周边农田大水漫灌影响,地下水位从8月中下旬起持续上升,从而使得60 cm以下土层土壤含水率较为紊乱。

总体上看,复配条件下T5~T8各处理第一、第二、第三茬紫花苜蓿0~100 cm土层土壤平均体积含水率较CK增幅分别为23.29%、26.54%、18.50%、19.68%,增幅大小表现为T6>T5>T8>T7。

综上可知,SAP、PAM复配施用对土壤含水率起到了很好的保蓄效果。各处理主要影响

0～40 cm 土层的土壤含水率，40～100 cm 含水率变化主要受地下水补给影响。因此，SAP、PAM 施入土壤，对 0～40 cm 土层保水效果较好。同时，从紫花苜蓿全生育期土壤含水率来看，复配条件下，SAP 施用量相同，PAM 施用量越大，土壤保水效果越佳；而 SAP 施用量不同，复配效果则表现为 SAP 施用量大的处理复配效果较佳。因此，T6 处理(45 kg/hm² SAP＋30 kg/hm²)对 0～100 cm 土层保水效果最佳。

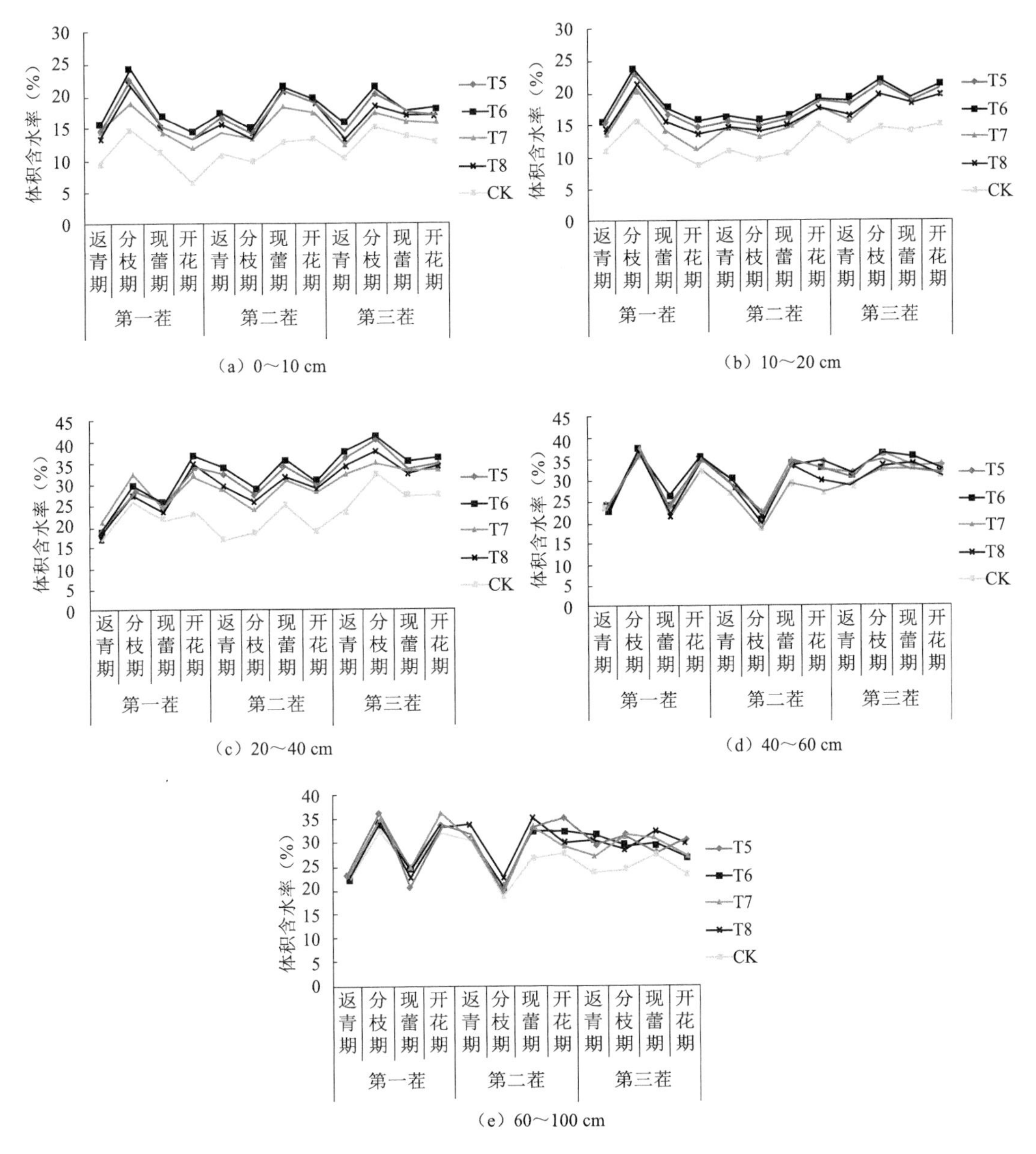

图 4-10　2018 年 SAP、PAM 复配条件下紫花苜蓿生育期不同土层土壤含水率变化

通过对比 SAP、PAM 单施及复配条件下土壤水分变化可看出，复配条件下土壤 0～100 cm含水率增幅优于单施条件下的变化，说明在紫花苜蓿生育期，SAP、PAM 复配能够提供更好的水分环境，以促进其生长。因此，SAP、PAM 复配较单施效果更佳。

4.1.3 SAP、PAM不同施用方式对土壤养分的影响

1. SAP、PAM单施对土壤养分的影响

图4-11为2017年SAP、PAM单施条件下紫花苜蓿全生育末期土壤养分含量变化，可以看出，不同养分指标在不同土壤深度变化各不相同。

从图4-11(a)可以看出，各处理不同深度土壤有机质含量变化幅度较小，总体上T1～T4处理土壤有机质含量均高于对应土层CK。0～10 cm土层中，T1～T4处理土壤有机质含量分别较CK高8.45%、21.12%、9.20%、14.97%，增幅大小关系为T2＞T4＞T3＞T1；10～20 cm土层中，T1～T4处理土壤有机质含量分别较CK高2.13%、37.21%、0.39%、33.56%，增幅大小关系为T2＞T4＞T1＞T3；20～40 cm土层中，T1～T4处理土壤有机质含量分别较CK高11.38%、28.61%、3.16%、9.17%，增幅大小关系为T2＞T1＞T4＞T3。而0～40 cm土层中，T1～T4处理土壤有机质含量平均值分别较CK高7.30%、28.92%、4.29%、19.26%，增幅大小关系为T2＞T4＞T1＞T3。综上可知，各处理均不同程度提高了0～40 cm土层土壤有机质含量，不同处理不同深度土壤有机质含量大小关系变化不一，可能是由于土壤空间变异性较大而导致。但总体上看，T2处理效果最佳，即施用45 kg/hm² SAP对土壤有机质含量的提高效果明显。

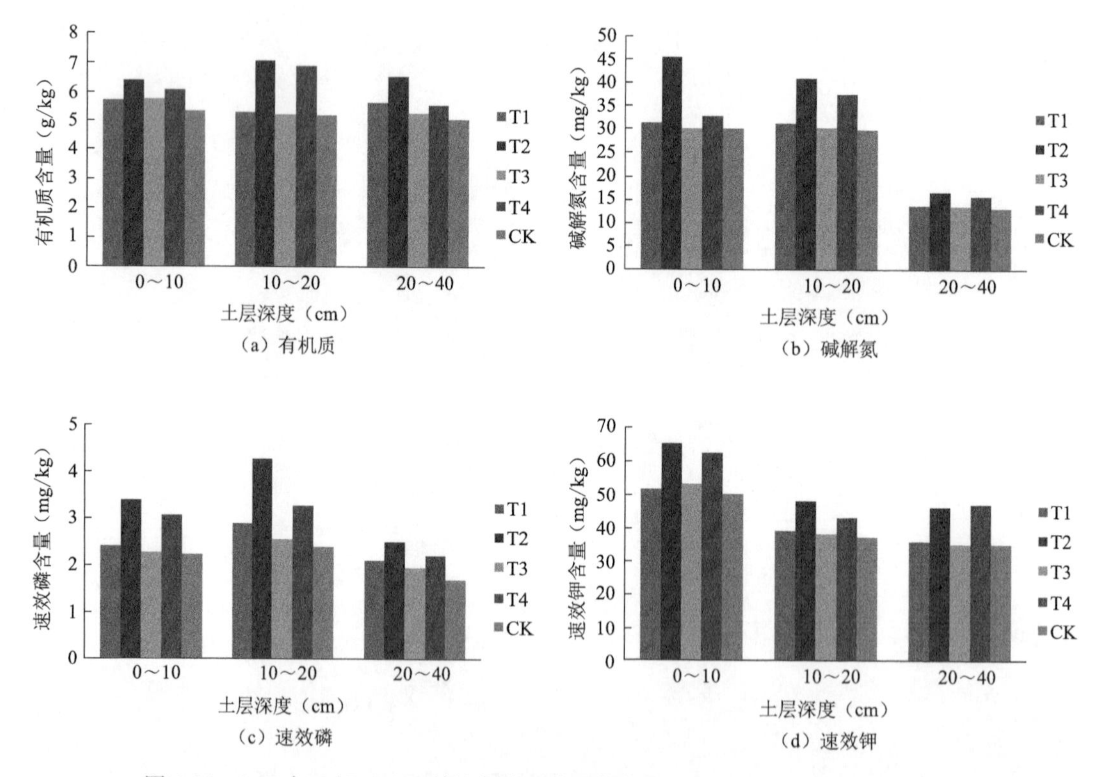

图4-11 2017年SAP、PAM单施条件下紫花苜蓿全生育期末期土壤养分含量变化

从图4-11(b)可以看出，各处理土壤碱解氮含量随土层深度增加呈降低趋势，但总体上T1～T4处理土壤碱解氮含量均高于对应土层CK。0～10 cm土层中，T1～T4处理土壤碱解氮含量分别较CK高3.49%、49.58%、0.39%、7.55%，增幅大小关系为T2＞T4＞T1＞T3；

10～20 cm 土层中，T1～T4 处理土壤碱解氮含量分别较 CK 高 3.27%、35.78%、0.67%、23.93%，增幅大小关系为 T2>T4>T1>T3；20～40 cm 土层中，T1～T4 处理土壤碱解氮含量分别较 CK 高 5.91%、27.09%、4.79%、21.33%，增幅大小关系为 T2>T4>T1>T3。而 0～40 cm 土层中，T1～T4 处理土壤碱解氮含量平均值分别较 CK 高 3.82%、39.97%、1.28%、16.70%，增幅大小关系为 T2>T4>T1>T3。综上可知，各处理均不同程度提高了 0～40 cm 土层土壤碱解氮含量，其中，T2 处理效果最佳，即施用 45 kg/hm^2 SAP 对土壤碱解氮增幅效果明显。

从图 4-11(c)可以看出，各处理土壤速效磷含量随土层深度增加呈先升高后降低的变化趋势，但总体上 T1～T4 处理土壤速效磷含量均高于对应土层 CK。0～10 cm 土层中，T1～T4 处理土壤速效磷含量分别较 CK 高 7.14%、51.79%、1.79%、38.39%，增幅大小关系为 T2>T4>T1>T3；10～20 cm 土层中，T1～T4 处理土壤速效磷含量分别较 CK 高 20.83%、79.17%、6.25%、37.50%，增幅大小关系为 T2>T4>T1>T3；20～40 cm 土层中，T1～T4 处理土壤速效磷含量分别较 CK 高 23.53%、47.06%、15.29%、30.00%，增幅大小关系为 T2>T4>T1>T3。而0～40 cm 土层中，T1～T4 处理土壤速效磷含量平均值分别较 CK 高 16.72%、60.88%、7.10%、35.80%，增幅大小关系为 T2>T4>T1>T3。综上可知，各处理均不同程度提高了0～40 cm 土层土壤速效磷含量，同样也表现为 T2 处理效果最佳，即施用 45 kg/hm^2 SAP 对土壤速效磷增幅效果明显。

从图 4-11(d)可以看出，各处理土壤速效钾含量随土层深度增加呈降低的变化趋势，但总体上 T1～T4 处理土壤速效钾含量均高于对应土层 CK。0～10 cm 土层中，T1～T4 处理土壤速效钾含量分别较 CK 高 2.78%、29.76%、6.35%、24.40%，增幅大小关系为 T2>T4>T3>T1；10～20 cm 土层中，T1～T4 处理土壤速效钾含量分别较 CK 高 5.11%、29.57%、2.96%、16.40%，增幅大小关系为 T2>T4>T1>T3；20～40 cm 土层中，T1～T4 处理土壤速效钾含量分别较 CK 高 3.41%、31.82%、0.28%、34.38%，增幅大小关系为 T4>T2>T1>T3。而 0～40 cm 土层中，T1～T4 处理土壤速效钾含量平均值分别较 CK 高 3.66%、30.29%、3.58%、24.84%，增幅大小关系为 T2>T4>T1>T3。综上可知，各处理均不同程度提高了 0～40 cm 土层土壤速效钾含量，其中 T2 处理效果最佳，即施用 45 kg/hm^2 SAP 对土壤速效钾增幅效果明显。

图 4-12 为 2018 年 SAP、PAM 单施条件下紫花苜蓿全生育末期土壤养分含量变化，可以看出，不同养分指标在不同土壤深度变化各不相同。

从图 4-12(a)可以看出，各处理土壤碱解氮含量随土层深度增加呈降低趋势，但总体上 T1～T4 处理土壤碱解氮含量均高于对应土层 CK。0～10 cm 土层中，T1～T4 处理土壤碱解氮含量分别较 CK 高 24.75%、36.32%、14.57%、29.70%，增幅大小关系为 T2>T4>T1>T3；10～20 cm 土层中，T1～T4 处理土壤碱解氮含量分别较 CK 高 18.24%、33.53%、3.76%、17.03%，增幅大小关系为 T2>T1>T4>T3；20～40 cm 土层中，T1～T4 处理土壤碱解氮含量分别较 CK 高 9.94%、22.52%、3.97%、17.22%，增幅大小关系为 T2>T4>T1>T3。而0～40 cm 土层中，T1～T4 处理土壤碱解氮含量平均值分别较 CK 高 18.36%、31.43%、8.00%、21.98%，增幅大小关系为 T2>T4>T1>T3。综上可知，各处理均不同程度提高了0～40 cm 土层土壤碱解氮含量，其中 T2 处理(45 kg/hm^2 SAP)效果最佳。

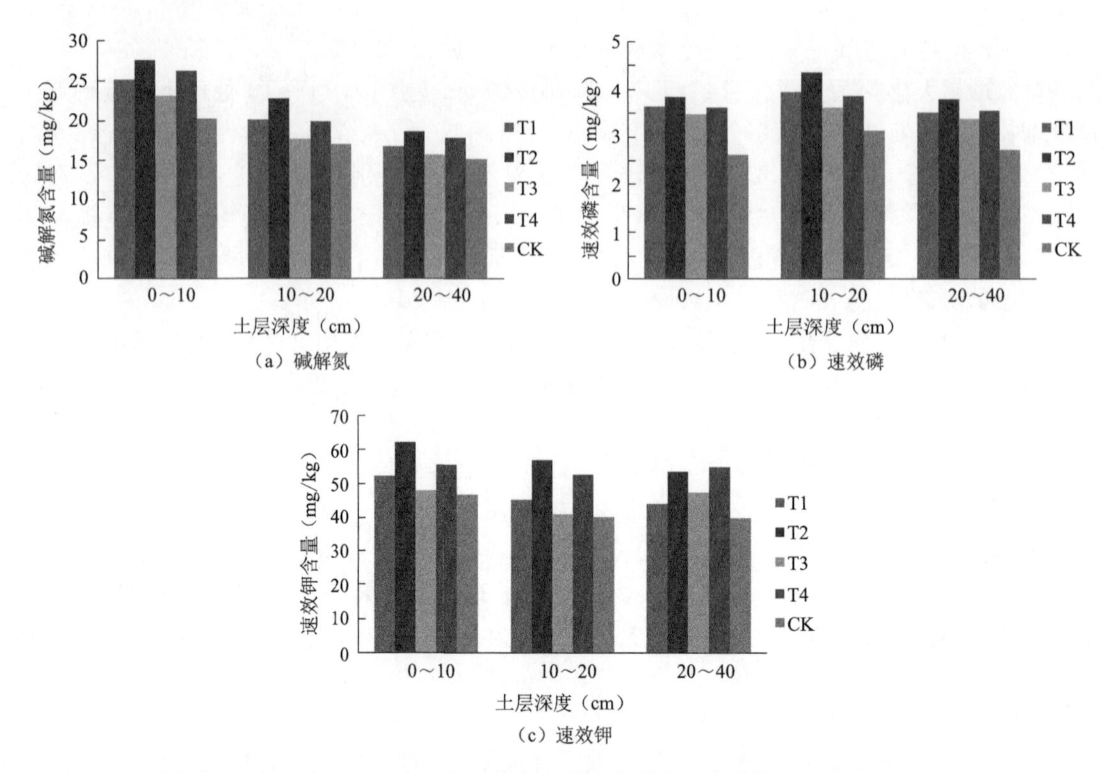

（a）碱解氮

（b）速效磷

（c）速效钾

图 4-12　2018 年 SAP、PAM 单施条件下紫花苜蓿全生育末期土壤养分含量变化

从图 4-12(b)可以看出，各处理土壤速效磷含量随土层深度增加呈先升高后降低的变化趋势，但总体上 T1～T4 处理土壤速效磷含量均高于对应土层 CK。0～10 cm 土层中，T1～T4 处理土壤速效磷含量分别较 CK 高 39.46%、46.74%、33.33%、38.70%，增幅大小关系为 T2>T1>T4>T3；10～20 cm 土层中，T1～T4 处理土壤速效磷含量分别较 CK 高 26.60%、39.10%、15.71%、24.36%，增幅大小关系为 T2>T1>T4>T3；20～40 cm 土层中，T1～T4 处理土壤速效磷含量分别较 CK 高 28.21%、39.19%、23.44%、29.67%，增幅大小关系为 T2>T4>T1>T3。而 0～40 cm 土层中，T1～T4 处理土壤速效磷含量平均值分别较 CK 高 31.09%、41.49%、23.64%、30.50%，增幅大小关系为 T2>T1>T4>T3。综上可知，各处理均不同程度提高了 0～40 cm 土层土壤速效磷含量，但从总体上看，相同条件下单施 SAP 对于速效磷含量的增强效果优于单施 PAM 处理，且施用量大效果更佳。

从图 4-12(c)可以看出，各处理土壤速效钾含量随土层深度增加呈降低的变化趋势，但总体上 T1～T4 处理土壤速效钾含量均高于对应土层 CK。0～10 cm 土层中，T1～T4 处理土壤速效钾含量分别较 CK 高 11.59%、33.05%、3.00%、19.10%，增幅大小关系为 T2>T4>T1>T3；10～20 cm 土层中，T1～T4 处理土壤速效钾含量分别较 CK 高 12.00%、42.50%、2.50%、31.50%，增幅大小关系为 T2>T4>T1>T3；20～40 cm 土层中，T1～T4 处理土壤速效钾含量分别较 CK 高 11.34%、34.76%、19.40%、38.04%，增幅大小关系为 T4>T2>T3>T1。而 0～40 cm 土层中，T1～T4 处理土壤速效钾含量平均值分别较 CK 高 11.64%、36.58%、8.00%、28.98%，增幅大小关系为 T2>T4>T1>T3。综上可知，各处理均不同程度提高了 0～40 cm 土层土壤速效钾含量，其中 T2 处理(45 kg/hm^2 SAP)效果最佳。

2. SAP、PAM 复配对土壤养分的影响

图 4-13 为 SAP、PAM 复配条件下紫花苜蓿全生育末期土壤养分含量变化图，可以看出，不同养分指标在不同土壤深度变化各不相同。

从图 4-13(a)可以看出，各处理不同深度土壤有机质含量变化幅度较小，总体上 T5～T8 处理土壤有机质含量均高于对应土层 CK。0～10 cm 土层中，T5～T8 处理土壤有机质含量分别较 CK 高 11.96%、57.92%、18.74%、55.81%，增幅大小关系为 T6>T8>T7>T5；10～20 cm 土层中，T5～T8 处理土壤有机质含量分别较 CK 高 4.51%、45.40%、0.65%、43.04%，增幅大小关系为 T6>T8>T5>T7；20～40 cm 土层中，T5～T8 处理土壤有机质含量分别较 CK 高 26.26%、31.81%、21.91%、28.88%，增幅大小关系为 T6>T8>T5>T7。而 0～40 cm土层中，T5～T8 处理土壤有机质含量平均值分别较 CK 高 14.15%、45.23%、13.75%、42.76%，增幅大小关系为 T6>T8>T5>T7。综上可知，SAP、PAM 复配条件下各处理均不同程度提高了 0～40 cm 土层土壤有机质含量，其中，T6 处理效果最佳，即 45 kg/hm^2 SAP 复配 30 kg/hm^2 PAM 对土壤有机质含量的提高效果明显。

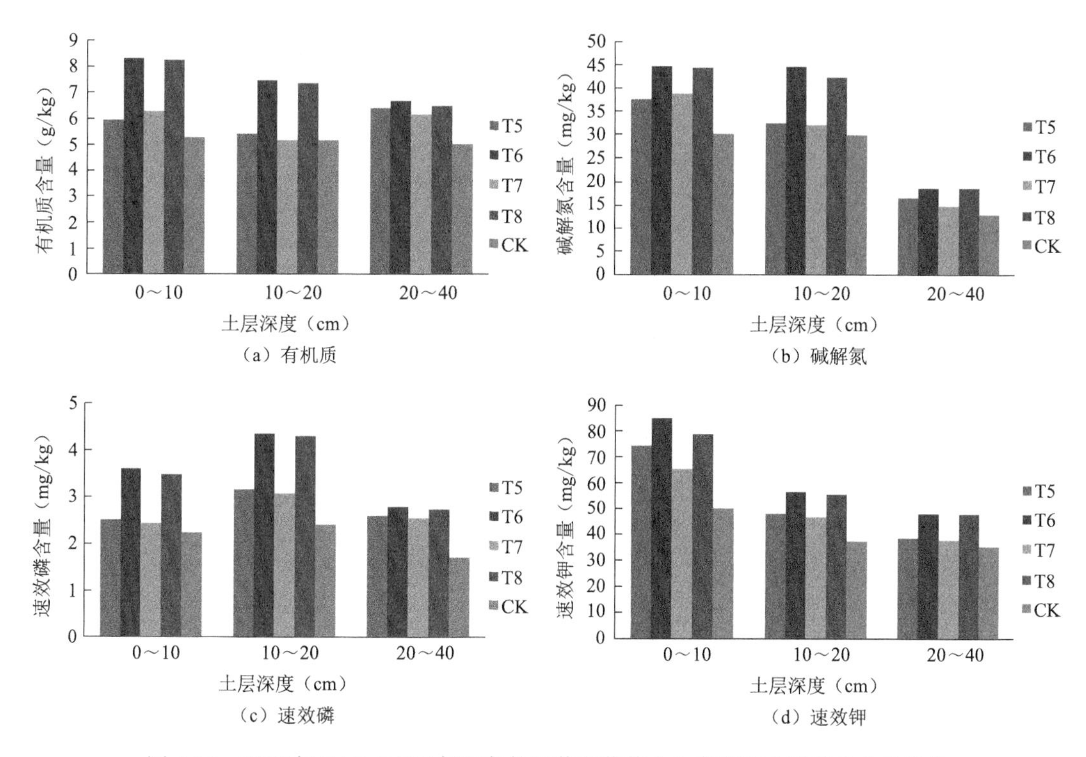

图 4-13　2017 年 SAP、PAM 复配条件下紫花苜蓿全生育末期土壤养分含量变化

从图 4-13(b)可以看出，各处理土壤碱解氮含量随土层深度增加呈降低趋势，但总体上 T5～T8 处理土壤碱解氮含量均高于对应土层 CK。0～10 cm 土层中，T5～T8 处理土壤碱解氮含量分别较 CK 高 24.41%、48.40%、28.66%、47.33%，增幅大小关系为 T6>T8>T7>T5；10～20 cm 土层中，T5～T8 处理土壤碱解氮含量分别较 CK 高 7.48%、49.06%、6.96%、40.98%，增幅大小关系为 T6>T8>T5>T7；20～40 cm 土层中，T5～T8 处理土壤碱解氮含量分别较 CK 高 27.59%、45.05%、13.63%、44.10%，增幅大小关系为 T6>T8>T5>T7。而 0～40 cm 土层中，T5～T8 处理土壤碱解氮含量平均值分别较 CK 高 18.00%、48.09%、

17.10%、44.15%，增幅大小关系为 T6>T8>T5>T7。综上可知，SAP、PAM 复配条件下各处理均不同程度提高了 0～40 cm 土层土壤碱解氮含量，其中，T6 处理效果最佳。

从图 4-13(c)可以看出，各处理土壤速效磷含量随土层深度增加呈先升高后降低的变化趋势，但总体上 T5～T8 处理土壤速效磷含量均高于对应土层 CK。0～10 cm 土层中，T5～T8 处理土壤速效磷含量分别较 CK 高 13.84%、60.71%、9.82%、56.25%，增幅大小关系为 T6>T8>T5>T7；10～20 cm 土层中，T5～T8 处理土壤速效磷含量分别较 CK 高 33.33%、81.67%、29.17%、80.00%，增幅大小关系为 T6>T8>T5>T7；20～40 cm 土层中，T5～T8 处理土壤速效磷含量分别较 CK 高 52.94%、64.71%、50.59%、60.00%，增幅大小关系为 T6>T8>T5>T7。而 0～40 cm 土层中，T5～T8 处理土壤速效磷含量平均值分别较 CK 高 31.70%、69.72%、28.08%、66.25%，增幅大小关系为 T6>T8>T5>T7。综上可知，SAP、PAM 复配条件下各处理均不同程度提高了 0～40 cm 土层土壤速效磷含量，其中，T6 处理效果最佳。

从图 4-13(d)可以看出，各处理土壤速效钾含量随土层深度增加呈降低的变化趋势，但总体上 T5～T8 处理土壤速效钾含量均高于对应土层 CK。0～10 cm 土层中，T5～T8 处理土壤速效钾含量分别较 CK 高 48.02%、69.44%、29.76%、56.94%，增幅大小关系为 T6>T8>T5>T7；10～20 cm 土层中，T5～T8 处理土壤速效钾含量分别较 CK 高 27.15%、51.61%、24.73%、48.66%，增幅大小关系为 T6>T8>T5>T7；20～40 cm 土层中，T5～T8 处理土壤速效钾含量分别较 CK 高 8.52%、34.38%、5.97%、34.38%，增幅大小关系为 T6=T8>T5>T7。而 0～40 cm 土层中，T5～T8 处理土壤速效钾含量平均值分别较 CK 高 30.37%、53.99%、21.42%、47.96%，增幅大小关系为 T6>T8>T5>T7。综上可知，SAP、PAM 复配条件下各处理均不同程度提高了 0～40 cm 土层土壤速效钾含量，总体上 T6 处理效果最佳。

图 4-14 为 2018 年 SAP、PAM 复配条件下紫花苜蓿全生育末期土壤养分含量变化，可以看出，不同养分指标在不同土壤深度变化各不相同。

从图 4-14(a)可以看出，各处理土壤碱解氮含量随土层深度增加呈降低趋势，但总体上 T5～T8 处理土壤碱解氮含量均高于对应土层 CK。0～10 cm 土层中，T5～T8 处理土壤碱解氮含量分别较 CK 高 40.65%、47.73%、26.24%、38.12%，增幅大小关系为 T6>T5>T8>T7；10～20 cm 土层中，T5～T8 处理土壤碱解氮含量分别较 CK 高 33.41%、65.26%、22.94%、35.21%，增幅大小关系为 T6>T8>T5>T7；20～40 cm 土层中，T5～T8 处理土壤碱解氮含量分别较 CK 高 34.44%、60.26%、22.52%、39.74%，增幅大小关系为 T6>T8>T5>T7。而 0～40 cm 土层中，T5～T8 处理土壤碱解氮含量平均值分别较 CK 高 36.50%、57.05%、24.09%、37.64%，增幅大小关系为 T6>T8>T5>T7。综上可知，SAP、PAM 复配条件下各处理均不同程度提高了 0～40 cm 土层土壤碱解氮含量，各处理大小变化规律同 2017 年复配结果相似，其中 T6 处理效果最佳。

从图 4-14(b)可以看出，各处理土壤速效磷含量随土层深度增加呈先升高后降低的变化趋势，但总体上 T5～T8 处理土壤速效磷含量均高于对应土层 CK。0～10 cm 土层中，T5～T8 处理土壤速效磷含量分别较 CK 高 34.10%、53.26%、26.82%、32.18%，增幅大小关系为 T6>T5>T8>T7；10～20 cm 土层中，T5～T8 处理土壤速效磷含量分别较 CK 高 45.83%、52.56%、36.22%、40.38%，增幅大小关系为 T6>T5>T8>T7；20～40 cm 土层中，T5～T8 处理土壤速效磷含量分别较 CK 高 49.45%、55.31%、40.29%、43.22%，增幅大小关系为

T6>T5>T8>T7。而 0～40 cm 土层中，T5～T8 处理土壤速效磷含量平均值分别较 CK 高 43.38%、53.66%、34.63%、38.77%，增幅大小关系为 T6>T5>T8>T7。综上可知，SAP、PAM 复配条件下各处理均不同程度提高了 0～40 cm 土层土壤速效磷含量，不同处理不同深度土壤速效磷含量大小关系与速效磷含量平均值表现为一致的规律，相同条件 SAP、PAM 复配中 SAP 施用量多的处理对于速效磷含量的增强效果优于施用量少的处理。

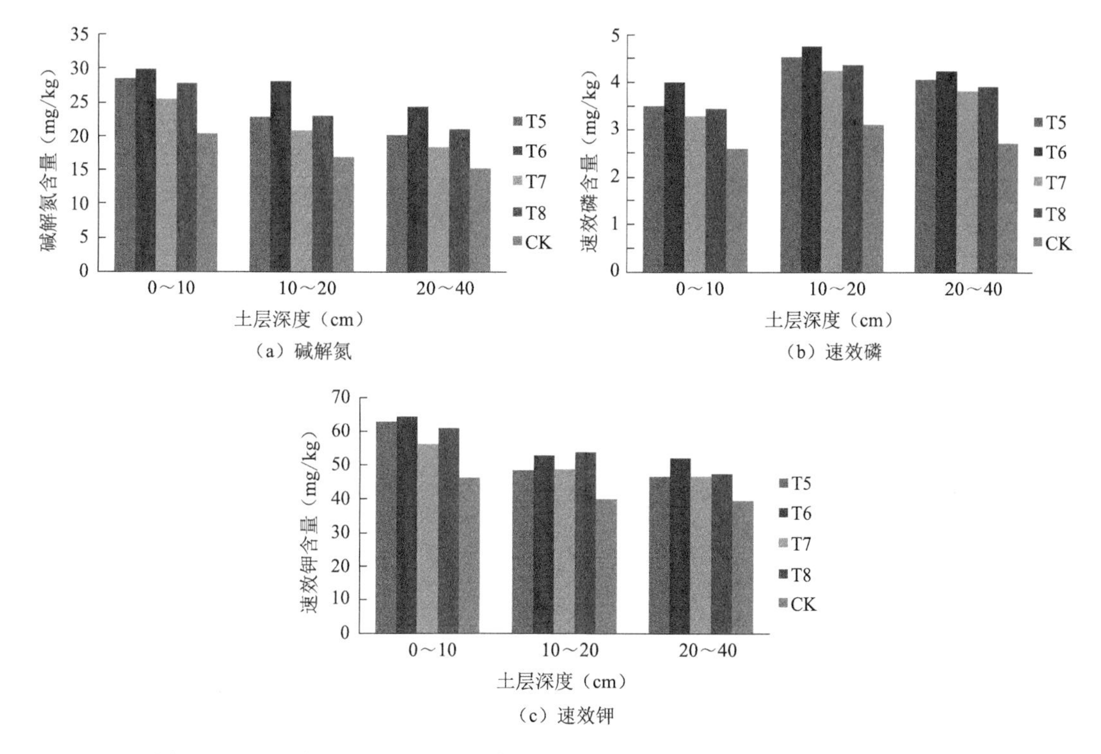

（a）碱解氮　（b）速效磷

（c）速效钾

图 4-14　2018 年 SAP、PAM 复配条件下紫花苜蓿全生育末期土壤养分含量变化

从图 4-14(c)可以看出，各处理土壤速效钾含量随土层深度增加呈降低的变化趋势，但总体上 T5～T8 处理土壤速效钾含量均高于对应土层 CK。0～10 cm 土层中，T5～T8 处理土壤速效钾含量分别较 CK 高 35.19%、37.77%、20.17%、30.04%，增幅大小关系为 T6>T5>T8>T7；10～20 cm 土层中，T5～T8 处理土壤速效钾含量分别较 CK 高 20.00%、31.50%、22.50%、35.00%，增幅大小关系为 T8>T6>T7>T5；20～40 cm 土层中，T5～T8 处理土壤速效钾含量分别较 CK 高 17.13%、30.98%、16.98%、19.40%，增幅大小关系为 T6>T8>T5>T7。而 0～40 cm 土层中，T5～T8 处理土壤速效钾含量平均值分别较 CK 高 24.70%、33.65%、19.87%、28.27%，增幅大小关系为 T6>T8>T5>T7。综上可知，SAP、PAM 复配条件下各处理均不同程度提高了 0～40 cm 土层土壤速效钾含量，但各处理不同深度土壤速效钾含量大小关系不一，总体上 T6 处理效果较佳，即相同条件下 SAP、PAM 复配施用量多的处理对于速效钾含量的增强效果优于复配施用量少的处理。

通过分析 SAP、PAM 单施及复配条件下土壤养分指标含量变化可知，总体上复配条件下各处理土壤有机质、碱解氮、速效磷、速效钾的提高幅度均大于单施条件，说明 SAP、PAM 复配较单施效果更好。这与土壤水分的变化呈相似规律。其原因一方面 SAP、PAM 复配对于水分、养分的保持效果较 SAP、PAM 单施效果好，另一方面复配对于土壤结构的改善，土壤通透性的改变均优于单施，因而对于抑制养分淋失效果更佳。养分状况的改善，为紫花苜蓿生长提供了更为有利的条件。

4.1.4 SAP、PAM 不同施用方式对土壤棵间蒸发特性的影响

1. SAP、PAM 单施对土壤棵间蒸发的影响

图 4-15 为 2017 年 SAP、PAM 单施条件下不同处理土壤棵间蒸发量变化，可以看出，紫花苜蓿第一、第二茬全生育期土壤棵间蒸发量均随各生育期推进呈逐渐降低的变化趋势。第一茬苗期，由于紫花苜蓿植株较小，地面覆盖度低，因此土壤棵间蒸发较大。但 T1～T4 处理土壤棵间蒸发量均低于 CK，分别较 CK 低 4.40%、5.29%、2.88%、4.81%，降幅大小关系为 T2>T4>T1>T3。进入分枝期，紫花苜蓿生长迅速，株高及叶面积增加，地面覆盖度增大，因而土壤棵间蒸发较苗期减弱。不同处理棵间蒸发量较 CK 均有所下降，T1～T4 处理分别较 CK 低 6.78%、11.46%、3.17%、6.07%，降幅大小关系为 T2>T1>T4>T3。随着紫花苜蓿进入现蕾期，植株叶片长势更为茂盛，地面覆盖度再度增加，因而土壤棵间蒸发较分枝期再度减弱。不同处理间蒸发强弱各不相同，但 T1～T4 处理仍然低于 CK，分别较 CK 低 6.82%、7.63%、5.30%、6.06%，降幅大小表现为 T2>T1>T4>T3。开花期为紫花苜蓿刈割前株高的峰值时期，叶片长势最好，地面覆盖度最大，因而此时土壤棵间蒸发为全生育期最低时期。此时 T1～T4 处理棵间蒸发量同样低于 CK，分别较 CK 低 21.62%、32.43%、8.11%、14.87%，降幅大小表现为 T2>T1>T4>T3。通过 T1～T4 处理各生育期土壤棵间蒸发量变化可知，全生育期土壤累计棵间蒸发量仍低于 CK。T1～T4 处理第一茬全生育期土壤棵间累计蒸发量分别较 CK 低 7.82%、11.06%、4.17%、6.73%，降幅大小表现为 T2>T1>T4>T3。

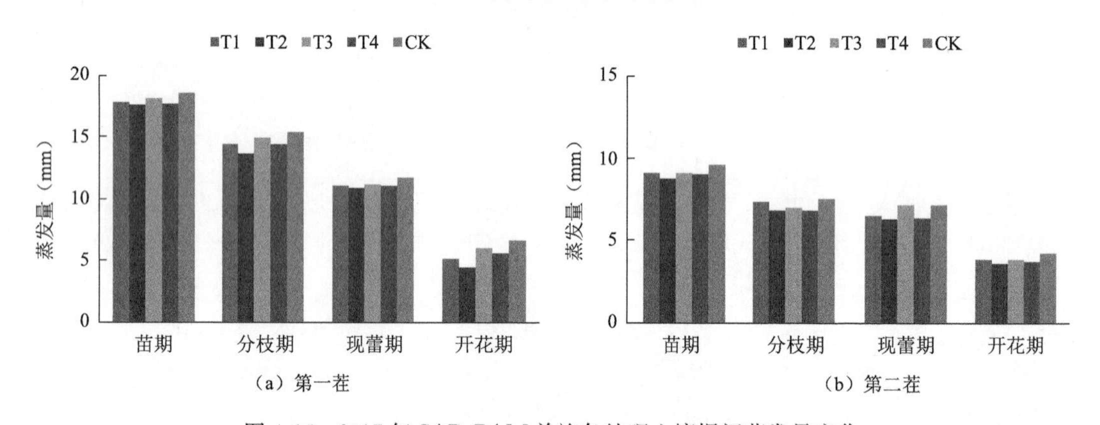

（a）第一茬　（b）第二茬

图 4-15　2017 年 SAP、PAM 单施各处理土壤棵间蒸发量变化

紫花苜蓿第二茬土壤棵间蒸发量变化规律与第一茬相同，但总体上各生育期土壤棵间蒸发量均低于第一茬同期。这是由于紫花苜蓿为当年种植，全年仅收获两茬，第二茬生育期气温降低，土壤棵间蒸发减弱，因而蒸发量相对第一茬同期有所下降。第二茬 T1～T4 处理各生育期土壤棵间蒸发量同样低于 CK，因而全生育期土壤累计棵间蒸发量仍低于 CK。T1～T4 处理第二茬全生育期土壤棵间累计蒸发量分别较 CK 低 6.23%、10.59%、4.94%、9.03%，降幅大小表现为 T2>T4>T1>T3。综合紫花苜蓿第一茬、第二茬全生育期土壤棵间累计蒸发量变化情况可知，不同处理两茬全生育期土壤棵间蒸发量累计值低于 CK，T1～T4 处理分别较 CK 低 7.26%、10.89%、4.44%、7.55%，降幅大小表现为 T2>T4>T1>T3。

综上可以看出，紫花苜蓿第一茬、第二茬全生育期蒸发量有所不同，降幅大小关系并不一致。一方面由于紫花苜蓿为当年种植，苗期根系较弱小，生长缓慢，而返青期苜蓿根系由于经历上一茬的生长，根系较为发达，能够更好地吸收土壤水分、养分供苜蓿生长；另一方面由于第一茬生育期较长，且气温逐渐升高，蒸发强烈，而第二茬随着生育期推进，气温降低，生育期缩短，因而全生育期土壤累计蒸发量变化情况略有不同。但是通过两茬全生育期土壤棵间累计蒸发量变化情况可知，单施 SAP、PAM 均能对生育期土壤棵间水分蒸发起到一定的抑制作用。对于抑制水分蒸发，T2 处理(45 kg/hm^2 SAP)效果最佳。

图 4-16 为 2018 年 SAP、PAM 单施条件下不同处理土壤棵间蒸发量变化，可以看出，2018 年紫花苜蓿三茬生育期蒸发量呈现相同的变化趋势，即随着生育期推进，蒸发量逐渐降低。生育期土壤棵间蒸发量变化趋势同 2017 年相似。

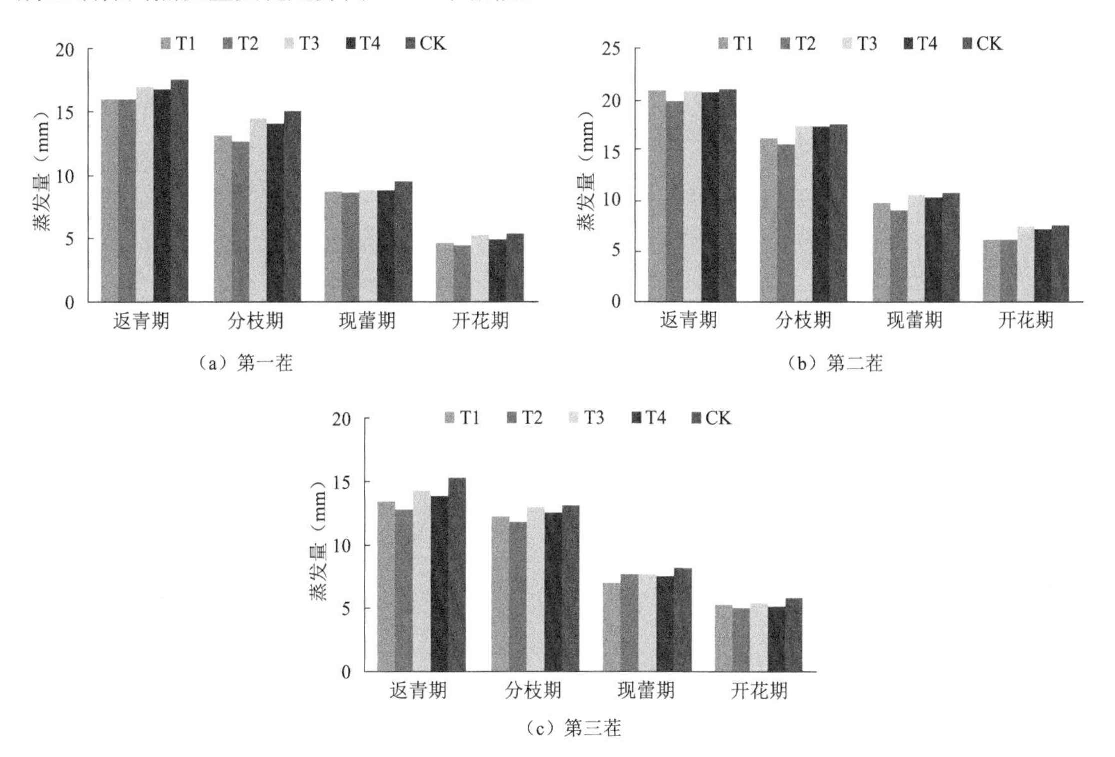

图 4-16　2018 年 SAP、PAM 单施各处理土壤棵间蒸发量变化

从图 4-16(a)中可看出，第一茬紫花苜蓿各处理生育期土壤棵间蒸发量均低于相应 CK 处理，主要由于 T1～T4 处理施入了 SAP、PAM 等保水剂，而 SAP、PAM 高分子聚合物中存在亲水基团，可以将水分吸收、保存于其中，从而减小土壤棵间蒸发。T1～T4 处理第一茬全生育期土壤棵间累计蒸发量分别较 CK 低 12.05%、14.08%、4.40%、6.84%，降幅大小表现为 T2>T1>T4>T3。图 4-16(b)紫花苜蓿第二茬生育期各处理土壤棵间累计蒸发量分别较 CK 低 7.95%、12.25%、1.10%、2.32%，降幅大小表现为 T2>T1>T4>T3。由图 4-16(c)可以看出，各处理土壤棵间累积蒸发量分别较 CK 低 11.97%、13.52%、5.41%、8.77%，降幅大小表现为 T2>T1>T4>T3。通过 T1～T4 处理三茬紫花苜蓿生育期土壤棵间蒸发量变化可知，全生育期土壤累计棵间蒸发仍低于 CK。T1～T4 处理三茬紫花苜蓿全生育期土壤棵间累计蒸发量分别较 CK 低 10.41%、13.21%、3.39%、5.58%，降幅大小表现为 T2>T1>

T4＞T3。

综上可知，紫花苜蓿全生育期三茬土壤棵间累计蒸发量大小关系为第二茬＞第一茬＞第三茬。尽管T1～T4各处理土壤棵间累计蒸发量在每茬中相较CK降幅各不相同，但总体上表现出了一致的规律，即降幅大小表现为T2＞T1＞T4＞T3。即施用SAP、PAM均不同程度抑制了土壤棵间蒸发，但施用SAP效果更佳，同时对于土壤棵间蒸发的抑制效果在试验条件下表现为施用量越大，效果越佳。

2. SAP、PAM复配对土壤棵间蒸发的影响

图4-17为2017年SAP、PAM复配条件下不同处理土壤棵间蒸发变化，可以看出，SAP、PAM复配条件下紫花苜蓿第一茬、第二茬全生育期土壤棵间蒸发量变化规律同单施条件下相同，但蒸发量略有不同。

复配条件下第一茬苗期，土壤棵间蒸发量仍然为全生育期中最大。T5～T8处理土壤棵间蒸发量仍均低于CK，分别较CK低3.88%、6.69%、3.37%、6.25%，降幅大小关系为T6＞T8＞T5＞T7。进入分枝期，紫花苜蓿生长迅速，株高及叶面积增加，地面覆盖度增大，因而土壤棵间蒸发较苗期减弱。不同处理棵间蒸发量较CK均有所下降，T5～T8处理分别较CK低9.55%、15.34%、11.29%、13.61%，降幅大小关系为T6＞T8＞T7＞T5。随着紫花苜蓿进入现蕾期，植株叶片长势更为茂盛，地面覆盖度再度增加，因而土壤棵间蒸发较分枝期再度减弱。不同处理间蒸发强弱各不相同，但T5～T8处理仍然低于CK，分别较CK低9.09%、10.70%、8.33%、10.61%，降幅大小表现为T6＞T8＞T5＞T7。开花期为紫花苜蓿刈割前株高的峰值时期，叶片长势最好，地面覆盖度最大，因而此时土壤棵间蒸发为全生育期最低时期。此时T5～T8处理棵间蒸发同样低于CK，分别较CK低39.29%、40.54%、27.13%、32.33%，降幅大小表现为T6＞T5＞T8＞T7。通过分析T5～T8处理各生育期土壤棵间蒸发变化可知，全生育期土壤累计棵间蒸发量仍低于CK。T5～T8处理第一茬全生育期土壤棵间累计蒸发量分别较CK低11.19%、14.41%、9.81%、12.68%，降幅大小表现为T6＞T8＞T5＞T7。

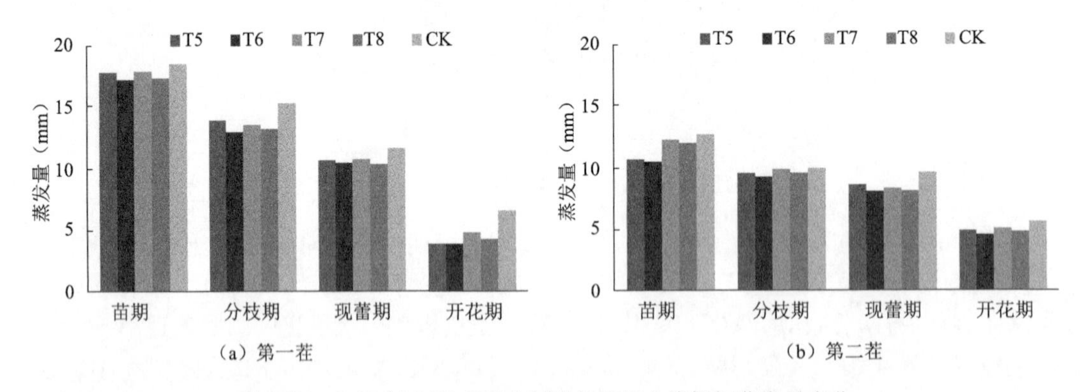

图4-17　2017年SAP、PAM复配各处理土壤棵间蒸发量变化

复配条件下紫花苜蓿第二茬土壤棵间蒸发变化规律与第一茬相同，但总体上各生育期土壤棵间蒸发量同样低于第一茬同期，与单施条件下类似，此处不再赘述。第二茬T5～T8处理各生育期土壤棵间蒸发量同样低于CK，因而全生育期土壤累计棵间蒸发仍低于CK。T5～T8处理第二茬全生育期土壤棵间累计蒸发量分别较CK低10.59%、14.02%、6.54%、

9.03%。降幅大小表现为 T6>T5>T8>T7。结合紫花苜蓿第一茬、第二茬全生育期土壤棵间累计蒸发量变化情况可知,不同处理两茬全生育期土壤棵间蒸发累计值低于 CK,T5～T8 处理分别较 CK 低 10.98%、14.27%、8.65%、11.39%,降幅大小表现为 T6>T8>T5>T7。

综上可以看出,复配条件下紫花苜蓿第一茬、第二茬各生育期蒸发量变化各不相同。但总体上 SAP、PAM 复配均不同程度降低了土壤棵间蒸发量,表明 SAP、PAM 复配起到了很好的抑制土壤蒸发效果,其中 T6 处理效果最佳。

图 4-18 为 2018 年 SAP、PAM 复配条件下不同处理土壤棵间蒸发量变化,可以看出,2018 年紫花苜蓿三茬生育期蒸发量变化规律同单施一致。

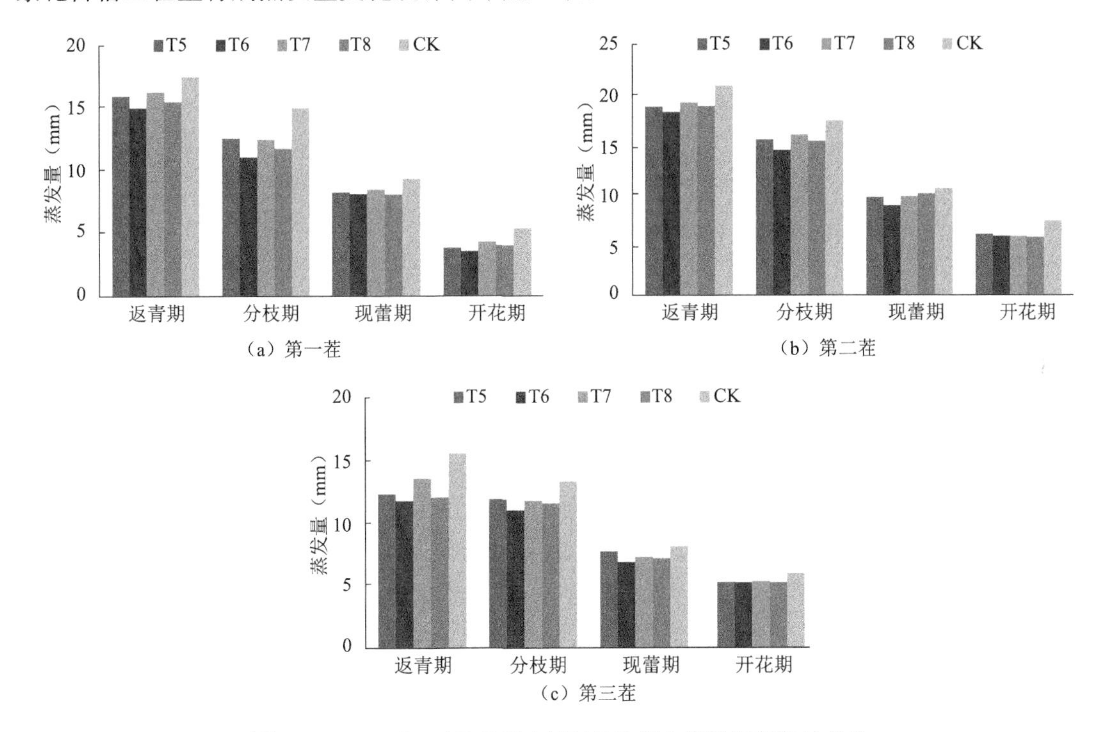

(a) 第一茬　(b) 第二茬　(c) 第三茬

图 4-18　2018 年 SAP、PAM 复配各处理土壤棵间蒸发量变化

从图 4-18(a)可看出,第一茬紫花苜蓿复配各处理生育期土壤棵间蒸发量均低于相应 CK,T5～T8 处理第一茬全生育期土壤棵间累计蒸发量分别较 CK 低 15.90%、24.39%、13.77%、19.65%,降幅大小表现为 T6>T8>T5>T7。从图 4-18(b)可以看出,T5～T8 各处理生育期蒸发量同样低于 CK。各处理土壤棵间累计蒸发量分别较 CK 低 12.34%、18.53%、10.48%、12.38%,降幅大小表现为 T6>T8>T5>T7。从图 4-18(c)可以看出,T5～T8 各处理生育期蒸发量变化同前两茬一致,各处理土壤棵间累计蒸发量分别较 CK 低 15.77%、22.77%、13.43%、19.67%,降幅大小表现为 T6>T8>T5>T7。综合紫花苜蓿第一茬、第二茬和第三茬全生育期土壤棵间累计蒸发量变化情况可知,不同处理三茬全生育期土壤棵间蒸发量累计值低于 CK,T5～T8 处理累计蒸发量分别较 CK 低 14.46%、21.60%、12.38%、16.74%,降幅大小表现为 T6>T8>T5>T7。

综上可知,紫花苜蓿复配各处理全生育期三茬土壤棵间累计蒸发量大小关系为第二茬>第一茬>第三茬。但第二茬累计蒸发量降幅却低于其他两茬,这主要是由于第二茬气温升高,紫花苜蓿生长较其他两茬更旺盛,耗水量增加,同时由于气温高,此阶段灌溉后棵间蒸发更强烈,更容易造成土壤水分的无效散失,所以蒸发量的降幅低于其他两茬。尽管 T5~T8 各处理土壤棵间累计蒸发量在每茬中相较 CK 的降幅各不相同,但总体上表现出了一致的规律,即降幅大小表现为 T6>T8>T5>T7。即采用 SAP、PAM 复配可以抑制土壤棵间蒸发,但复配量不同结果也不同,其中 T6 处理抑制土壤棵间蒸发效果最佳。

通过上述对比 SAP、PAM 单施及复配条件下土壤棵间蒸发量变化可知,复配条件下土壤棵间蒸发量降幅均大于同期单施条件下土壤棵间蒸发量降幅,说明复配对于土壤棵间蒸发抑制效果优于单施。

4.2 苜蓿滴灌条件下 SAP、PAM 施用对产量品质的影响

4.2.1 SAP、PAM 不同施用方式对紫花苜蓿株高的影响

1. SAP、PAM 单施对紫花苜蓿株高的影响

株高是表征紫花苜蓿生长状况的指标之一,是紫花苜蓿干草产量的物质基础。图 4-19 为 2017 年 SAP、PAM 单施条件下紫花苜蓿全生育期株高变化,可以看出第一茬、第二茬全生育期株高总体变化趋势相同,但不同处理株高变幅大小不一。

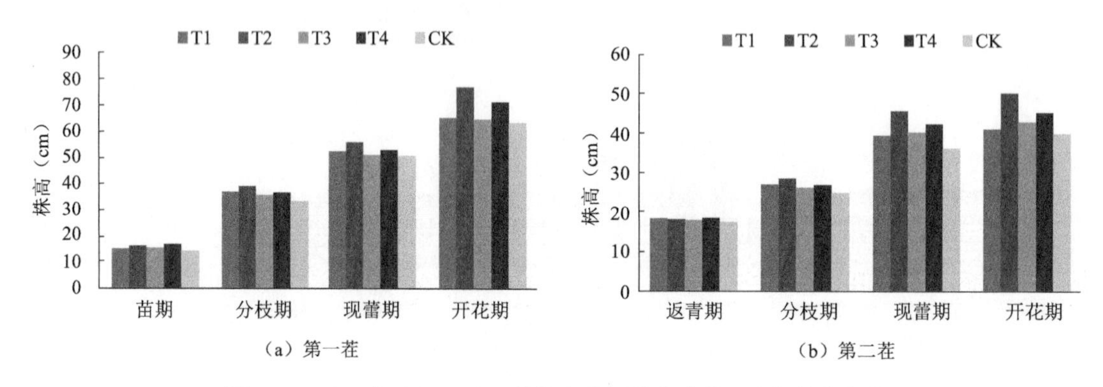

图 4-19 2017 年 SAP、PAM 单施各处理紫花苜蓿生育期株高变化

紫花苜蓿第一茬、第二茬株高随着生育期推进,均呈现一直增加的变化规律。第一茬苗期,紫花苜蓿生长缓慢,但 T1~T4 处理株高均大于 CK,其中 T2 处理增幅最大,为 15.71%,T1 处理增幅最小,为 7.14%。分枝期紫花苜蓿进入快速生长期,T1~T4 处理株高与 CK 相比,差异达到显著性水平($P<0.05$),其中 T2 处理增幅最大,为 17.73%,T3 处理增幅最小,为 7.58%。随着生育期的推进,进入现蕾期,各处理株高变化不尽相同,但均大于 CK,其中 T2 处理增幅最大,为 9.88%,T3 处理增幅最小,为 0.97%。开花期紫花苜蓿株高达到生育期最大值,T1~T4 处理株高均大于 CK,其中 T2 处理增幅最大,为 20.90%,T3 处理增幅最小,为 1.57%。第一茬全生育期 T1~T4 处理平均株高分别较 CK 高 6.42%、16.06%、4.67%、10.13%,增幅大小表现为 T2>T4>T1>T3。

第二茬返青期,紫花苜蓿生长较第一茬苗期快,主要由于根系经过一个生育期生长,扎根土层深度在增加,更有利于吸收水分、养分促进紫花苜蓿株高生长。T1~T4 处理株高均大于

CK，其中T4处理增幅最大，为5.89%，T3处理增幅最小，为0.97%。分枝期紫花苜蓿进入快速生长期，T1～T4处理株高均高于CK，其中T2处理增幅最大，为15.37%，T3处理增幅最小，为5.39%。随着生育期的推进，进入现蕾期，各处理株高变化不尽相同，但均大于CK，其中T2处理增幅最大，为26.69%，T1处理增幅最小，为9.63%。开花期紫花苜蓿株高达到生育期最大值，T1～T4处理株高均大于CK，其中T2处理仍然增幅最大，为25.81%，T1处理增幅最小，为2.55%。第二茬全生育期T1～T4处理平均株高分别较CK高6.29%、18.16%、6.36%、11.08%，增幅大小表现为T2>T4>T3>T1。

通过紫花苜蓿第一茬、第二茬全生育期平均株高增幅可知，不同处理紫花苜蓿株高第二茬增幅总体上高于第一茬，但第二茬实际株高低于第一茬同期。这主要是由于第一茬处于6月初至8月中旬，随着生育期推进，气温升高，较为适宜紫花苜蓿生长。而第二茬处于8月中旬至10月初，随着生育期推进，气温降低，紫花苜蓿生长缓慢，因而不同生育期株高均低于第一茬相应时期。

综合分析紫花苜蓿第一茬、第二茬株高变幅可知，紫花苜蓿两茬全生育期平均株高较CK的增幅分别为6.36%、17.11%、5.52%、10.61%，增幅大小关系为T2>T4>T1>T3。因此，单施SAP、PAM均不同程度地促进了紫花苜蓿株高的生长，其中T2处理效果更佳。

图4-20为2018年SAP、PAM单施条件下紫花苜蓿全生育期株高变化，可以看出第一～第三茬全生育期株高总体变化趋势相同，但不同处理株高变幅大小不一。

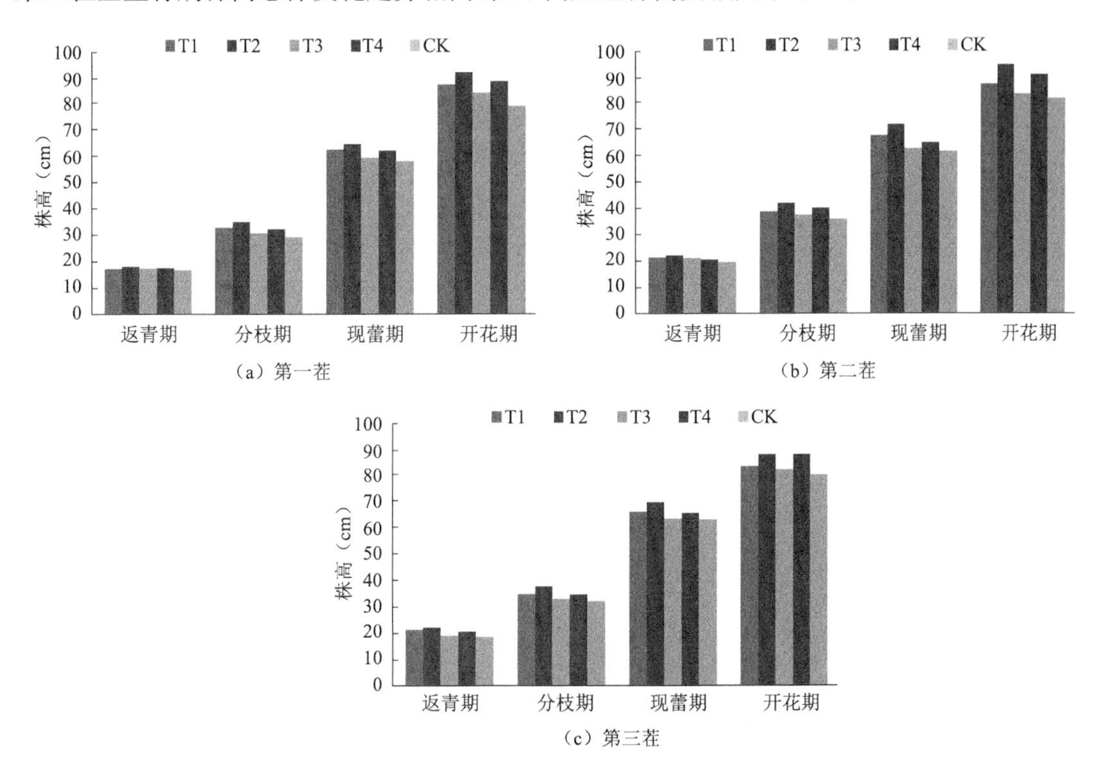

图4-20　2018年SAP、PAM单施各处理紫花苜蓿生育期株高变化

紫花苜蓿第一茬、第二茬、第三茬株高随着生育期推进，均呈现一直增加的变化规律。第一茬返青期，由于气温低，紫花苜蓿生长缓慢，第一茬返青期株高总体低于后两茬。但T1～

T4 处理株高均大于 CK，T2 处理增幅最大，为 11.11%，T3 处理增幅最小，为 2.47%。分枝期紫花苜蓿进入快速生长期，T2 处理增幅最大，为 20.69%，T3 处理增幅最小，为 6.90%。随着生育期的推进，进入现蕾期，各处理株高变化不尽相同，但均大于 CK，其中 T2 处理增幅最大，为 11.49%，T3 处理增幅最小，为 1.72%。开花期紫花苜蓿株高达到生育期最大值，T1～T4 处理株高均大于 CK，其中 T2 处理增幅最大，为 16.71%，T3 处理增幅最小，为 6.84%。第一茬全生育期 T1～T4 处理平均株高分别较 CK 高 9.99%、15.18%、4.83%、9.66%，增幅大小表现为 T2＞T1＞T4＞T3。

第二茬、第三茬生育期株高总体变化规律同第一茬相似，但各处理生育期大小略有差异。从图 4-20(b)可知，第二茬各处理生育期株高均高于 CK。其中，返青期 T2 增幅最大，为 12.17%，T4 处理最小，为 6.96%；分枝期、现蕾期、开花期 T2 处理同样增幅最大，T3 处理增幅最小，最大增幅分别为 16.67%、16.13%、14.63%，最小增幅分别为 2.78%、1.61%、2.07%。第二茬全生育期 T1～T4 处理平均株高分别较 CK 高 8.10%、15.23%、2.61%、8.70%，增幅大小表现为 T2＞T4＞T1＞T3。

从图 4-20(c)可以看出，T1～T4 各处理返青期、分枝期、现蕾期和开花期中，增幅最大的为 T2 处理，最大增幅分别为 20.22%、18.75%、11.11%、11.25%；增幅最小的为 T3 处理，最小增幅分别为 3.83%、3.13%、1.59%、2.75%。第三茬全生育期 T1～T4 处理平均株高分别较 CK 高 6.59%、13.30%、2.53%、8.64%，增幅大小表现为 T2＞T4＞T1＞T3。

综上可以看出，T1～T4 各处理均不同程度促进了紫花苜蓿株高的生长，第二茬生育期株高大于第一、第三茬。一方面由于第一茬生育初期、第三茬生育后期温度相对较低，不利于紫花苜蓿株高生长，而第二茬所处时间段温度相对高，更有利于苜蓿生长。另一方面由于降水主要集中在 6～8 月，而紫花苜蓿第二茬生育期正好处于此阶段，温度、湿度均较其他两茬更适宜，因而其株高高于其他两茬。通过对紫花苜蓿三茬株高分析可知，不同处理紫花苜蓿三茬株高均高于 CK，T1～T4 处理三茬株高平均增幅分别为 8.23%、14.57%、3.33%、9.00%，增幅大小表现为 T2＞T4＞T1＞T3。因此，SAP、PAM 单施方式下，T2 处理更利于促进紫花苜蓿株高生长。

2. SAP、PAM 复配对紫花苜蓿株高的影响

图 4-21 为 2017 年 SAP、PAM 复配条件下各处理紫花苜蓿第一茬、第二茬株高变化。复配条件下紫花苜蓿第一茬、第二茬株高随着生育期推进，表现出与单施条件下相同的变化规律。复配条件下第一茬苗期，T5～T8 处理株高大于 CK，其中 T6 处理增幅最大，为 17.86%，而 T5 处理增幅最小，为 5.71%。分枝期紫花苜蓿进入快速生长期，其中 T6 处理增幅最大，为 24.55%，而 T7 处理增幅最小，为 9.70%。随着生育期的推进，进入现蕾期，各处理株高变化不尽相同，但均大于 CK。其中 T6 处理增幅最大，为 11.86%，T7 处理增幅最小，为 3.15%。开花期紫花苜蓿株高达到生育期峰值，T5～T8 处理株高均大于 CK，其中 T6 处理增幅最大，为 26.11%，T5 处理增幅最小，为 4.83%。第一茬全生育期 T5～T8 处理平均株高分别较 CK 高 8.24%、20.09%、8.42%、15.23%，增幅大小表现为 T6＞T8＞T7＞T5。

第二茬返青期，紫花苜蓿株高受上一个生育期根系生长状况影响较大，因而 T6、T8 表现出较大优势。其中 T8 处理增幅最大，为 20.00%，T7 处理增幅最小，为 0.19%。分枝期紫花苜蓿进入快速生长期，T5～T8 处理株高均不同程度高于 CK。其中 T6 处理增幅最大，为 24.95%，T7 处理增幅最小，为 4.19%。随着生育期的推进，进入现蕾期，各处理株高均大于

CK。其中 T6 处理增幅最大，为 30.65%，T5 处理增幅最小，为 7.47%。开花期紫花苜蓿株高达到生育期峰值，T5～T8 处理株高均大于 CK。其中 T6 处理增幅仍然最大，为 36.57%，而 T7 处理增幅最小，为 16.93%。第二茬全生育期 T5～T8 处理平均株高分别较 CK 高 11.32%、27.57%、7.23%、22.98%，增幅大小表现为 T6>T8>T5>T7。

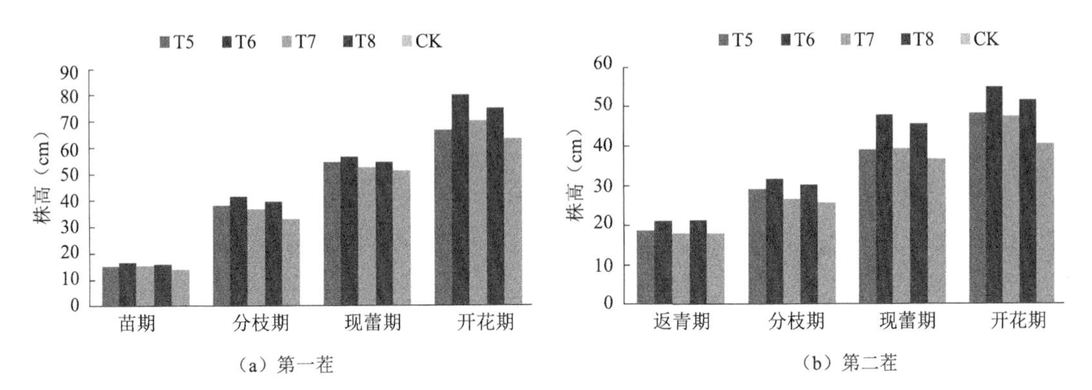

图 4-21　2017 年 SAP、PAM 复配各处理紫花苜蓿生育期株高变化

紫花苜蓿两茬全生育期平均株高较 CK 的增幅分别为 9.79%、23.83%、7.83%、19.10%，增幅大小关系为 T6>T8>T5>T7。因此，SAP、PAM 复配处理同样对紫花苜蓿株高的生长起到了促进作用，且 T6 处理效果更佳。

图 4-22 为 2018 年 SAP、PAM 复配条件下紫花苜蓿全生育期株高变化，可以看出第一～第三茬全生育期株高总体变化趋势与 SAP、PAM 单施相同。

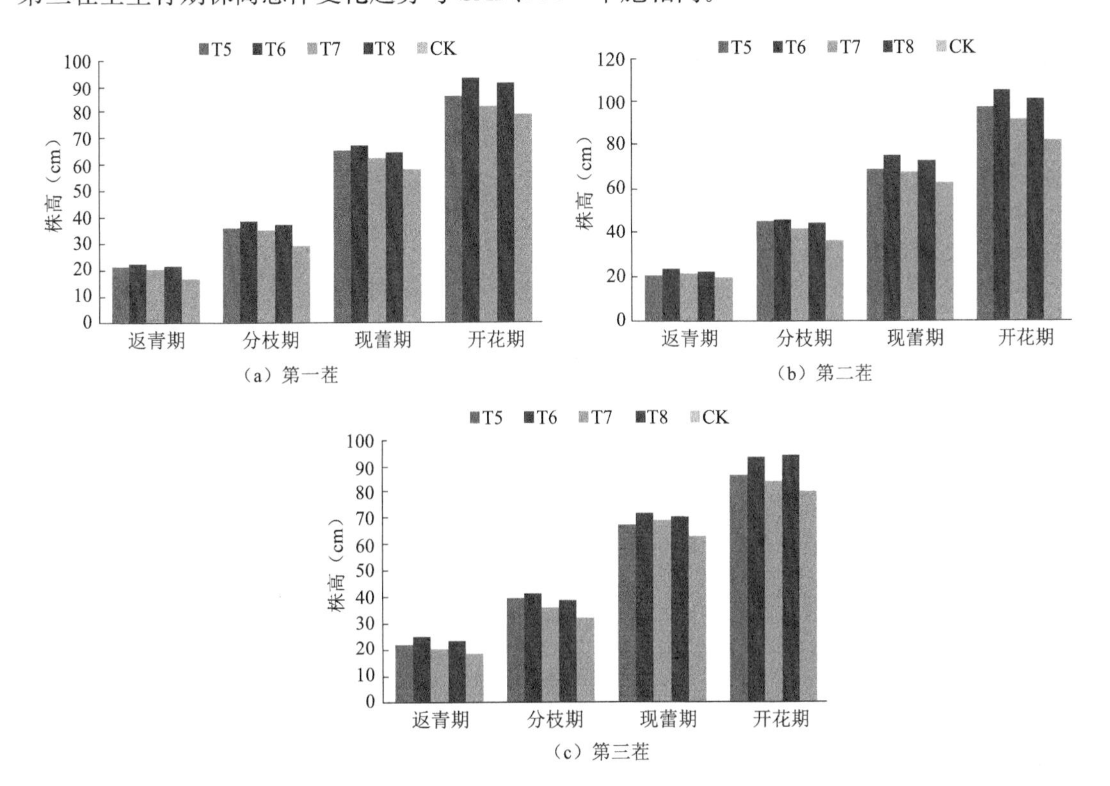

图 4-22　2018 年 SAP、PAM 复配各处理紫花苜蓿生育期株高变化

对第一茬而言，返青期、分枝期、现蕾期、开花期各生育期中，T6 处理增幅最大，T7 处理增幅最小，最大增幅分别为 34.77%、31.03%、15.52%、17.72%，最小增幅分别为 23.46%、20.69%、6.90%、3.80%。第一茬全生育期 T1～T4 处理平均株高分别较 CK 高 13.89%、20.65%、9.22%、16.74%，增幅大小表现为 T6>T8>T5>T7。

从图 4-22(b)可以看出，T1～T4 各处理返青期、分枝期、现蕾期和开花期中，增幅最大的为 T6 处理，最大增幅分别为 20.00%、27.78%、20.97%、27.93%；增幅最小的为 T7 处理，最小增幅分别为 9.60%、16.67%、9.68%、10.98%。第二茬全生育期 T1～T4 处理平均株高分别较 CK 高 16.10%、24.97%、11.47%、20.45%，增幅大小表现为 T6>T8>T5>T7。

从图 4-22(c)可以看出，T1～T4 各处理返青期、分枝期增幅最大的为 T6 处理，最大增幅分别为 31.15%、28.13%；增幅最小的为 T7 处理，最小增幅分别为 9.29%、11.46%。现蕾期增幅最大为 T6 处理，为 14.29%，增幅最小为 T5 处理，为 6.35%。开花期增幅最大为 T8 处理，为 16.25%，增幅最小为 T7 处理，为 5.00%。第三茬全生育期 T1～T4 处理平均株高分别较 CK 高 10.71%、18.78%、7.95%、15.88%，增幅大小表现为 T6>T8>T5>T7。

综上可以看出，T5～T8 各处理均不同程度促进了紫花苜蓿株高的生长，第二茬生育期株高高于第一、第三茬。其原因同单施，不再赘述。通过对紫花苜蓿三茬株高分析可知，不同处理紫花苜蓿三茬株高均高于 CK，T5～T8 处理三茬株高平均增幅分别为 13.57%、21.47%、9.55%、17.69%，增幅大小表现为 T6>T8>T5>T7。因此，SAP、PAM 复配方式下，T6 处理对于促进紫花苜蓿株高生长最为有利。

通过 SAP、PAM 单施与复配条件下紫花苜蓿株高变化可以看出，总体上 SAP 与 PAM 复配施用对紫花苜蓿株高的增幅优于单施 SAP 或 PAM。由于试验土壤质地浅层为砂土，土壤保水、保肥性差，来自灌溉或降水的土壤水分极易下渗。而 SAP、PAM 具有保水、保肥性，施入土壤，能够储存较多水分供作物生长吸收利用。SAP 与 PAM 复配，增强了土壤保水、保肥以及抑制土壤蒸发的作用，因而效果最佳。

4.2.2 SAP、PAM 不同施用方式对紫花苜蓿品质的影响

1. SAP、PAM 单施对紫花苜蓿品质的影响

牧草的品质是评价牧草营养价值的重要指标之一。图 4-23 为 2017 年 SAP、PAM 单施条件下各处理紫花苜蓿两茬品质指标平均值，由图可知，不同处理间各指标变化不一。粗蛋白在不同处理中含量大小不一，但均高于 CK，T1～T4 处理粗蛋白含量分别较 CK 高 12.55%、6.75%、29.74%、18.56%，增幅大小关系为 T3>T4>T1>T2；粗灰分指标中，T1～T4 处理粗灰分含量分别较 CK 高 8.46%、11.95%、19.87%、7.79%，增幅大小关系为 T3>T2>T1>T4；粗纤维指标中，各处理含量表现出不同的规律，且均低于 CK，T1～T4 处理粗纤维含量分别较 CK 低 4.95%、3.12%、18.23%、1.04%，降幅大小关系为 T3>T1>T2>T4；粗脂肪指标中，T1～T4 处理粗脂肪含量分别较 CK 高 6.48%、10.99%、22.25%、13.80%，增幅大小关系为 T3>T4>T2>T1。

综上可以看出，SAP、PAM 单施各处理均能不同程度增大紫花苜蓿粗蛋白、粗灰分以及粗脂肪的含量，降低粗纤维的含量。在粗蛋白、粗灰分和粗脂肪指标中，总体上单施 PAM 增幅较单施 SAP 大，即单施 PAM 效果优于单施 SAP 效果，且相同条件下施用量少的处理效果较施用量大的效果更好。而粗纤维与之呈相反的变化趋势，与 CK 相比，单施 PAM 降幅较单施

SAP 大，且相同条件下，施用量越大降幅越小。这些变化规律均与土壤水分含量变化不同，可能由于 SAP、PAM 施用量大，保水效果较好，紫花苜蓿生育期受水分亏缺影响小；反之，紫花苜蓿受水分亏缺影响大。而紫花苜蓿粗蛋白含量主要来源于叶片，土壤水分环境适宜，紫花苜蓿茎叶比增加，致使叶片在植株中所占比例减少，因而粗蛋白含量随之降低，粗纤维含量增大。

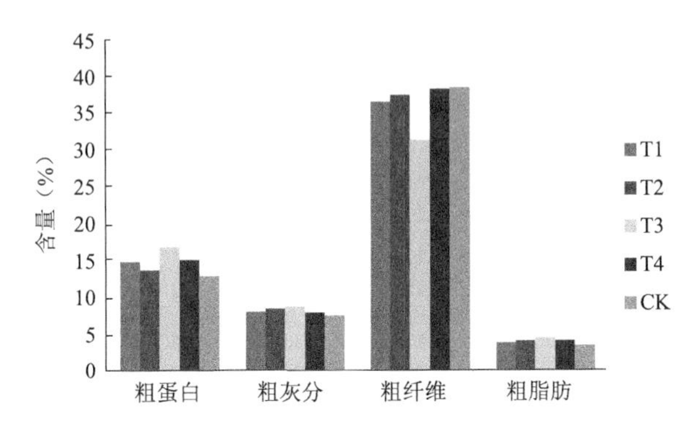

图 4-23　2017 年 SAP、PAM 单施各处理紫花苜蓿两茬品质指标平均值

图 4-24 为 2018 年 SAP、PAM 单施条件下各处理紫花苜蓿三茬品质指标，总体上，紫花苜蓿三茬品质指标粗蛋白、粗灰分、粗脂肪含量均高于 CK，而粗纤维含量低于 CK。从图 4-24(a)中可看出，T1～T4 处理粗蛋白含量分别较 CK 高 4.97%、8.00%、5.98%、7.25%，增幅大小关系为 T2＞T4＞T3＞T1；粗灰分含量分别较 CK 高 4.27%、5.40%、1.88%、3.26%，增幅大小关系为 T2＞T1＞T4＞T3；粗纤维含量表现出不同的规律，且均低于 CK，T1～T4 处理含量分别较 CK 低 12.63%、14.75%、20.59%、8.61%，降幅大小关系为 T3＞T2＞T1＞T4；T1～T4 处理粗脂肪含量分别较 CK 高 7.83%、13.58%、5.22%、7.05%，增幅大小关系为 T2＞T1＞T4＞T3。

图 4-24(b)各处理间不同指标变化与第一茬略有不同。其中，T1～T4 处理粗蛋白含量分别较 CK 高 10.35%、10.67%、5.17%、8.28%，增幅大小关系为 T2＞T1＞T4＞T3；T1～T4 处理粗灰分含量分别较 CK 高 6.49%、12.45%、3.97%、14.30%，增幅大小关系为 T4＞T2＞T1＞T3；粗纤维各处理含量表现出不同的规律，且均低于 CK，T1～T4 处理含量分别较 CK 低 7.77%、20.79%、2.05%、2.43%，降幅大小关系为 T2＞T1＞T4＞T3；T1～T4 处理粗脂肪含量分别较 CK 高 16.18%、18.65%、4.49%、6.29%，增幅大小关系为 T2＞T1＞T4＞T3。

第三茬 T1～T4 处理粗蛋白含量分别较 CK 高 7.02%、10.95%、3.74%、8.59%，增幅大小关系为 T2＞T4＞T1＞T3；T1～T4 处理粗灰分含量分别较 CK 高 16.11%、17.64%、12.36%、13.47%，增幅大小关系为 T2＞T1＞T4＞T3；粗纤维各处理含量表现出不同的规律，且均低于 CK，T1～T4 处理含量分别较 CK 低 6.78%、8.18%、1.87%、5.44%，降幅大小关系为 T2＞T1＞T4＞T3；T1～T4 处理粗脂肪含量分别较 CK 高 11.52%、12.90%、8.99%、9.91%，增幅大小关系为 T2＞T1＞T4＞T3。

从三茬品质指标中可看出，对粗蛋白而言，第二茬粗蛋白含量高于第一、三茬，T2 处理对于粗蛋白含量的增加幅度优于其他处理；对粗灰分而言，第三茬含量高于第一、二茬，T2 处理增幅效果最优；对粗纤维而言，施用 SAP、PAM 降低了其含量，第一茬降幅较其他两茬大，T3 处理降幅最大；对粗脂肪而言，第二茬增幅优于其他两茬，且 T2 处理增幅最大。

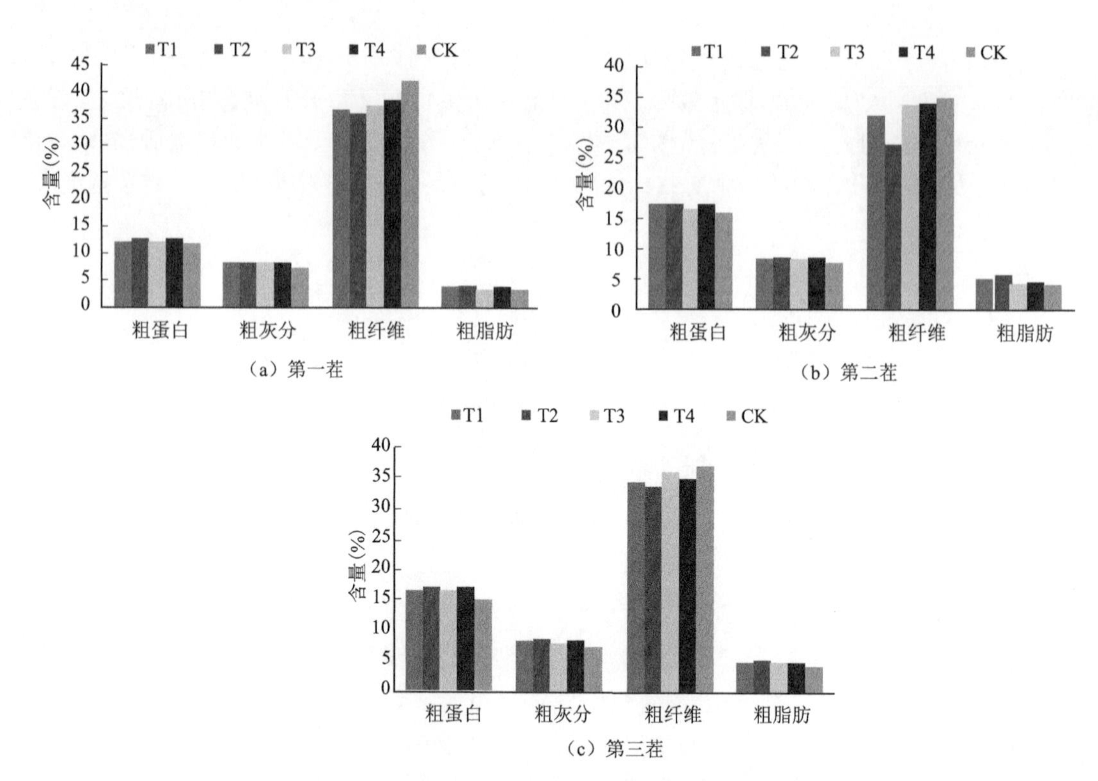

(a) 第一茬

(b) 第二茬

(c) 第三茬

图 4-24　2018 年 SAP、PAM 单施各处理紫花苜蓿三茬品质指标变化

三茬中粗蛋白、粗灰分以及粗脂肪等并未表现出明显的规律,因而进行三茬平均值计算。其中,T1～T4 处理粗蛋白含量分别较 CK 高 7.66%、10.03%、4.88%、8.10%,增幅大小关系为 T2>T4>T1>T3;T1～T4 处理粗灰分含量分别较 CK 高 8.76%、11.62%、5.90%、10.17%,增幅大小关系为 T2>T4>T1>T3;T1～T4 处理粗纤维含量分别较 CK 低 9.25%、14.45%、8.86%、5.70%,降幅大小关系为 T2>T1>T3>T4;T1～T4 处理粗脂肪含量分别较 CK 高 12.04%、15.13%、6.26%、7.77%,增幅大小关系为 T2>T1>T4>T3。因此,总体上 T2 处理表现出较好的效果。

2. SAP、PAM 复配对紫花苜蓿品质的影响

图 4-25 为 2017 年 SAP、PAM 复配条件下各处理紫花苜蓿两茬品质指标平均值,总体上,复配条件下品质指标变化规律同单施条件。T5～T8 处理粗蛋白含量分别较 CK 高 12.66%、11.57%、23.60%、18.17%,增幅大小关系为 T7>T8>T5>T6;T5～T8 处理粗灰分含量分别较 CK 高 8.99%、13.42%、14.23%、15.57%,增幅大小关系为 T8>T7>T6>T5;各处理粗纤维含量表现出不同的规律,均低于 CK,T5～T8 处理粗纤维含量分别较 CK 低 11.72%、2.08%、9.64%、7.03%,降幅大小关系为 T5>T7>T8>T6;T5～T8 处理粗脂肪含量分别较 CK 高 9.68%、10.42%、10.99%、15.49%,增幅大小关系为 T8>T7>T6>T5。

综上可以看出,SAP、PAM 复配各处理均能够不同程度增大紫花苜蓿粗蛋白、粗灰分以及粗脂肪的含量,降低粗纤维的含量。在粗蛋白、粗灰分和粗脂肪指标中,总体上 SAP、PAM 复配施用量小的处理增幅较施用量大的增幅大,且相同条件下施用量少的处理效果较施用量大的效果更好。而粗纤维与之呈相反的变化趋势,即 SAP、PAM 复配施用量少的降幅较施用量大的大,且相同条件下,施用量越大降幅越小。

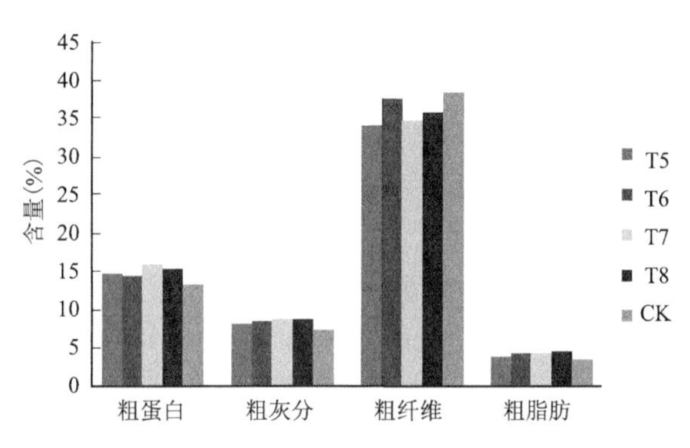

图 4-25　2017 年 SAP、PAM 复配各处理紫花苜蓿两茬品质指标平均值

图 4-26 为 2018 年 SAP、PAM 复配条件下各处理紫花苜蓿三茬品质指标变化，可以看出，三茬品质指标与 2017 年对应处理不相同，同时各茬之间变化也不尽相同。第一茬，T5～T8 处理粗蛋白含量分别较 CK 高 11.37%、16.60%、11.71%、13.56%，增幅大小关系为 T6>T8>T7>T5；T5～T8 处理粗灰分含量分别较 CK 高 8.53%、11.67%、5.27%、10.29%，增幅大小关系为 T6>T8>T5>T7；各处理粗纤维含量表现出不同的规律，且均低于 CK，T5～T8 处理含量分别较 CK 低 15.28%、14.75%、8.87%、1.86%，降幅大小关系为 T5>T6>T7>T8；T5～T8 处理粗脂肪含量分别较 CK 高 9.14%、14.88%、10.97%、21.67%，增幅大小关系为 T8>T6>T7>T5。

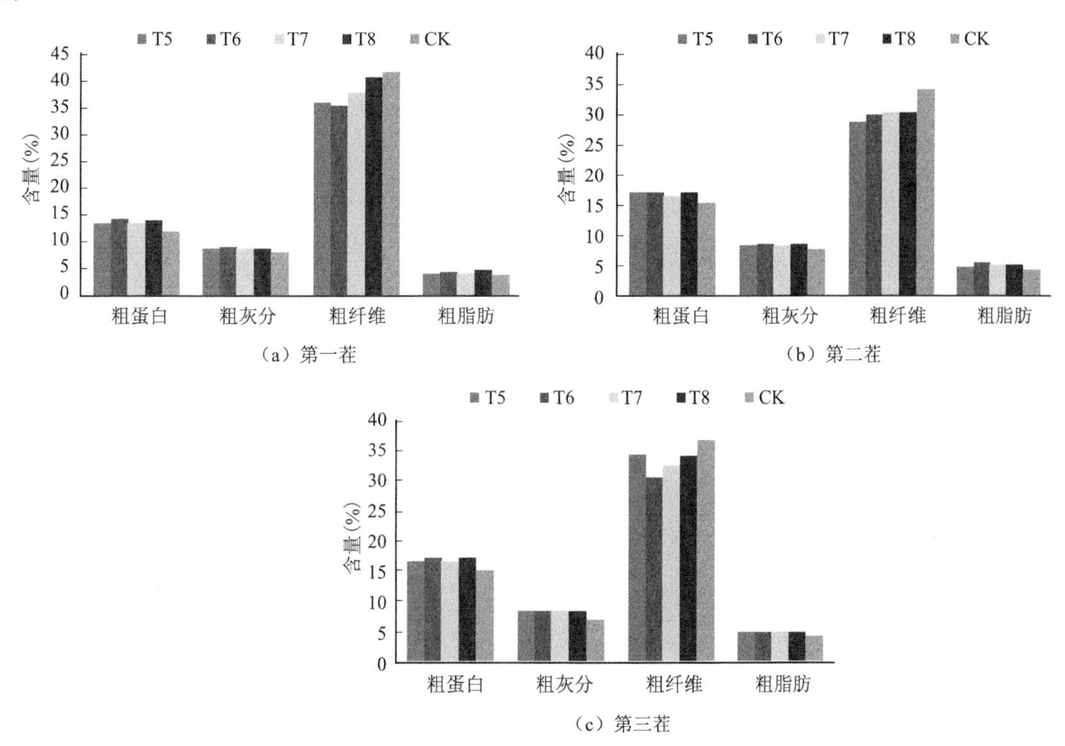

图 4-26　2018 年 SAP、PAM 复配各处理紫花苜蓿三茬品质指标变化

第二茬各处理间不同指标变化与第一茬略有不同。其中，T5～T8 处理粗蛋白含量分别较 CK 高 12.03%、12.74%、8.99%、9.77%，增幅大小关系为 T6>T5>T8>T7；T5～T8 处

理粗灰分含量分别较 CK 高 12.32%、14.57%、10.20%、13.25%，增幅大小关系为 T6>T8>T5>T7；各处理粗纤维含量表现出不同的规律，且均低于 CK，T5～T8 处理含量分别较 CK 低 15.43%、12.43%、10.73%、10.59%，降幅大小关系为 T5>T6>T7>T8；T5～T8 处理粗脂肪含量分别较 CK 高 11.01%、18.20%、10.79%、15.06%，增幅大小关系为 T6>T8>T5>T7。

第三茬，T5～T8 处理粗蛋白含量分别较 CK 高 9.84%、12.07%、9.57%、11.02%，增幅大小关系为 T6>T8>T5>T7；T5～T8 处理粗灰分含量分别较 CK 高 15.14%、18.47%、17.22%、15.42%，增幅大小关系为 T6>T7>T8>T5；各处理粗纤维含量表现出不同的规律，且均低于 CK，T5～T8 处理含量分别较 CK 低 5.24%、15.40%、10.68%、8.21%，降幅大小关系为 T6>T7>T8>T5；T5～T8 处理粗脂肪含量分别较 CK 高 13.85%、18.89%、12.44%、16.34%，增幅大小关系为 T6>T8>T5>T7。

从三茬品质指标中可看出，不同处理不同茬次变化规律并不相同。从全生育期三茬相应指标平均变幅来看，T5～T8 处理粗蛋白含量分别较 CK 高 11.06%、13.57%、9.96%、11.27%，增幅大小关系为 T6>T8>T5>T7；T5～T8 处理粗灰分含量分别较 CK 高 11.88%、14.79%、10.70%、12.90%，增幅大小关系为 T6>T8>T5>T7；各处理粗纤维含量均低于 CK，分别较 CK 低 12.06%、14.26%、10.03%、6.58%，降幅大小关系为 T6>T5>T7>T8；T5～T8 处理粗脂肪含量分别较 CK 高 11.42%、17.43%、11.41%、17.51%，增幅大小关系为 T8>T6>T5>T7。因此，尽管不同指标最佳施用量并不一致，但是复配方案中，粗蛋白、粗灰分、粗脂肪增幅均在 10%以上，而粗纤维降幅为 6.58%～14.26%。总体而言，复配均改善了紫花苜蓿的品质指标。

通过对比 2017 年、2018 年 SAP、PAM 单施（复配）结果可知，两年规律并不一致，2017 年表现为 T3（T7）处理对于品质指标的增幅较佳，而 2018 年则表现为 T2（T6）处理效果较佳。分析原因可能由于 2017 年各处理灌水相对较少，T3（T7）处理 PAM 含量较低，保水效果较差，因而生育期出现水分胁迫现象。水分胁迫会使茎叶比下降，粗蛋白等含量增加，从而使品质得到改善。而 2018 年各处理灌水以田间持水量的 60%为下限，根据实测土壤含水率计算进行灌溉量的确定，紫花苜蓿生育期基本没有出现水分胁迫现象，因而各处理表现出 T2（T6）处理效果较佳。

由于生育期水分胁迫可使紫花苜蓿茎叶比降低，从而提高蛋白质等含量，进而改善品质，但由于水分胁迫亦会使株高生长受到抑制，从而使产量降低。因此，最优品质和最大产量之间存在负相关。在生产中，应根据实际需要，选择 SAP、PAM 的施用量。

通过 SAP、PAM 单施及复配条件下紫花苜蓿品质指标结果分析可知，尽管两年中单施或复配条件下最佳施用量并不一致，但是总体上复配条件下品质各指标的变幅均优于对应单施条件下的各指标。从而也说明 SAP、PAM 复配相较于单施更有利于改善紫花苜蓿品质。

4.2.3 SAP、PAM 施用方式对苜蓿产量、水分生产率的影响

根据式(2-4)经计算，SAP、PAM 单施及复配条件下紫花苜蓿耗水量、产量和水分生产率结果见表 4-1～表 4-6。

1. SAP、PAM 单施产量分析

由表 4-1 可知，2017 年 SAP、PAM 单施条件下，两茬紫花苜蓿各处理耗水量均低于 CK，

主要由于 T1～T4 处理施用了 SAP、PAM 保水剂，减少了土壤水分下渗及无效蒸发，使生育期土壤保持较高水分含量，因而各处理耗水量均低于 CK。同时可看出，各处理第一茬耗水量、产量均高于第二茬。主要是由于 2017 年为紫花苜蓿建植第一年，全生育期只收割了两茬，第一茬所处时期气温、水分较适宜，因而产量较高。随着生育期的推进，气温降低，生长缓慢，因而第二茬长势不如第一茬，产量低于第一茬。第一茬各处理中，T2 处理产量、水分生产率最大，较 CK 增幅分别为 17.03%、41.58%；第二茬中 T2 处理产量最大，较 CK 增幅为 3.49%，T1 处理水分生产率最大，较 CK 增幅为 28.86%。

表 4-1　2017 年 SAP、PAM 单施各处理对不同茬紫花苜蓿产量、水分生产率的影响

处理	第一茬			第二茬		
	耗水量(mm)	产量(kg/hm²)	水分生产率(kg/m³)	耗水量(mm)	产量(kg/hm²)	水分生产率(kg/m³)
T1	113.59	2 921.40	2.57	100.69	1 930.42	1.92
T2	120.06	3 231.60	2.69	108.98	1 968.57	1.81
T3	117.25	2 841.30	2.42	103.52	1 939.20	1.87
T4	125.66	3 021.45	2.40	104.88	1 926.02	1.84
CK	145.37	2 761.35	1.90	127.78	1 902.15	1.49

2018 年 SAP、PAM 单施各处理各茬紫花苜蓿产量、水分生产率见表 4-2。总体看来，第二茬耗水量、产量均高于其他两茬，主要由于第二茬所处生育阶段气温高，光合、蒸腾作用较强烈，更能促进紫花苜蓿生长，增加产量。各处理第一、二、三茬中，T2 处理产量最大，较 CK 增幅分别为 29.33%、19.13%、19.90%，T1 处理水分生产率最高，较 CK 增幅分别为 51.03%、44.50%、38.83%。

表 4-2　2018 年 SAP、PAM 单施各处理对不同茬紫花苜蓿产量、水分生产率的影响

处理	第一茬			第二茬			第三茬		
	耗水量(mm)	产量(kg/hm²)	水分生产率(kg/m³)	耗水量(mm)	产量(kg/hm²)	水分生产率(kg/m³)	耗水量(mm)	产量(kg/hm²)	水分生产率(kg/m³)
T1	123	3 600	2.93	136	3 930	2.89	121	3 465	2.86
T2	132	3 780	2.86	143	4 110	2.87	127	3 615	2.85
T3	123	3 420	2.78	135	3 675	2.72	111	3 090	2.78
T4	131	3 480	2.66	142	3 840	2.70	114	3 165	2.77
CK	151	2 925	1.94	172	3 450	2.00	146	3 015	2.06

2017～2018 年 SAP、PAM 单施条件下紫花苜蓿总产量、水分生产率见表 4-3。由表可知，两年中 T1～T4 处理紫花苜蓿耗水量均低于 CK，且差异较 CK 达到显著性水平($P<0.05$)。2017 年不同处理产量大小表现为 T2>T4>T1>T3>CK，T1～T4 处理产量较 CK 分别提高 4.04%、11.51%、2.51%、6.09%，差异较 CK 达到显著性水平($P<0.05$)；水分生产率分别提高 32.62%、32.98%、26.83%、25.70%，且差异较 CK 达到显著性水平($P<0.05$)。2018 年不同处理产量大小表现为 T2>T1>T4>T3>CK，T1～T4 处理产量较 CK 分别提高 17.09%、22.52%、8.47%、11.66%，差异较 CK 达到显著性水平($P<0.05$)；水分生产率分别

提高 44.50%、43.00%、38.00%、35.50%，且差异较 CK 达到显著性水平($P<0.05$)。

表 4-3　2017～2018 年 SAP、PAM 单施各处理对紫花苜蓿产量、水分生产率的影响

处理	2017 年			2018 年		
	耗水量(mm)	产量(kg/hm²)	水分生产率(kg/m³)	耗水量(mm)	产量(kg/hm²)	水分生产率(kg/m³)
T1	214.28	4 851.82	2.26	380	10 995	2.89
T2	229.04	5 200.17	2.27	402	11 505	2.86
T3	220.77	4 780.50	2.16	369	10 185	2.76
T4	230.54	4 947.47	2.14	387	10 485	2.71
CK	273.15	4 663.50	1.71	469	9 390	2.00

综上可看出，由于紫花苜蓿建植当年播种相对较晚，因而生育期仅收割了两茬，但第二年全生育期收割了三茬，达到当地水平。但无论紫花苜蓿收割两茬还是三茬，施用 SAP、PAM 的处理耗水量均低于对照处理。当收获两茬时第一茬耗水量、产量均大于第二茬；当收获三茬时，第二茬耗水量、产量均高于其他两茬。2017～2018 年 SAP、PAM 单施各处理中，就产量而言，T2 处理产量增幅最大，为 11.51%、22.52%；就水分生产率而言，2017 年 T2 处理增幅最大，为 32.98%，2018 年 T1 处理增幅最大，为 44.50%。

2. SAP、PAM 复配产量分析

由表 4-4 和表 4-5 可知，2017～2018 年 SAP、PAM 复配条件下，各处理耗水量和产量同单施条件下变化情况一致。2017 年复配各处理两茬产量大小表现为第一茬大于第二茬。第一茬各处理中，T6 处理产量较 CK 增幅最大，为 21.38%，T5 处理水分生产率增幅最大，为 44.21%；第二茬各处理中，T6 处理产量、水分生产率较 CK 增幅最大，分别为 17.82%、26.85%。

表 4-4　2017 年 SAP、PAM 复配各处理对不同茬紫花苜蓿产量、水分生产率的影响

处理	第一茬			第二茬		
	耗水量(mm)	产量(kg/hm²)	水分生产率(kg/m³)	耗水量(mm)	产量(kg/hm²)	水分生产率(kg/m³)
T5	118.94	3 261.60	2.74	110.74	2 026.04	1.83
T6	122.85	3 351.60	2.73	118.60	2 241.17	1.89
T7	117.66	3 181.50	2.70	110.37	1 891.07	1.71
T8	123.55	3 271.50	2.65	117.25	2 191.19	1.87
CK	145.37	2 761.35	1.90	127.78	1 902.15	1.49

2018 年复配各处理不同茬中，三茬产量大小表现为第二茬>第一茬>第三茬。各处理第一、二、三茬中，就产量而言，T6 处理较 CK 增幅最大，分别为 38.97%、33.48%、31.34%；就水分生产率而言，第一茬中 T8 处理增幅最大，为 58.25%，第二茬中 T6 处理增幅最大，为 40.50%，第三茬中 T7 处理增幅最大，为 48.06%。

表 4-5　2018 年 SAP、PAM 复配各处理对不同茬紫花苜蓿产量、水分生产率的影响

处理	第一茬			第二茬			第三茬		
	耗水量(mm)	产量(kg/hm^2)	水分生产率(kg/m^3)	耗水量(mm)	产量(kg/hm^2)	水分生产率(kg/m^3)	耗水量(mm)	产量(kg/hm^2)	水分生产率(kg/m^3)
T5	130	3 945	3.03	158	4 380	2.77	130	3 795	2.92
T6	137	4 065	2.97	164	4 605	2.81	138	3 960	2.87
T7	123	3 645	2.96	140	3 825	2.73	119	3 630	3.05
T8	124	3 812	3.07	152	4 185	2.75	125	3 705	2.96
CK	151	2 925	1.94	172	3 450	2.00	146	3 015	2.06

2017～2018 年 SAP、PAM 复配条件下紫花苜蓿总产量、水分生产率见表 4-6。由表可知，两年中 T5～T8 处理紫花苜蓿耗水量同样均低于 CK，且差异较 CK 达到显著性水平($P<0.05$)。2017 年复配不同处理产量大小表现为 T6＞T8＞T5＞T7，T5～T8 处理产量较 CK 分别提高 13.38%、19.93%、8.77%、17.14%，差异较 CK 达到显著性水平($P<0.05$)。水分生产率分别提高 34.50%、35.67%、29.82%、32.75%，且差异较 CK 达到显著性水平($P<0.05$)。2018 年不同处理产量大小表现为 T6＞T5＞T8＞T7，T5～T8 处理产量较 CK 分别提高 29.07%、34.50%、18.21%、24.62%，差异较 CK 达到显著性水平($P<0.05$)。水分生产率分别提高 45.00%、44.00%、45.00%、46.00%，且差异较 CK 达到显著性水平($P<0.05$)。

表 4-6　2017～2018 年 SAP、PAM 复配各处理对紫花苜蓿产量、水分生产率的影响

处理	2017 年			2018 年		
	耗水量(mm)	产量(kg/hm^2)	水分生产率(kg/m^3)	耗水量(mm)	产量(kg/hm^2)	水分生产率(kg/m^3)
T5	229.68	5 287.64	2.30	418	12 120	2.90
T6	241.45	5 592.77	2.32	439	12 630	2.88
T7	228.03	5 072.57	2.22	382	11 100	2.90
T8	240.8	5 462.69	2.27	401	11 702	2.92
CK	273.15	4 663.50	1.71	469	9 390	2.00

综上可看出，SAP、PAM 复配条件下，无论是收获两茬还是三茬，各处理均不同程度提高了紫花苜蓿产量，降低了其生育期耗水量。2017～2018 年 SAP、PAM 复配各处理中，就产量而言，T6 处理产量增幅最大，为 19.93%、34.50%；就水分生产率而言，2017 年 T6 处理增幅最大，为 35.67%，2018 年 T8 处理增幅最大，为 46.00%。

根据对 2017～2018 年紫花苜蓿产量、水分生产率分析可知，SAP、PAM 单施及其复配各处理均不同程度提高了紫花苜蓿的产量及水分生产率，但复配较单施效果更佳。单施条件下，T2 处理产量增幅最大，水分生产率 2017 年 T2 处理增幅最大，虽然 2018 年 T1 处理增幅最大，但与 T2 处理间差异性不显著；复配条件下，T6 处理产量增幅最大，水分生产率 2017 年 T6 处理增幅最大，虽然 2018 年 T8 处理增幅最大，但与 T6 处理间差异性不显著。因此，在干旱

沙化牧区紫花苜蓿种植应用保水剂(SAP)及土壤改良剂(PAM)时,建议采用 SAP、PAM 复配施用,适宜施用量为 45 kg/hm² SAP 复配 30 kg/hm² PAM。

4.3 SAP、PAM 复配苜蓿节水增效技术模式

4.3.1 SAP、PAM 复配方式经济效益分析与评价

由表 4-7 可知,2017 年为试验区紫花苜蓿建植第一年,紫花苜蓿仅收获两茬,因此干草总产量较低,相较 CK 试验区不同处理紫花苜蓿增产值均为负增长,说明第一年由于种子、保水剂以及土壤改良剂的前期投入,并未收回成本。2018 年为紫花苜蓿建植第二年,全生育期收获三茬,且长势较第一年好,因而干草产量较第一年高,相较 CK 均有不同程度增幅。各处理中,45 kg/hm² SAP 复配 30 kg/hm² PAM 增产值最大,为 5 184 元/hm²,综合第一年,净增产值为 4 212.72 元/hm²。

2017 年的示范区为紫花苜蓿建值第三年,紫花苜蓿处于生长旺盛期,不同处理均能达到一年收获三茬,且施用 SAP、PAM 处理的干草总产量较 CK 均有不同程度的增幅,增产值均为正增长。2018 年,各处理产量较 CK 同样有不同程度增加,增产值同样为正增长。2017～2018 年 45 kg/hm² SAP 复配 30 kg/hm² PAM 产量最高,增产值最大,为 2 544.24～4 448.16 元/hm²。

通过两年示范,SAP、PAM 不同复配量不同程度增加了紫花苜蓿产量,进而增加了产值。其中,SAP(30 kg/hm²)+PAM(15 kg/hm²)、SAP(30 kg/hm²)+PAM(30 kg/hm²)、SAP(45 kg/hm²)+PAM(15 kg/hm²)、SAP(45 kg/hm²)+PAM(30 kg/hm²)相较不施用 SAP、PAM 平均增产率分别为 19.03%、26.39%、21.81%、30.04%,平均增产值分别为 2 252.88元/hm²、3 160.44 元/hm²、2 454.12 元/hm²、3 496.20 元/hm²。

综上可知,无论紫花苜蓿采用地埋滴灌还是喷灌,SAP、PAM 复配最佳施用量为 45 kg/hm² SAP 复配 30 kg/hm² PAM。

表 4-7 不同灌溉方式紫花苜蓿经济效益计算

试验区、示范区	灌溉方式	处理	SAP 费用(元/亩)	PAM 费用(元/亩)	单价(元/kg)	产量(kg/hm²)	产值(元/hm²)	增产值(元/hm²)
试验区(建植第一年)	地埋滴灌	SAP(30)+PAM(15)	60	30	1.6	5 287.65	8 460.24	−351.36
		SAP(30)+PAM(30)	60	60	1.6	5 592.75	8 948.40	−313.20
		SAP(45)+PAM(15)	90	30	1.6	5 072.55	8 116.08	−1 145.52
		SAP(45)+PAM(30)	90	60	1.6	5 462.70	8 740.32	−971.28
		CK	0	0	1.6	4 663.50	7 461.60	
试验区(建植第二年)		SAP(30)+PAM(15)			1.6	11 100	17 760	2 736.00
		SAP(30)+PAM(30)			1.6	11 702	18 723.2	3 699.20
		SAP(45)+PAM(15)			1.6	12 120	19 392	4 368.00
		SAP(45)+PAM(30)			1.6	12 630	20 208	5 184.00
		CK			1.6	9 390	15 024	

续上表

试验区、示范区	灌溉方式	处理	SAP 费用（元/亩）	PAM 费用（元/亩）	单价（元/kg）	产量（kg/hm²）	产值（元/hm²）	增产值（元/hm²）
示范区（建植第三年）	喷灌	SAP(30)+PAM(15)	60	30	1.6	11 703.75	18 726	1 767.36
		SAP(30)+PAM(30)	60	60	1.6	12 453	19 924.8	2 516.16
		SAP(45)+PAM(15)	90	30	1.6	11 898.15	19 037.04	1 628.40
		SAP(45)+PAM(30)	90	60	1.6	12 751.8	20 402.88	2 544.24
		CK	0	0	1.6	9 755.4	15 608.64	
示范区（建植第三年）		SAP(30)+PAM(15)			1.6	11 178.15	17 885.04	2 738.40
		SAP(30)+PAM(30)			1.6	11 844.6	18 951.36	3 804.72
		SAP(45)+PAM(15)			1.6	11 516.55	18 426.48	3 279.84
		SAP(45)+PAM(30)			1.6	12 246.75	19 594.80	4 448.16
		CK			1.6	9 466.65	15 146.64	

注：处理栏下面 SAP、PAM 括号内数字为具体施用量，单位为 kg/hm²。

4.3.2　灌溉草地保水剂(SAP)施用技术

1. 保水剂粒径选择

保水剂粒径大小一般可分为小粒(0.18 mm)、中粒(0.18～2 mm)和大粒(2～3.75 mm)。黏性土壤一般选用小粒型保水剂，壤土一般选用中粒型保水剂，沙性土壤一般选用大粒型保水剂。由于试验区、示范区土壤均属于沙性土壤，因此选用大粒型保水剂。

2. 保水剂施用量确定

保水剂施用前先确定土壤质地，土壤质地分类参考《中国土壤分类与代码》(GB/T 17296—2009)执行。根据土壤条件确定施用量，由于试验区、示范区土壤均属于沙性土壤，因此保水剂适宜施用量为 2～3 kg/亩。

3. 保水剂施用方法

保水剂的施用方法较多，分为撒施、混施、穴施以及沟施等。由于牧草为多年生植物，同时干旱沙化牧区气温高，降水少，结合土壤及种植作物情况，若为新种植苜蓿，则采用混施方式；在播种前，利用农具开沟，开沟深度为 10 cm 左右，沟宽与农机具一致，将一定量的保水剂撒于覆土上，然后将覆土填入沟内铺平；若为已建植苜蓿，为不破坏苜蓿根系，保水剂只能采用穴施方式，在苜蓿返青前，利用播种机将保水剂施入。

4. 配套农艺措施

保水剂施用后可改变土壤墒情，每次灌水定额不变，滴灌的灌水周期延长 1～2 d，喷灌延长 2～4 d，灌溉定额减少 10%～20%。同时，保水剂施用后也可降低土壤中水溶肥的深层渗漏，具有保肥作用，肥料施用量减少 8%～15%。

5. 配套农机措施

需配合的农机具为旋耕机、犁、耙、带施肥的播种机、中耕机或施肥机。

4.3.3 灌溉草地土壤结构改良剂施用技术

1. 土壤结构改良剂技术参数选择

分子量:根据不同的土壤条件,选择低分子 PAM、高分子 PAM 或高、低分子混合施用。若土壤黏粒含量低于 12%,宜选用高分子 PAM;若黏粒含量大于 20%,宜选用低分子 PAM;若鉴于两者之间,则宜可高、低分子 PAM 混合施用。

水解度:电荷密度小,吸附作用弱。但水解度大,电荷密度大,会造成分子链之间的互斥作用增强,反而导致 PAM 黏结作用减弱。因此,选择中等水解度 PAM 较适宜。

2. 土壤结构改良剂施用量确定

PAM 为粉末状,遇水极易水解,水解后能够增加土壤水入渗,抑制土壤水分蒸发。但若施用量过大,水解后其分子链会堵塞土壤孔隙,起不到相应效果,因而,PAM 适宜施用量为 1~2 kg/亩。

3. 土壤结构改良剂施用方法

PAM 施用方法有层施、喷撒以及撒施等,根据以往研究,PAM 撒施一方面能够起到与其他施用方式相同的效果,另一方面其操作简单、方便,便于大面积施用。因此,选用撒施法。一般于返青前或刈割后的降水前或灌溉前施用。

4.3.4 SAP、PAM 复配的滴灌综合节水增效技术集成模式

1. 有效降雨量

紫花苜蓿生育期有效降雨量为 142 mm。

2. 需水量

紫花苜蓿生育期需水量为 471 mm。

3. 生育期划分

紫花苜蓿每年刈割 3 茬,生育期总天数为 150 d 左右。

4. 地埋滴灌关键技术参数

(1)采用内镶贴片式滴灌带,壁厚不小于 0.4 mm。

(2)沙土条件下紫花苜蓿地埋滴灌宜用 1.0~1.5 L/h 小流量滴头;壤土条件下紫花苜蓿地埋滴灌宜用流量为 1.5~2.0 L/h 的滴头;黏土条件下紫花苜蓿地埋滴灌宜用流量为 2.0~2.5 L/h 的滴头。

(3)滴灌带埋设深度 10~20 cm,滴头间距 30 cm。

(4)沙土条件下紫花苜蓿地埋滴灌带适宜间距 50~60 cm;壤土条件下适宜间距 60~80 cm;黏土条件下适宜间距 70~90 cm。

(5)滴灌带布设长度 60~80 m。

(6)滴灌工作压力 8~10 mH_2O。

5. 紫花苜蓿灌水技术

紫花苜蓿地埋滴灌灌溉制度为一般年份和干旱年份推荐灌溉制度。一般年份灌水 11 次,灌溉定额 160~220 m^3/亩;干旱年份灌水 14 次,灌溉定额 200~275 m^3/亩。

6. 紫花苜蓿施肥技术

5 月上旬苜蓿第一茬结合滴灌追施尿素 5~8 kg/亩,6 月下旬苜蓿第二茬结合滴灌追施

尿素5～8 kg/亩,8月下旬苜蓿第三茬结合滴灌追施尿素5～8 kg/亩、硝酸钾3～5 kg/亩。全年合计:尿素15～24 kg/亩,硝酸钾3～5 kg/亩。

7. 紫花苜蓿栽培农艺技术

紫花苜蓿可以从5～8月全年播种,早播当年可以收割2茬,晚播保证安全越冬即可;宜采用条播,亩播量1.0～1.5 kg,播种深度1.0～2.0 cm,行距15～20 cm;地埋滴灌实现苜蓿播种、铺管、施肥一体化。

8. 紫花苜蓿种植农机配套技术

农机配套技术要点:耕深18～20 cm,土地平整,达到作业要求;播种铺管一体化,苜蓿播种行距15～20 cm,铺管间距40～60 cm;按照农艺要求使用滴灌设备施肥;晴天收割,在田间晾晒,用搂草机翻晒集条;苜蓿含水率25%以下时,进行打捆作业。

9. 紫花苜蓿病虫害防治技术

苜蓿的主要病害有苜蓿锈病,可用代森锰锌0.20 kg/hm^{2}喷雾防治。主要虫害有苜蓿叶象虫、苜蓿蚜虫,苜蓿叶象虫可用50%二嗪农每亩150～200 g、80%西维因可湿性粉剂每亩100 g进行药物防治;苜蓿蚜虫可用40%乐果乳油1 000～1 500倍液进行化学防治。

10. 紫花苜蓿种植管理技术

灌水前提早检查水源井和滴灌首部的完好情况,做好灌水准备;苜蓿每次收割后不要立即灌水,3～5 d后灌水较好;收割后第1次灌水不要追肥,第2次灌水时结合滴灌按定额统一追肥;苜蓿收割留茬高度以5～7 cm为宜;苜蓿收割后应均匀摊开,翻晒1～2次,含水率降至25%以下时打捆;使用化学药物防治后,半月内不可放牧或收割晒制干草。

第5章　小麦复种西兰花滴灌增效技术研究

5.1　滴灌对春小麦水热条件的影响

5.1.1　滴灌春小麦生育期气温、降雨及ET_0变化

2017年和2018年膜下滴灌春小麦生育期内气象要素如图5-1所示，小麦生育期降雨主要集中在6～7月，2017年总降雨量为63.9 mm，其中最大降雨量为13.8 mm，最小降雨量0.2 mm，为无效降雨。2018年总降雨量为30.2 mm，最大降雨量11 mm，为有效降雨。2017年、2018年生育期内气温随时间推移呈上下波动增加变化，3月后温度逐渐升高，4月初出现一次降温，温度分别为0.59 ℃、0.60 ℃，生育期平均气温为18.36 ℃、18.40 ℃。参考作物腾发量ET_0随时间变化呈上下浮动变化，前期变化幅度较大，后期受降雨影响，变化幅度趋于平稳，生育期内ET_0分别为698.28 mm、669.88 mm。

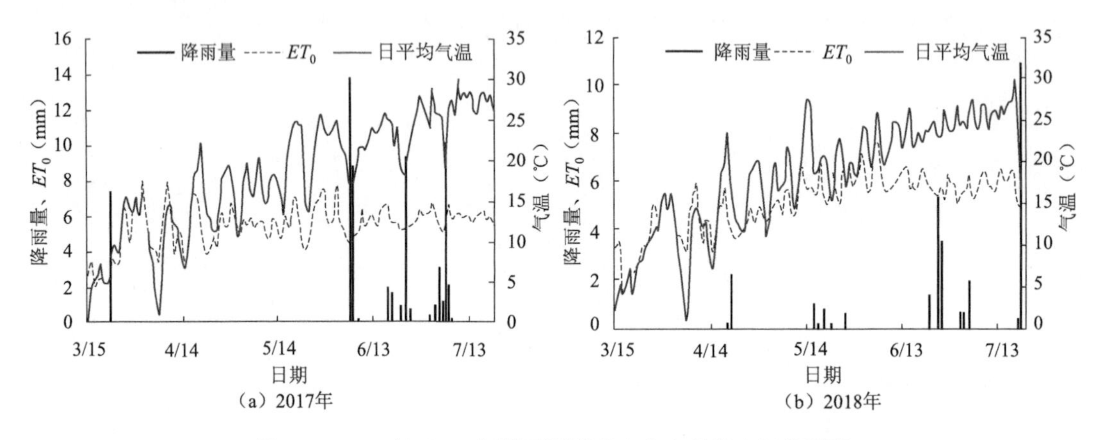

图5-1　2017年、2018年膜下滴灌春小麦生育期内气象要素

5.1.2　滴灌对春小麦土壤水分条件的影响

膜下滴灌小麦，由于覆膜作用抑制了土壤水分的蒸发，小麦苗期外界温度较低，覆盖度较低，蒸腾强度小，所以膜下滴灌与畦灌0～40 cm土层之间土壤含水率差异小；小麦快速生长期，蒸腾作用逐渐加强，畦灌处理地表完全裸露在大气中，蒸发作用强于膜下滴灌，故整个生育期膜下滴灌土层间含水率均大于传统畦灌，小麦生育后期，差异更为明显。

表5-1为2017年和2018年小麦生育期各月实测含水率平均值，整体来看，膜下滴灌小麦含水率较高。2017年生育期内膜下滴灌小麦0～40 cm土层土壤平均质量含水率为15.03%，较传统畦灌高5.29%，膜下滴灌小麦0～20 cm土层土壤平均质量含水率均显著高于传统畦

灌($P<0.05$)。2017 年 3～4 月由于土壤温度梯度，下层土壤水分向上运移，0～20 cm 土层土壤质量含水率大于 20～40 cm 土层。3 月出苗期 0～40 cm 土层土壤含水率较传统畦灌提高 7.21%，土层温度平均提高 0.62 ℃；4 月出苗期土壤含水率较传统畦灌提高 4.23%，土层温度平均提高 2.30 ℃。随着小麦生育期推进，5 月后，地表蒸发强度增加，小麦 0～20 cm 土层土壤质量含水率较 20～40 cm 土层降低；与传统畦灌相比，膜下滴灌条件下 0～40 cm 土层土壤质量含水率平均增加 6.91%。2018 年膜下滴灌小麦 0～40 cm 土层土壤平均质量含水率为 21.99%，受秋浇影响，土壤平均质量含水率同比 2017 年增加 46.31%，较传统畦灌增加 6.47%。膜下滴灌小麦 0～20 cm 土层土壤质量含水率较传统畦灌增加 0.14%～3.62%，增加幅度较小；20～40 cm 土层膜下滴灌小麦土壤平均含水率较传统畦灌增加 2.42%～17.94%。3 月出苗期 0～40 cm 土层土壤含水率较传统畦灌提高 3.76%，土层温度平均提高 0.59 ℃；4 月出苗期土壤含水率提高 11.66%，温度平均提高 0.86 ℃，其中 4～7 月膜下滴灌 20～40 cm 土层土壤含水率显著高于传统畦灌($P<0.05$)。可以看出膜下滴灌增加土壤水分，减小表层土壤水分的蒸发，达到保墒效果。

表 5-1　2017 年、2018 年膜下滴灌小麦土壤含水率变化

时间	处理	3月		4月		5月		6月		7月	
		0～20 cm	20～40 cm	0～20 cm	20～40 cm	0～20 cm	20～40 cm	0～20 cm	20～40 cm	0～20 cm	20～40 cm
2017 年	畦灌	11.59%±0.58%	8.55%±0.43%	11.62%±0.58%	7.22%±0.36%	9.59%±0.48%	7.70%±0.39%	10.26%±0.51%	9.11%±0.46%	11.92%±0.60%	9.87%±0.49%
	膜下滴灌	16.66%±0.83%	10.69%±0.53%	13.01%±0.65%	10.06%±0.50%	14.22%±0.71%	16.84%±0.84%	16.67%±0.83%	17.35%±0.87%	16.12%±0.81%	18.72%±0.94%
2018 年	畦灌	17.28%±0.86%	23.81%±1.19%	10.45%±0.52%	16.11%±0.81%	16.98%±0.85%	17.51%±0.88%	15.40%±0.77%	10.42%±0.52%	15.26%±0.76%	10.56%±0.53%
	膜下滴灌	18.62%±0.93%	26.24%±1.31%	13.23%±0.66%	24.99%±1.25%	17.12%±0.86%	27.87%±1.39%	19.02%±0.95%	28.36%±1.42%	17.97%±0.90%	27.81%±1.39%
差异性分析											
2017 年	F	0.25	0.03	0.03	0.21	0.29	0.98	0.43	0.71	0.18	0.7
	t	−8.65**	−5.42**	2.76*	−7.94**	−9.36**	−17.1	−11.34**	−14.57**	−7.26**	−14.49**
2018 年	F	0.01	0.02	0.11	0.36	0	0.4	0.09	1.41	0.05	1.35
	t	1.83	0.9	−5.71**	−10.35**	−0.2	−10.90**	−5.12**	−20.57**	−3.97*	−20.09**

注：* 表示差异显著($P<0.05$)，** 表示差异极显著($P<0.01$)。

5.1.3　滴灌对春小麦土壤温度条件的影响

由表 5-2 可知，土壤温度受外界温度影响较大，随外界温度升高，0～40 cm 土层土壤温度均升高。由于水的比热容比土壤大，随土层深度增加，土壤体积含水率增加，导致小麦 20～40 cm土层土壤温度较 0～20 cm 土层低。2017 年膜下滴灌小麦 0～20 cm、20～40 cm 土层土壤平均温度较传统畦灌分别提高 1.40 ℃、0.91 ℃。3 月膜下滴灌小麦 0～20 cm 土层土壤温度较传统畦灌增温最小，为 0.47 ℃；5 月膜下滴灌小麦 20～40 cm 土层土壤温度较传统畦灌增温最大，为1.55 ℃。6月后期受灌溉水温度及小麦叶面积指数影响，土壤温度增幅减缓。2018年膜下滴灌小麦生育期内0～20 cm、20～40 cm土层土壤温度较传统畦灌增温幅度呈平缓变化趋势，分别增温0.53 ℃、0.36 ℃。5月膜下滴灌小麦0～20 cm土层土壤温度较传统畦灌增温最小，为0.38 ℃，可能原因是5月外界气温在回升中上下幅度变化较大，同时该时期小麦进入拔节期进行灌溉，灌溉水温偏低导致土壤温度小幅降低。2017年、2018年膜下滴灌小麦生育期土壤温度进行差异性分析可得，2018年膜下滴灌小麦平均土壤温度与传统畦灌差异不显著（$P>0.05$）；2017年5月膜下滴灌小麦20～40 cm土层平均土壤温度与传统畦灌差异性显著（$P<0.05$），其他月份土壤温度均无显著差异。可以看出，与传统畦灌土壤相比较，膜下滴灌可增加0～40 cm土层土壤的温度，但土壤温度差异不具有统计学意义。

表5-2　2017年、2018年膜下滴灌小麦土壤温度变化　（单位：℃）

时间	处理	3月		4月		5月		6月		7月	
		0～20 cm	20～40 cm	0～20 cm	20～40 cm	0～20 cm	20～40 cm	0～20 cm	20～40 cm	0～20 cm	20～40 cm
2017年	畦灌	8.49±0.42	7.58±0.38	12.85±0.64	11.28±0.56	16.92±0.85	16.15±0.81	19.92±1.00	19.34±0.97	22.04±1.10	21.21±1.06
	膜下滴灌	8.95±0.45	7.73±0.39	14.14±0.71	12.30±0.61	18.73±0.94	20.75±1.04	20.72±1.00	19.92±1.01	23.59±1.20	22.46±1.12
2018年	畦灌	9.43±0.47	6.27±0.31	13.86±0.69	12.17±0.61	18.79±0.94	17.74±0.89	21.82±1.09	20.55±1.03	24.54±1.23	23.34±1.17
	膜下滴灌	9.99±0.50	6.30±0.32	14.28±0.71	12.61±0.63	19.17±0.96	18.16±0.91	22.62±1.13	21.35±1.07	25.05±1.25	23.43±1.17
差异性分析											
2017年	F	0.01	0	0.02	0.02	0.02	0.12	0	0	0.01	0.01
	t	−1.31	−0.48	−2.33	−2.11	−2.47	−6.06**	−0.12	−1.13	−1.66	−1.4
2018年	F	0.01	0	0	0	0	0	0	0	0	0
	t	−1.41	−0.13	−0.73	−0.87	−0.49	−0.57	−0.88	−0.93	−0.5	−0.09

注：** 表示差异极显著（$P<0.01$）。

5.2　滴灌对春小麦及西兰花生长的影响

5.2.1　滴灌对春小麦生长性状的影响

膜下滴灌春小麦生育期株高及干物质累积变化见表5-3和表5-4。随生育期的推移小麦株高整体呈先增加后趋于稳定趋势，小麦拔节期至灌浆期株高增长速度最快，灌浆期达到最大，与CK处理相比，2年膜下滴灌小麦灌浆期株高分别平均增加5.97%、2.89%。成熟期小麦生长速度减缓，株高变化趋于稳定。膜下滴灌不同灌水处理平均株高W3最大；2年膜下滴灌条件下，当灌水量从W2增加到W3处理，株高明显增高，分别增加5.51%、2.69%。小麦拔节期前干物质累积速度缓慢，拔节期至成熟期干物质积累速度加快，2年膜下滴灌条件下不同处理小麦成熟期干物质累积量较传统畦灌相比平均提高7.53%和4.11%；2年膜下滴灌条件下，随灌水量增加，小麦单株干物质累积量平均增加 13.75%、5.60%，W3 处理干物质累积量最大，分别为 7.13 g/株、6.55 g/株。通过以上分析表明膜下滴灌条件有利于提高小麦株高及干物质累积量，灌水量的增加可促进小麦生长发育。

表 5-3　2017 年、2018 年各处理春小麦生育期株高　（单位：cm）

年份	处理	分蘖期	拔节期	抽穗期	灌浆期	成熟期
2017 年	W1	17.93	27.20	58.50	73.73	74.58
	W2	17.60	25.85	54.15	71.13	72.38
	W3	20.12	25.40	61.95	75.81	76.37
	CK	13.69	17.40	57.90	69.86	70.19
2018 年	W1	16.54	27.60	57.92	69.35	74.20
	W2	19.08	31.10	58.24	70.78	74.40
	W3	16.87	30.10	61.44	72.49	76.40
	CK	15.08	25.00	55.36	68.88	72.00

表 5-4　2017 年、2018 年各处理春小麦生育期干物质累积量　（单位：g/株）

年份	处理	分蘖期	拔节期	抽穗期	灌浆期	成熟期
2017 年	W1	1.17	1.93	2.41	5.84	6.19
	W2	0.99	1.65	3.68	4.75	6.32
	W3	0.65	2.20	2.20	6.26	7.13
	CK	0.71	1.38	2.53	5.56	6.09
2018 年	W1	1.26	1.87	4.08	5.73	5.89
	W2	1.27	2.64	4.36	5.44	5.87
	W3	1.39	2.50	4.96	5.55	6.55
	CK	0.76	1.90	2.78	4.86	5.86

5.2.2　滴灌对春小麦产量及品质的影响

2017 年、2018 年膜下滴灌小麦产量及其生产要素见表 5-5，2017 年膜下滴灌不同灌水处理穗长大小为 W1>W3>W2，穗数及百粒重大小依次为 W3>W2>W1，单株籽粒产量 W2 处理最大，为 3.04 g/株；与畦灌相比，膜下滴灌小麦 2 年平均穗数、百粒重和单株籽粒产量分别增加 11.02%、2.71%和 10.03%；2 年膜下滴灌小麦的平均产量为 5 086.15 kg/hm^2，较畦灌提高 12.62%。2017 年小麦产量最高，且不同处理小麦产量构成要素表现较好，其中低水分处理小麦百粒重显著高于对照处理（$P<0.05$），产量较传统畦灌提高 5.03%；随灌水量增加，穗数、百粒重及产量均增加，较传统畦灌分别平均提高 15.44%、10.26%、3.29%。2018 年不同处理小麦产量较上一年下降，膜下滴灌不同处理小麦产量与灌水量呈正相关，当灌水量从 W1 到 W2 处理、从 W2 到 W3 处理，小麦产量分别增加 21.03%、4.70%，灌水量过量增加，对小麦增产效应开始减小。较传统畦灌，膜下滴灌小麦各处理产量平均增加480.80 kg/hm^2；W2 及 W3 处理产量显著高于传统畦灌（$P<0.05$），分别增产663.67 kg/hm^2、867.10 kg/hm^2。W1 处理较传统畦灌小麦产量降低 2.41%。

表 5-5　2017 年、2018 年膜下滴灌小麦各处理产量及其生产要素

年份	处理	穗长(cm)	穗数(株/m²)	百粒重(g)	籽粒产量(g/株)	生物量(kg/hm²)	产量(kg/hm²)
2017 年	W1	16.10	445	4.40	2.84	32 574.00	5 637.82
	W2	15.32	578	4.72	3.04	29 998.15	6 036.35
	W3	15.69	584	4.78	2.75	47 422.92	6 404.87
	CK	15.50	502	3.96	2.69	30 531.43	5 367.68
2018 年	W1	15.9	446	3.80	2.60	24 217.80	3 576.79
	W2	15.3	522	4.34	2.66	28 404.49	4 328.83
	W3	15.7	541	4.21	2.38	30 047.14	4 532.27
	CK	14.9	434	4.12	2.31	21 092.40	3 665.17

表 5-6 为不同试验处理小麦品质指标测定结果。2 年膜下滴灌小麦各处理较传统畦灌(CK 处理)蛋白质、湿面筋含量平均提高 1.02%、2.42%,吸水率、稳定时间、形成时间等指标均增加。2 年膜下滴灌小麦各处理受灌水量影响,小麦蛋白质、湿面筋含量均为 W1 处理最高,W3 处理最低。2017 年膜下滴灌小麦蛋白质、湿面筋含量较传统畦灌差异不显著,而 2018 年小麦蛋白质、湿面筋含量较 W1 差异显著($P<0.05$)。当灌水量从 W1 到 W2 处理、从 W2 到 W3 处理,蛋白质含量平均减少 0.34%、0.62%,湿面筋含量平均减少 0.89%、1.46%。可以看出,灌水过量时小麦湿面筋和蛋白质下降。2 年膜下滴灌小麦各处理吸水率、稳定时间、形成时间等指标随灌水量增加变化趋势不同,2017 年随灌水量增加呈递减趋势,W1 处理最大;2018 年呈抛物线变化趋势,W2 处理最大。2017 年膜下滴灌小麦各处理蛋白质、湿面筋含量平均值较 CK 分别高 1.32%、3.03%;2018 年则分别高为 0.73%、1.81%。其中,W1 处理蛋白质、湿面筋含量均显著高于传统畦灌(CK 处理)($P<0.05$)。

通过以上分析表明,膜下滴灌有利于小麦各项品质指标的提高,膜下滴灌条件下灌水量 2 175～2 700 m^3/hm^2更有利于小麦品质的提升。

表 5-6　2017 年、2018 年膜下滴灌小麦品质指标

年份	处理	蛋白质含量	湿面筋含量	吸水率(g/mL)	稳定时间(min)	形成时间(min)	沉淀值(mL)	拉伸面积(cm²)	出粉率	延展性(mm)
2017 年	W1	16.83%	35.60%	65.80	10.90	6.20	49.90	137.00	73.00%	195.00
	W2	16.2%	34.00%	65.60	9.70	5.60	47.70	127.00	73.00%	193.00
	W3	15.78%	33.10%	63.90	7.84	5.40	44.40	124.00	73.00%	192.00
	CK	14.95%	31.20%	63.50	7.20	5.30	43.90	115.00	73.00%	173.00
2018 年	W1	17.78%	38.73%	67.65	14.08	7.10	54.52	178.00	68.75%	212.25
	W2	17.74%	38.55%	68.78	16.00	7.45	55.25	203.00	69.00%	209.50
	W3	16.93%	36.53%	67.25	14.35	6.98	53.63	170.50	68.75%	200.00
	CK	16.76%	36.13%	67.18	14.00	6.75	51.58	150.00	67.25%	194.00

5.2.3　滴灌对春小麦水分利用率的影响

2017 年、2018 年膜下滴灌小麦耗水量及水分利用效率见表 5-7。小麦各处理生育期耗水

量随灌水量增加呈上升趋势，由于灌水量增加，促进小麦快速生长发育，致使蒸腾量增加，因此 2 年均为传统畦灌耗水最大，较膜下滴灌耗水量分别平均增加 19.45、27.48%。膜下滴灌条件下不同处理 2 年均为 W3 耗水最大，2017 年 W1、W2 处理的总耗水量较 W3 处理分别低 13.97%、4.87%，2018 年则低 11.42%、7.11%。2 年的水分利用效率随灌水量的变化存在差异，2017 年小麦不同处理水分利用效率随灌水量增加而降低，膜下滴灌小麦各处理水分利用效率较传统畦灌（CK 处理）平均提高 51.40%。2018 年小麦不同处理水分利用效率随灌水量增加呈先增加后降低趋势，膜下滴灌小麦不同处理水分利用效率较传统畦灌（CK 处理），平均提高 43.92%。膜下滴灌条件下 W2 处理水分利用效率最大，W1 处理最低，呈抛物线趋势。可见在干旱地区，膜下滴灌较传统畦灌可提高小麦产量，降低耗水量，提高作物水分利用效率。水分利用效率受灌水量影响较大，过量的灌水会降低水分利用效率，适度的水分亏缺可提高作物水分利用效率。

表 5-7　2017 年、2018 年各处理小麦耗水量及水分利用效率

年份	处理	耗水量(m^3/hm^2)	产量(kg/hm^2)	水分利用效率(kg/m^3)
2017 年	W1	3 573.69	5 637.82	1.58
	W2	3 951.77	6 036.35	1.53
	W3	4 153.88	6 404.87	1.54
	CK	4 650.32	5 367.68	1.15
2018 年	W1	3 552.68	3 576.79	1.01
	W2	3 725.26	4 328.83	1.16
	W3	4 010.60	4 532.27	1.13
	CK	4 796.90	3 665.17	0.76

5.2.4　滴灌对春小麦肥料利用效率的影响

肥料在农业生产中占有重要作用，促进作物生长提高产量。钾肥用于农业生产，对农作物的主要作用是平衡氮、磷和其他营养元素，可促进植物蛋白质和碳水化合物的形成，调节植物的功能作用以达到发展根系，强壮枝干，提高抗旱和抗寒能力。施用磷肥，可增加作物产量，改善作物品质，加速谷类作物分蘖和促进籽粒饱满；促使棉花、瓜类、茄果类蔬菜及果树的开花结果，提高结果率；增加甜菜、甘蔗、西瓜等的糖分；增加葵花的含油量。施用氮肥可以增加作物产量，特别能增加种子中蛋白质含量，提高食品的营养价值。农田实践耕作中会根据土壤实际养分含量进行肥料施用调整，使作物增产，结合土壤、气候条件和作物种类，按比例施用氮、磷、钾肥，对提高农作物单位面积的产量是非常重要的。

1. 膜下滴灌春小麦初始及收获后土壤养分

土壤养分测定值的大小，可以反映出土壤养分含量的多少和供肥状况，是衡量施肥效果和确定是否需要施肥的依据。对试验农田初始土壤养分及收获后土壤养分进行取样，分别对土壤中养分指标进行测定。表 5-8～表 5-11 为 2017 年和 2018 年膜下滴灌春小麦不同土层初始及收获后土壤养分指标测定含量，2017 年膜下滴灌春小麦初始土壤 0～40 cm 土层土壤平均有机质质量比为 9.10 g/kg、全氮质量比为 0.45 g/kg、全磷质量比为 0.45 g/kg；可被作物直接吸收利用的氮素中铵态氮质量比为 3.17 mg/kg、硝态氮质量比为 12.46 mg/kg；速效磷容易被植物吸收利用，质量比为3.17 mg/kg，速效钾质量比为139.44 mg/kg。2017年传统畦灌春小麦初始土壤0～40 cm土壤平均有机质质量比为8.16 g/kg、全氮质量比为0.44 g/kg、全磷质量比为0.44 g/kg；铵态氮质量比为2.56 mg/kg、硝态氮质量比为20.42 mg/kg；速效磷质量比为4.7 mg/kg，速效钾质量比为178.00 mg/kg。可以看出土壤中可直接被作物吸收利用的元素中钾含量较高。2017年膜下滴灌小麦收获后，土壤养分发生变化，其中膜下滴灌小麦0～40 cm土层土壤全氮质量比平均为0.91 g/kg、全磷质量比平均为0.43 g/kg、水解氮质量比平均为21.32 mg/kg、速效磷质量比平均为7.87 mg/kg。传统畦灌小麦0～40 cm土层土壤全氮质量比平均为0.74 g/kg、全磷质量比平均为0.42 g/kg、水解氮质量比平均为37.90 mg/kg、速效磷质量比平均为5.83 mg/kg。

2018年膜下滴灌春小麦初始0～40 cm土层土壤中可被作物直接吸收利用的氮素中碱解氮质量比平均为53.91 mg/kg、速效磷质量比平均为22.34 mg/kg，速效钾质量比平均为173.75 mg/kg。传统畦灌春小麦初始0～40 cm土层土壤碱解氮质量比平均为66.93 mg/kg、速效磷质量比平均为25.99 mg/kg，速效钾质量比平均为148.1 mg/kg。2018年膜下滴灌小麦收获后0～40 cm土层土壤碱解氮质量比平均为28.55 mg/kg、速效磷质量比平均为4.72 mg/kg、速效钾质量比平均为155.54 mg/kg。传统畦灌小麦收获后0～40 cm土层土壤碱解氮质量比平均为40.06 mg/kg、速效磷质量比平均为4.99 mg/kg，速效钾质量比平均为110.88 mg/kg。

表5-8　2017年膜下滴灌春小麦初始土壤养分

处理	土层深度(cm)	有机质(g/kg)	全氮(g/kg)	全磷(g/kg)	铵态氮(mg/kg)	硝态氮(mg/kg)	速效磷(mg/kg)	速效钾(mg/kg)
膜下滴灌	0～10	10.77	0.48	0.44	2.66	21.34	16.30	164.00
	10～20	7.51	0.43	0.47	4.24	5.84	8.60	123.75
	20～30	8.15	0.44	0.41	2.03	4.81	4.98	114.75
	30～40	9.96	0.46	0.49	3.76	17.83	1.75	155.25
畦灌	0～10	8.28	0.45	0.43	2.36	16.44	10.30	305.50
	10～20	8.14	0.49	0.33	3.04	4.90	4.95	212.50
	20～30	6.99	0.25	0.38	1.98	28.69	2.60	107.00
	30～40	9.23	0.55	0.61	2.84	31.66	1.15	87.00

表5-9　2017膜下滴灌春小麦收获后土壤养分

处理	土层深度(cm)	全氮(g/kg)	全磷(g/kg)	水解氮(mg/kg)	速效磷(mg/kg)
W1	0～10	0.90	0.45	35.82	6.25
	10～20	0.87	0.42	12.43	6.90
	20～30	1.01	0.44	10.01	4.00
	30～40	1.08	0.31	13.68	1.30
W2	0～10	0.99	0.67	32.54	20.50
	10～20	1.11	0.62	32.12	18.55
	20～30	1.15	0.38	16.38	4.30
	30～40	0.66	0.44	8.65	4.25

续上表

处理	土层深度(cm)	全氮(g/kg)	全磷(g/kg)	水解氮(mg/kg)	速效磷(mg/kg)
W3	0～10	0.97	0.48	24.55	7.50
	10～20	0.75	0.39	25.03	9.40
	20～30	0.69	0.36	21.00	5.25
	30～40	0.74	0.23	23.63	6.25
CK	0～10	0.78	0.44	24.71	5.95
	10～20	0.57	0.35	56.32	11.40
	20～30	0.87	0.41	45.71	5.15
	30～40	0.72	0.48	24.87	0.80

表 5-10　2018 年膜下滴灌春小麦初始土壤养分

处理	土层深度(cm)	碱解氮(mg/kg)	速效磷(mg/kg)	速效钾(mg/kg)
膜下滴灌	0～10	70.63	39.15	184.5
	10～20	45.36	24.30	215.0
	20～30	40.54	8.45	147.5
	30～40	59.10	17.45	148.0
畦灌	0～10	99.40	47.70	185.5
	10～20	73.24	25.10	114.5
	20～30	53.98	21.50	128.0
	30～40	41.09	9.65	164.5

表 5-11　2018 年膜下滴灌春小麦收获后土壤养分

处理	土层深度(cm)	碱解氮(mg/kg)	速效磷(mg/kg)	速效钾(mg/kg)
W1	0～10	68.60	6.85	182.50
	10～20	47.70	4.60	137.50
	20～30	23.02	9.55	118.50
	30～40	20.18	3.60	157.50
W2	0～10	21.95	3.15	160.50
	10～20	20.44	3.95	134.50
	20～30	20.44	3.75	127.50
	30～40	19.08	3.10	148.00
W3	0～10	35.91	5.55	235.50
	10～20	23.48	3.80	167.50
	20～30	20.18	4.65	176.50
	30～40	21.66	4.10	120.50
CK	0～10	69.97	7.10	110.50
	10～20	41.71	3.40	135.50
	20～30	28.28	5.11	99.00
	30～40	20.28	4.37	98.50

2. 膜下滴灌春小麦生育期施肥量

膜下滴灌春小麦施肥量参照当地多年实践传统畦灌施肥量，进行少量多次随水滴施的施肥方式对作物进行养分补给。2017年和2018年膜下滴灌春小麦生育期施肥量见表5-12。2017年播种前种肥施用磷酸二铵(P肥)750 kg/hm^2，尿素(N肥)75 kg/hm^2，生育期追肥施用尿素(N肥)共405 kg/hm^2。2018年春小麦施肥量播种前种肥施用磷酸二铵(P肥)750 kg/hm^2，尿素(N肥)75 kg/hm^2，生育期追肥施用尿素(N肥)共390 kg/hm^2。

传统畦灌2017年与2018年施肥量相同，见表5-13。播种前种肥施用磷酸二铵(P肥)750 kg/hm^2，尿素(N肥)75 kg/hm^2，生育期追肥施用尿素(N肥)共600 kg/hm^2。2年传统畦灌较膜下滴灌追肥量分别增加195 kg/hm^2(2017年)、210 kg/hm^2(2018年)。

表5-12　膜下滴灌春小麦生育期施肥量

年份	施肥时间	施肥次数	施肥量(kg/hm^2)	
			N肥	P肥
2017年	播种	1	75	750
	分蘖期	1	150	
	拔节期	1	105	
	抽穗期	2	75	
	灌浆期	1	75	
2018年	播种	1	75	750
	分蘖期	1	90	
	拔节期	1	150	
	抽穗期	1	60	
	灌浆期	1	90	

表5-13　传统畦灌春小麦生育期施肥量

年份	施肥时间	施肥次数	施肥量(kg/hm^2)	
			N肥	P肥
2017年	播种	1	75	750
	拔节期	1	450	
	灌浆期	1	150	
2018年	播种	1	75	750
	拔节期	1	450	
	灌浆期	1	150	

3. 膜下滴灌春小麦肥料偏生产力

肥料偏生产力(PFP)计算公式：

$$PFP=Y/F \tag{5-1}$$

式中　Y——单位面积产量(kg/hm^2)；

F——单位面积施肥量(kg/hm^2)。

肥料偏生产力(PFP)是指施用某一特定肥料下的作物产量与施肥量的比值，是反映当地土壤基础养分水平和肥料施用量综合效应的重要指标。基于 2017 年和 2018 年两年试验数据，分析计算膜下滴灌春小麦肥料偏生产力。由表 5-14 可知，2017 年膜下滴灌条件下总施肥量为 1 230 kg/hm^2，春小麦平均产量为 6 026.35 kg/hm^2，肥料偏生产力平均为 4.90；传统畦灌总施肥量增加，为 1 425 kg/hm^2，春小麦产量下降，为 5 367.68 kg/hm^2，肥料偏生产力下降 23%，为 3.77。膜下滴灌灌水量条件下，随灌水量增加肥料偏生产力增加，最大肥料偏生产力为 5.21，灌水量从 W1 增加至 W2 处理、从 W2 增加至 W3 处理肥料偏生产力分别提高 7.07%、6.01%。2018 年膜下滴灌条件下总施肥量为 1 215 kg/hm^2，较 2017 年膜下滴灌小麦施肥量减少 15 kg/hm^2，春小麦平均产量为 4 145.96 kg/hm^2，肥料偏生产力平均为 3.41；传统畦灌总施肥量 1 425 kg/hm^2，产量为 3 665.17 kg/hm^2，肥料偏生产力为 2.57。膜下滴灌灌水量条件下，肥料偏生产力随灌水量增加而增加，W3 处理肥料偏生产力最大，为 3.73，灌水量从 W1 增加至 W2 处理、从 W2 增加至 W3 处理肥料偏生产力分别提高 21.03%、4.70%。由此可以看出，膜下滴灌较传统畦灌产量增加，肥料偏生产力提高，且随灌水量增加肥料偏生产力增加，但增加效益幅度减缓。基于两年施肥量对产量的影响，施肥量为 1 230 kg/hm^2，春小麦产量达到最大，肥料偏生产力达到最佳。

表 5-14　2017 年和 2018 年膜下滴灌春小麦肥料偏生产力情况

年份	处理	产量(kg/hm^2)	总施肥量(kg/hm^2)	肥料偏生产力
2017 年	W1	5 637.82	1 230	4.58
	W2	6 036.35		4.91
	W3	6 404.87	1 425	5.21
	CK	5 367.68		3.77
2018 年	W1	3 576.79	1 215	2.94
	W2	4 328.83		3.56
	W3	4 532.27	1 425	3.73
	CK	3 665.17		2.57

4. 膜下滴灌春小麦养分消耗

基于试验初始及收获后土壤养分含量及作物生育期施肥量，分析计算膜下滴灌春小麦养分消耗量。由表 5-15 可知，2017 年膜下滴灌春小麦种植前 0～40 cm 土层土壤 N 肥平均为 95.06 kg/hm^2，P 肥平均为 48.10 kg/hm^2；收获后膜下滴灌春小麦 0～40 cm 土层土壤 N 肥平均为 129.69 kg/hm^2，P 肥平均为 47.88 kg/hm^2；生育期养分消耗总量平均为 1 195.59 kg/hm^2，其中 0～40 cm 土层土壤 N 肥消耗量平均为 445.37 kg/hm^2，P 肥消耗量平均为 750.22 kg/hm^2。传统畦灌春小麦种植前 0～40 cm 土层土壤养分总量为 168.66 kg/hm^2，较膜下滴灌养分总量增加 25.5 kg/hm^2，其中土壤 N 肥平均增加 44.7 kg/hm^2，P 肥平均下降 19.21 kg/hm^2；收获后传统畦灌春小麦 0～40 cm 土层土壤养分增加，养分总量为 266 kg/hm^2，其中较膜下滴灌 N 肥平均增加 100.87 kg/hm^2，较 P 肥平均减少 12.44 kg/hm^2；传统畦灌春小麦生育期养分总消耗量 1 327.67 kg/hm^2，较膜下滴灌春小麦生育期养分总消耗量增加 11.05%，其中 0～40 cm 土层土壤 N 肥消耗量较膜下滴灌平均增加138.84 kg/hm^2，P 肥消耗量平均增加 6.76 kg/hm^2。

2018 年膜下滴灌春小麦种植前 0～40 cm 土层土壤总养分为 125.55 kg/hm^2，收获后膜下滴灌春小麦0～40 cm土层土壤总养分为202.41 kg/hm²，土壤养分增加76.86 kg/hm²，其中N肥平均增加75.31 kg/hm²，P肥平均增加1.54 kg/hm²。生育期养分消耗总量平均为1 138.15 kg/hm²，其中N肥消耗量平均为389.69 kg/hm²，P肥消耗量平均为748.46 kg/hm²。传统畦灌春小麦种植前0～40 cm土层土壤养分总量为153.75 kg/hm²，较膜下滴灌养分总量增加28.20 kg/hm²，其中土壤N肥平均增加23.76 kg/hm²，P肥平均增加4.44 kg/hm²；收获后传统畦灌春小麦0～40 cm土层土壤养分为274.05 kg/hm²，较膜下滴灌壤养分增加71.65 kg/hm²，其中N肥平均增加69.99 kg/hm²，P肥平均增加1.66 kg/hm²；传统畦灌春小麦生育期养分总消耗量1 304.70 kg/hm²，较膜下滴灌春小麦生育期养分总消耗量增加14.63%，其中N肥消耗量较膜下滴灌平均增加163.77 kg/hm²，P肥消耗量平均增加2.78 kg/hm²。可以看出，膜下滴灌条件下较传统畦灌养分总消耗量减小，在提高春小麦产量前提下，膜下滴灌提高了肥料利用效率。

表5-15　膜下滴灌春小麦生育期养分消耗量

年份	土层深度(cm)	处理	种植前平均土壤养分(kg/hm²)		施入养分(kg/hm²)		收获后平均土壤养分(kg/hm²)		养分消耗总量(kg/hm²)	
			N肥	P肥	N肥	P肥	N肥	P肥	N肥	P肥
2017年	0～40	W1	95.06	48.10	480.00	750.00	109.40	28.06	465.66	770.04
		W2					136.40	72.39	438.66	725.71
		W3	139.77	28.89	675.00	750.00	143.27	43.19	431.79	754.91
		CK					230.56	35.43	584.21	743.46
2018年	0～40	W1	98.38	27.18	465.00	750.00	242.56	37.41	320.82	739.77
		W2					124.57	21.21	438.81	755.97
		W3	122.14	31.62	675.00	750.00	153.95	27.53	409.43	749.65
		CK					243.68	30.38	553.46	751.24

5.2.5　滴灌对复种西兰花生长性状影响

1. 膜下滴灌复种西兰花各生长指标

对膜下滴灌复种西兰花不同生育期内进行取样，测定西兰花生长期内不同指标。表5-16～表5-19为2017年及2018年各生育期膜下滴灌小麦复种西兰花生长指标情况。2017年西兰花苗期，膜下滴灌不同灌水处理西兰花株高、茎粗、茎长、叶片数无显著差异，平均株高为11.29 cm，平均茎粗及茎长分别为0.35 cm、4.43 cm，根重平均为0.21 g，叶茎比平均为2.37%。苗期—莲座期西兰花生长速度增加，T1～T3处理株高增长速率分别为0.74 cm/d、0.75 cm/d、0.71 cm/d；西兰花茎粗及茎长变化规律与株高基本一致，西兰花不同处理茎粗增长速率平均为0.66 mm/d、0.75 mm/d、0.74 mm/d；根重平均增加25.37 g，最大根重为31.27 g，T3处理叶茎比最大，为5.33%。莲座期—花球膨大期不同处理株高趋于稳定，平均株高的增长速率为0.18 cm/d，其中T2处理生长速率最大，株高为50.80 cm；茎粗及茎长分别增长0.66 cm、5.30 cm，根重增加17.95 g，生长后期西兰花叶面积变小，叶茎比下降。花球膨大期T2处理茎粗4.68 cm，显著高于其他处理($P<0.05$)，T2处理茎长为22.88 cm；苗期—花球膨大期西兰花不同处理茎长平均增长为17.62 cm、18.52 cm、17.18 cm。不同灌水

条件下，叶片数及根重随生育的推移逐渐增加，花球膨大期花球直径达到最大，平均直径为 12.28 cm。灌水量从 T1 增加至 T2，花球直径增加 56.38%，灌水量从 T2 增加至 T3，花球直径下降 13.27%，叶茎比下降，平均为 1.74%。综上所述，灌水定额为 T2 时可以提高西兰花株高、茎粗、茎长、叶片数量及花球直径，但不同灌水定额之间不具有统计学意义。

表 5-16　复种西兰花苗期各生长指标

年份	处理	株高(cm)	茎粗(cm)	茎长(cm)	叶片数(片)	根重(g)	叶茎比	花球直径(cm)
2017 年	T1	11.22	0.34	4.50	5	0.17	2.71%	—
	T2	11.3	0.37	4.36	5	0.22	2.09%	—
	T3	11.34	0.35	4.42	5	0.25	2.31%	—
2018 年	T1	18.40	0.94	14.30	11	0.39	2.01%	—
	T2	18.20	1.02	12.60	11	0.44	2.31%	—
	T3	17.80	0.84	13.00	10	0.41	1.84%	—
	CK	15.80	0.82	11.80	11	0.51	1.64%	—

表 5-17　复种西兰花莲座期各生长指标

年份	处理	株高(cm)	茎粗(cm)	茎长(cm)	叶片数(片)	根重(g)	叶茎比	花球直径(cm)
2017 年	T1	45.1	3.38	16.90	37	23.76	3.93%	—
	T2	46	3.81	17.30	47	31.27	3.61%	—
	T3	44	3.75	16.50	30	21.71	5.33%	—
2018 年	T1	35.33	3.13	24.33	21	20.45	2.78%	—
	T2	48.33	3.30	31.00	31	19.38	2.59%	—
	T3	48.33	3.67	28.00	22	26.74	2.68%	—
	CK	41.00	3.07	29.33	20	19.44	2.56%	—

表 5-18　复种西兰花花蕾形成期各生长指标

年份	处理	株高(cm)	茎粗(cm)	茎长(cm)	叶片数(片)	根重(g)	叶茎比	花球直径(cm)
2017 年	T1	45.7	4.01	19.10	52	24.10	2.62%	5.50
	T2	49.2	4.46	21.40	53	37.55	2.23%	6.70
	T3	46	4.18	19.70	39	33.73	2.61%	6.50
2018 年	T1	46.33	4.37	32.67	37	26.01	1.16%	6.10
	T2	47.67	4.40	32.00	36	28.73	1.18%	6.80
	T3	49.33	4.60	31.33	34	31.08	1.35%	6.50
	CK	43.67	4.20	32.33	26	27.06	1.72%	5.00

表 5-19 复种西兰花花球膨大期各生长指标

年份	处理	株高(cm)	茎粗(cm)	茎长(cm)	叶片数(片)	根重(g)	叶茎比	花球直径(cm)
2017年	T1	47	4.05	22.12	58	32.02	2.07%	9.40
	T2	50.8	4.68	22.88	60	45.52	1.43%	14.70
	T3	47.9	4.20	21.60	44	53.05	1.72%	12.75
2018年	T1	51.67	5.4	33.33	41	35.77	1.10%	9.02
	T2	52.00	5.2	33.50	43	38.99	1.14%	10.44
	T3	54.00	5.4	34.67	48	42.47	0.86%	11.16
	CK	51.67	4.50	32.67	36	31.38	1.00%	9.84

2018 年膜下滴灌春小麦复种西兰花不同生育期株高、茎粗、茎长、叶片数变化趋势基本一致。苗期西兰花不同灌水处理株高无显著差异($P>0.05$)，平均株高为 18.13 cm，较传统畦灌株高平均增加 2.33 cm，根重较传统畦灌平均减少 0.1 g。莲座期 T1 处理株高生长速率显著低于其他处理($P<0.05$)，为 0.58 cm/d；T3 处理株高增长速率最大，为 1.05 cm/d；苗期—莲座期西兰花不同处理茎粗增长速率大小依次为 T3＞T2＞CK＞T1，最大增长速率为 0.97 mm/d，显著高于其他处理($P<0.05$)；随生育期推移 T1 处理茎粗增长速率最大，增长速率平均为 0.99 mm/d。莲座期—花球膨大期 T2 和 T3 处理株高小幅增长，整体趋于平稳，T1 和 CK 处理分别在不同生育期快速生长。花球膨大期不同处理株高大小依次为 T3＞T2＞T1＝CK，较 CK 处理，膜下滴灌条件下，西兰花株高平均增加 0.98 cm。花球膨大期不同处理差异减小，膜下滴灌不同处理茎粗均显著大于 CK 处理($P<0.05$)。莲座期不同处理茎长差异显著($P<0.05$)，T2 处理茎长最大，为 31.0 cm。苗期—花球膨大期西兰花不同处理茎长平均增长速率大小依次 T3＞T2＞CK＞T1，增长速率分别为 4.33 cm/d、4.18 cm/d、4.17 cm/d 和 3.18 cm/d；膜下滴灌平均根重增加 38.67 g，传统畦灌西兰花根重增加 30.87 g；膜下滴灌及传统畦灌西兰花叶茎比均减小，分别减小 1.02%、0.64%。花球膨大期叶片数差异性显著($P<0.05$)，其中 T3 处理叶片数显著高于其他处理($P<0.05$)，膜下滴灌条件下不同灌水处理叶片数较 CK 处理平均增加 8 片，灌水量从 T1 增加至 T2 处理，叶片数平均增加 2 片，灌水量从 T2 增加至 T3，叶片数平均增加 5 片。综上可以看出，膜下滴灌条件下可有效提高西兰花株高、茎粗、茎长及叶片数量，其中 T3 处理西兰花各生长指标增长速率更加显著。

2. 膜下滴灌复种西兰花产量

2017 年、2018 年膜下滴灌复种西兰花产量见表 5-20，2017 年膜下滴灌西兰花平均产量为 14 649.6 kg/hm^2，较传统畦灌西兰花产量增加 8.17%，其中 T2 处理产量最大，为 16 191.34 kg/hm^2，T1 处理产量达到最低，为 12 028.2 kg/hm^2，但与传统畦灌西兰花产量无明显差异；当灌水量从 T1 增加到 T2 处理，西兰花产量增加 34.61%，灌水量从 T2 增加到 T3 处理，西兰花产量小幅减小，降低 2.85%。

2018 年膜下滴灌西兰花平均产量为 13 714.37 kg/hm^2，较传统畦灌西兰花产量增加 3.92%，其中 T2 处理产量高于其他处理，产量为 14 746.7 kg/hm^2；T1 处理西兰花产量最小，但较 2017 年小幅增产，为 12 168.7 kg/hm^2，低于传统畦灌西兰花产量；当灌水量从 T1 增加到 T2 处理，西兰花产量增加 21.19%，灌水量从 T2 增加到 T3 处理，西兰花减产 3.52%。

表5-20 2017年、2018年膜下滴灌复种西兰花产量

年份	处理	单棵质量(g)	产量(kg/hm^2)
2017年	T1	433.45	12 028.20
	T2	553.55	16 191.30
	T3	537.75	15 729.20
	CK	463.00	13 542.75
2018年	T1	438.51	12 168.70
	T2	504.20	14 746.70
	T3	486.42	14 227.80
	CK	451.20	13 197.60

5.2.6 滴灌对复种西兰花水分利用效率的影响

1. 滴灌复种西兰花生育期耗水量

(1)土壤含水率变化

小麦收获后，西兰花定植，在定植前一周，小麦行间灌大水保持土壤湿润，适宜的土壤水分可以诱导作物根系生长，保证幼苗的成活率。图5-2为2017年膜下滴灌春小麦复种西兰花苗期—花球膨大期浅层(0～40 cm)、深层(>40 cm)土壤含水率变化规律。2017年膜下滴灌春小麦复种西兰花不同灌水定额条件下0～100 cm土层土壤含水率变化趋势一致，随生育期的推移，土壤含水率整体呈下降趋势。膜下滴灌条件下，低水分处理0～40 cm土层土壤平均含水率为11.68%，随灌水量增加，中、高水分处理土壤含水率依次增加。苗期地面覆盖度小，地表蒸发强度大，0～40 cm土层土壤含水率变化较大，同时受灌溉影响，灌水后土壤含水率形成一个波峰，苗期中水分处理土壤含水率偏高，平均土壤含水率为15.08%，较低水分及高水分处理分别增加2.77%、0.2%；9～10月，随灌水量的增加0～40 cm土层土壤含水率依次增加，灌水量从T1增加至T2处理，含水率提高4.56%，灌水量从T2增加至T3处理，含水率提高20.45%；10月后西兰花不同灌水处理含水率均匀分布，中水分处理西兰花土壤水分消耗较大，土壤含水率最低，平均土壤含水率为12.81%。膜下滴灌深层(>40 cm)土壤含水率低水分处理平均下降速率最大，随灌水量增加，土壤含水率下降速率依次减小。苗期，灌水量从T1增加至T2处理土壤平均含水率增加4.80%，灌水量从T2增加至T3处理土壤平均含水量减少0.2%。莲座期，低水分处理深层土壤水分消耗与中、高水分处理随时间推移差异逐渐增大，灌水量由T1增加至T2处理，土壤含水率增加27.14%，灌水量由T2增加至T3处理，含水率增加27.60%。花球膨大期西兰花对深层水分消耗增加，尤其中水分与高水分处理差异最明显，灌水量由T1增加至T2处理、由T2增加至T3处理，土壤含水率依次增加25.78%、45.43%。

通过统计学方法对不同灌水量条件下西兰花生育期内土壤含水率进行差异性分析(表5-21)，苗期，低水分处理土壤含水率显著低于其他处理($P<0.05$)，随生育期的推移，中水分处理土壤水分消耗增加，且含水率显著低于其他处理($P<0.05$)。深层(>40 cm)土壤含水率随灌水量的增加而增大，苗期—莲座期，中水分和高水分处理显著高于低水分处理($P<0.05$)，但中水分和高水分处理无显著差异($P>0.05$)；花蕾形成期—花球膨大期不同灌水量

土壤含水率差异显著($P<0.05$)。

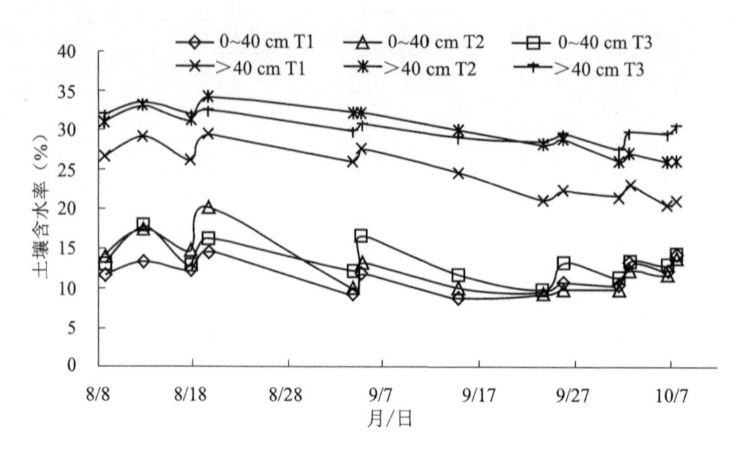

图 5-2　2017 年膜下滴灌西兰花土壤含水率

表 5-21　2017 年膜下滴灌西兰花土壤含水率差异分析

土层深度	处理	苗期	莲座期	花蕾形成期	花球膨大期
		平均值	平均值	平均值	平均值
0～40 cm	T1	12.31%	9.79%	12.07%	13.43%
	T2	15.08%	9.84%	11.16%	12.81%
	T3	14.89%	11.66%	12.55%	13.64%
>40 cm	T1	27.63%	22.87%	22.51%	20.83%
	T2	32.43%	28.74%	26.77%	26.20%
	T3	31.94%	28.84%	28.84%	30.30%

(2)滴灌春小麦复种西兰花生育期耗水量

2017 年、2018 年膜下滴灌春小麦复种西兰花生育期耗水量见表 5-22,随生育期的推移,西兰花耗水量增加,莲座期—花蕾形成期耗水量达到最大,花蕾形成期—花球膨大期西兰花耗水量小幅减小。由此可知,莲座期—花蕾形成期合理增加灌水,能使西兰花产量达到最大。2017 年,西兰花苗期—莲座期平均耗水量为 51.23 mm,随灌水量增加西兰花耗水量增加,当灌水量从 T1 增加到 T2 处理、从 T2 增加到 T3 处理,耗水量分别提高 23.71%、8.04%。莲座期—花蕾形成期耗水量较苗期—莲座期平均增加 26.0 mm,灌水量从 T1 增加到 T2 再增加到 T3 处理,耗水量依次提高 14.74%、2.09%;花蕾形成期—花球膨大期耗水量减少,其中各处理耗水量依次减少 26.18 mm、14.27 mm、21.40 mm,T2 处理耗水量减小幅度最小,较花蕾形成期下降 17.82%,T1 处理耗水量下降最大,降幅为 37.52%。

2018 年膜下滴灌西兰花耗水量较传统畦灌(CK 处理)平均下降 18.78%。其中苗期—莲座期平均耗水量为 63.89 mm,较传统畦灌耗水量减少 28.29%,滴灌条件下随灌水量增加西兰花耗水量增加,当灌水量从 T1 增加到 T2 处理、从 T2 增加到 T3 处理,耗水量依次提高 3.46%、40.35%。莲座期—花蕾形成期平均耗水量 76.61 mm,该时期西兰花耗水量整体增加,较苗期—莲座期平均增加 19.91%;传统畦灌耗水量无明显增加,但该时期西兰花耗水量达到最大,为 89.58 mm。花蕾形成期—花球膨大期耗水量减少,膜下滴灌条件下耗水量平均减少 11.61 mm，传统畦灌减少 15.24 mm；膜下滴灌条件下 T2 处理耗水量减小幅度最小，较花蕾形成期下降 7.78%，T1 处理耗水量下降幅度最大，为 20.74%，T3 处理耗水量较传统畦灌下降 2.67%。

由以上分析得出，莲座期—花蕾形成期是西兰花重要的需水时期，该时期要适宜增加水肥的补充，可提高西兰花的产量，花蕾形成期—花球膨大期可适量减少灌水，同时要补充养分，促进西兰花花球增长；同时膜下滴灌较传统畦灌耗水量减小，耗水量减少 18%左右。

表 5-22　2017 年、2018 年膜下滴灌春小麦复种西兰花生育期内耗水量　（单位：mm）

时间	处理	苗期—莲座期	莲座期—花蕾形成期	花蕾形成期—花球膨大期	总耗水量
2017 年	T1	43.01	69.78	43.60	156.38
	T2	53.20	80.06	65.79	199.06
	T3	57.48	81.74	60.34	199.56
2018 年	T1	54.97	70.22	55.66	180.85
	T2	56.87	72.63	66.98	196.49
	T3	79.82	86.99	72.36	239.18
	CK	89.09	89.58	74.34	253.02

2. 滴灌春小麦复种西兰花水分生产效率

2017 年、2018 年膜下滴灌春小麦复种西兰花产量及水分生产效率如图 5-3 所示，由图可见，2017 年西兰花水分生产效率随灌水量先增加后降低，最大水分生产效率为81.34 kg/(hm^2·mm)，高水分处理水分生产效率降低，为 78.82 kg/(hm^2·mm)。可见水分生产效率受灌水量影响较大，过量的灌水会降低水分生产效率，适度的水分亏缺可提高作物水分生产效率。

2018 年膜下滴灌西兰花水分生产效率随灌水量先增加后降低，西兰花水分生产效率平均为 75.88 kg/(hm^2·mm)，较传统畦灌水分生产效率提高 31.26%。可以看出膜下滴灌西兰花较传统畦灌增产效益更加显著，同时降低耗水量，提高作物水分利用效率。膜下滴灌条件下，当灌水量过量时，西兰花增产效益下降，因此最适灌溉定额为 128～140 m^3/亩。

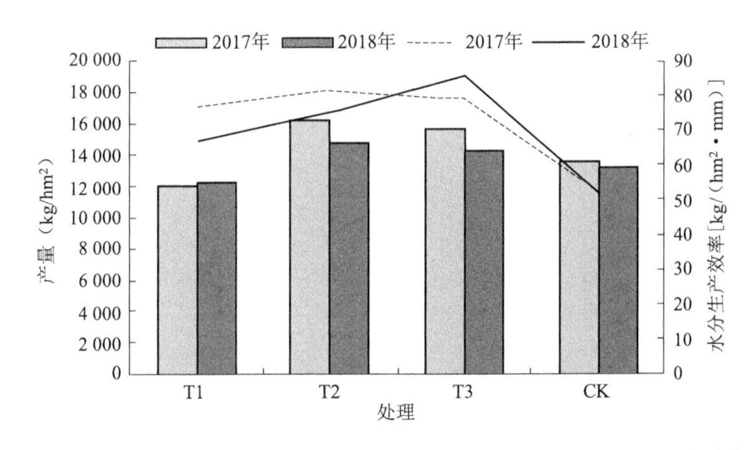

图 5-3　2017 年、2018 年膜下滴灌春小麦复种西兰花产量及水分生产效率

5.2.7 滴灌对复种西兰花肥料利用效率的影响

1. 膜下滴灌复种西兰花初始及收获后土壤养分

表 5-23～表 5-26 为 2017 年和 2018 年膜下滴灌复种西兰花不同土层初始及收获后土壤养分指标测定含量。2017 年膜下滴灌复种西兰花初始土壤 0～40 cm 土层平均全氮质量比为 0.57 g/kg、全磷质量比为 0.41 g/kg；可被作物直接吸收利用碱解氮质量比平均为 46.26 mg/kg，速效磷质量比平均为 7.18 mg/kg。2017 年传统畦灌(CK 处理)条件下复种西兰花初始土壤 0～40 cm 土层平均全氮质量比为 0.47 g/kg、全磷质量比为 0.43 g/kg；碱解氮质量比平均为 16.97 mg/kg，速效磷质量比平均为 10.44 mg/kg。2017 年膜下滴灌复种西兰花收获后，土壤养分发生变化，其中 0～40 cm 土层土壤碱解氮质量比平均为 18.47 mg/kg、速效磷质量比平均为 2.26 mg/kg，速效钾质量比平均为 100.30 mg/kg。传统畦灌复种西兰花收获后 0～40 cm 土层土壤碱解氮质量比为 17.14 mg/kg、速效磷质量比为 1.89 mg/kg，速效钾质量比为 76.83 mg/kg。

2018 年膜下滴灌复种西兰花初始 0～40 cm 土壤中可被作物直接吸收利用的氮素中碱解氮质量比平均为 30.36 mg/kg，速效磷质量比平均为 5.22 mg/kg，速效钾质量比平均为 155.54 mg/kg。传统畦灌复种西兰花初始 0～40 cm 土壤碱解氮质量比平均为 40.06 mg/kg，速效磷质量比平均为 4.99 mg/kg，速效钾质量比平均为 110.88 mg/kg。2018 年膜下滴灌复种西兰花收获后 0～40 cm 土壤碱解氮质量比平均为 24.21 g/kg，速效磷质量比平均为 4.51 mg/kg，速效钾质量比平均为 127.96 mg/kg。传统畦灌复种西兰花收获后 0～40 cm 土层土壤碱解氮质量比平均为 20.53 mg/kg、速效磷质量比平均为 3.86 mg/kg，速效钾质量比平均为 148.63 mg/kg。

表 5-23　2017 年膜下滴灌复种西兰花初始土壤养分

处理	土层深度(cm)	全氮(g/kg)	全磷(g/kg)	碱解氮(mg/kg)	速效磷(mg/kg)
T1	0～10	0.49	0.43	72.12	11.55
	10～20	0.64	0.37	47.56	7.95
	20～30	0.52	0.42	32.33	6.70
	30～40	0.47	0.46	50.07	1.70
T2	0～10	0.56	0.42	31.09	10.70
	10～20	0.61	0.44	26.11	11.10
	20～30	0.57	0.48	17.52	5.00
	30～40	0.45	0.42	11.19	1.70
T3	0～10	0.97	0.44	102.53	19.15
	10～20	0.64	0.41	58.06	5.75
	20～30	0.49	0.36	50.65	2.65
	30～40	0.47	0.21	75.85	2.25
CK	0～10	0.43	0.51	18.53	16.40
	10～20	0.49	0.59	18.41	19.20
	20～30	0.31	0.25	8.70	4.95
	30～40	0.63	0.36	22.24	1.20

表 5-24　2017 膜下滴灌复种西兰花收获后土壤养分

处理	土层深度(cm)	碱解氮(mg/kg)	速效磷(mg/kg)	速效钾(mg/kg)
T1	0～10	14.25	4.08	118.47
	10～20	37.39	1.25	97.30
	20～30	27.87	1.43	91.23
	30～40	15.65	1.02	130.60
T2	0～10	19.53	2.82	85.17
	10～20	9.27	1.47	94.27
	20～30	19.74	1.78	94.23
	30～40	17.63	2.85	100.30
T3	0～10	9.26	3.98	106.37
	10～20	10.40	3.32	79.10
	20～30	11.32	1.03	94.23
	30～40	19.30	2.08	112.43
CK	0～10	15.54	1.20	79.10
	10～20	9.20	0.60	60.90
	20～30	9.39	2.75	70.00
	30～40	34.42	3.00	97.30

表 5-25　2018 年膜下滴灌复种西兰花初始土壤养分

处理	土层深度(cm)	碱解氮(mg/kg)	速效磷(mg/kg)	速效钾(mg/kg)
T1	0～10	68.60	6.85	182.50
	10～20	47.70	4.60	137.50
	20～30	23.02	9.55	118.50
	30～40	20.18	3.60	157.50
T2	0～10	21.95	3.15	160.50
	10～20	20.44	3.95	134.50
	20～30	20.44	3.75	127.50
	30～40	19.08	3.10	148.00
T3	0～10	35.91	5.55	235.50
	10～20	23.48	3.80	167.50
	20～30	20.18	4.65	176.50
	30～40	21.66	4.10	120.50
CK	0～10	69.97	7.10	110.50
	10～20	41.71	3.40	135.50
	20～30	28.28	5.11	99.00
	30～40	20.28	4.37	98.50

表 5-26　2018 年膜下滴灌复种西兰花收获后土壤养分

处理	土层深度(cm)	碱解氮(mg/kg)	速效磷(mg/kg)	速效钾(mg/kg)
T1	0～10	25.37	5.90	199.5
	10～20	47.88	5.70	156.5
	20～30	24.10	2.65	164.5
	30～40	23.78	5.00	124.5
T2	0～10	23.63	2.70	147.0
	10～20	17.64	4.50	155.0
	20～30	23.47	6.20	110.5
	30～40	28.60	4.40	106.5
T3	0～10	16.06	3.85	133.5
	10～20	24.26	6.10	85.5
	20～30	41.86	5.85	70.0
	30～40	16.16	7.20	82.5
CK	0～10	16.06	3.70	208.5
	10～20	36.06	5.25	158.5
	20～30	7.46	2.90	112.5
	30～40	22.53	3.60	115.0

2. 膜下滴灌复种西兰花生育期施肥量

膜下滴灌复种西兰花施肥量参照当地多年实践传统畦灌施肥量，进行少量多次随水滴施的施肥方式对作物进行养分补给。2017 年和 2018 年膜下滴灌复种西兰花生育期施肥量见表 5-27。由表可知，2017 年复种西兰花生育期追肥施用尿素(N 肥)共 525 kg/hm²；2018 年复种西兰花生育期追肥施用尿素(N 肥)共 495 kg/hm²。

表 5-27　2017 年、2018 年膜下滴灌复种西兰花施肥量

年份	施肥时间	施肥次数	N 肥施肥量(kg/hm²)
2017 年	定植	—	—
	苗期	1	150
	莲座期	1	75
	花蕾形成期	1	300
	花球膨大期	—	—
2018 年	定植	—	—
	苗期	1	150
	莲座期	1	120
	花蕾形成期	1	225
	花球膨大期	—	—

3. 膜下滴灌复种西兰花肥料偏生产力

根据 2017 年和 2018 年两年试验数据，利用式(5-1)计算膜下滴灌复种西兰花肥料偏生产

力，见表5-28。2017年膜下滴灌条件下肥料偏生产力平均为27.90；其中随灌水量增加，肥料偏生产力呈先增加后减小变化，灌水量从T1增加至T2处理，肥料偏生产力提高34.61%，从T2增加至T3处理，肥料偏生产力降低2.85%。CK处理肥料偏生产力为25.80，较膜下滴灌下降7.5%。2018年膜下滴灌条件下总施肥量为495 kg/hm^2，较2017年膜下滴灌小麦施肥量减少30 kg/hm^2，西兰花平均产量减少935.22 kg/hm^2，膜下滴灌复种西兰花肥料偏生产力平均为27.70。随灌水量增加，肥料偏生产力呈先增加后减小变化，灌水量从T1增加至T2处理，肥料偏生产力提高21.19%，从T2增加至T3处理，肥料偏生产力降低3.52%。传统畦灌条件下复种西兰花肥料偏生产力为26.66，较膜下滴灌平均下降3.76%。由此可以看出，膜下滴灌复种西兰花较传统畦灌肥料偏生产力平均提高5.98%，中水分处理肥料偏生产力达到最大，同时适量增加施肥量，肥料偏生产力最佳。

表5-28 膜下滴灌复种西兰花生育期肥料偏生产力

年份	处理	产量(kg/hm^2)	总施肥量(kg/hm^2)	肥料偏生产力
2017年	T1	12 028.24	525	22.91
	T2	16 191.34		30.84
	T3	15 729.19		29.96
	CK	13 542.75		25.80
2018年	T1	12 168.65	495	24.58
	T2	14 746.68		29.79
	T3	14 227.79		28.74
	CK	13 197.60		26.66

4. 膜下滴灌复种西兰花养分消耗

通过计算膜下滴灌复种西兰花初始及收获后土壤养分含量，最终得出膜下滴灌复种西兰花养分消耗量，见表5-29。2017年膜下滴灌复种西兰花定植前0～40 cm土层土壤N肥平均为281.38 kg/hm^2，P肥平均为43.7 kg/hm^2；收获后西兰花0～40 cm土层土壤N肥平均为112.34 kg/hm^2，P肥平均为13.74 kg/hm^2；生育期养分消耗总量平均为724.00 kg/hm^2，其中N肥消耗量平均为694.04 kg/hm^2，P肥消耗量平均为29.95 kg/hm^2。传统畦灌复种西兰花定植前0～40 cm土层土壤养分总量为166.72 kg/hm^2，较膜下滴灌养分总量减少158.36 kg/hm^2，其中土壤N肥平均下降178.15 kg/hm^2，P肥平均增加19.80 kg/hm^2，收获后膜下滴灌复种西兰花0～40 cm土壤养分下降，土壤养分总量平均为126.08 kg/hm^2。收获后传统畦灌复种西兰花0～40 cm土层土壤养分总量为115.73 kg/hm^2，其中较膜下滴灌N肥平均减少8.09 kg/hm^2，P肥平均减少2.26 kg/hm^2。膜下滴灌复种西兰花生育期养分消耗总量较传统畦灌(CK处理)复种西兰花生育期养分消耗总量增加25.70%，其中0～40 cm土壤N肥消耗量较传统畦灌平均增加170.06 kg/hm^2，P肥消耗量平均减少22.06 kg/hm^2。

2018年膜下滴灌复种西兰花定植前0～40 cm土层土壤总养分平均为211.22 kg/hm^2，收获后土壤总养分平均为180.20 kg/hm^2，土壤养分平均减少31.02 kg/hm^2，其中N肥减少26.71 kg/hm^2，P肥减少4.31 kg/hm^2。生育期养分消耗总量平均为526.02 kg/hm^2，其中N肥消耗量平均为521.71 kg/hm^2，P肥消耗量平均为4.31 kg/hm^2。传统畦灌(CK处理)复种西兰花定植前0～40 cm土层土壤养分总量为174.05 kg/hm^2，较膜下滴灌养分总量减少

37.17 kg/hm²；收获后传统畦灌（CK处理）复种西兰花0～40 cm土层土壤养分为148.37 kg/hm²，较膜下滴灌壤养分减少31.83 kg/hm²，其中N肥平均减少27.91 kg/hm²，P肥平均减少3.93 kg/hm²。生育期膜下滴灌复种西兰花养分消耗总量平均为526.02 kg/hm²，传统畦灌养分消耗总量为520.69 kg/hm²，较膜下滴灌养分消耗总量减少1.02%，其中0～40 cm土层土壤N肥消耗量较膜下滴灌平均减少7.91 kg/hm²，P肥消耗量平均增加2.57 kg/hm²。可以看出膜下滴灌条件下复种西兰花较传统畦灌养分总消耗量增加。

表5-29　膜下滴灌复种西兰花生育期养分消耗量

年份	土层深度(cm)	处理	种植前平均土壤养分(kg/hm²)		施入养分(kg/hm²)		收获后平均土壤养分(kg/hm²)		养分消耗总量(kg/hm²)	
			N肥	P肥	N肥	P肥	N肥	P肥	N肥	P肥
2017年	0～40	T1	307.32	42.43	525.00	—	144.72	11.83	687.60	30.60
		T2	130.65	43.34			100.63	13.57	555.02	29.78
		T3	406.18	45.32			91.67	15.83	839.51	29.49
		CK	103.23	63.49			104.25	11.48	523.98	52.01
2018年	0～40	T1	242.56	37.41	495.00	—	184.21	29.27	553.35	8.14
		T2	141.95	24.94			124.57	23.34	512.38	1.60
		T3	153.95	32.85			149.55	29.65	499.39	3.19
		CK	143.68	30.38			124.87	23.50	513.81	6.88

5.3　春小麦复种西兰花滴灌技术水肥调控参数

5.3.1　春小麦滴灌水肥调控参数确定

灌溉制度及施肥制度确定的目的在于提高水分利用效率和改进作物生长条件，起到节水增产减肥提质、改善农田生态环境的作用。最终目标是效益最大化，降低成本。根据两年对照处理（传统畦灌）、膜下滴灌各试验处理数据，优化灌溉制度及施肥制度。

考虑小麦生长状况、产量品质及效益，膜下滴灌春小麦灌水7次，灌溉定额为180～205 m³/亩，灌水周期为7～10 d。小麦苗期土壤水分不足时应进行灌水，以保证适苗期需水，灌水1次，灌水定额30～35 m³/亩。分蘖期应保持土壤含水率在田间持水量的60%以上，土壤水分不足时应进行灌水，以保证适苗期需水，灌水1次，灌水定额30～35 m³/亩。拔节期土壤水分不足时应及时进行灌水，灌水1次，灌水定额30～35 m³/亩。抽穗期是小麦关键需水期，土壤含水率应保持在田间持水量的60%以上，土壤水分不足时应及时进行灌水，灌水2次，灌水定额30～35 m³/亩。扬花期灌水1次，及时补充土壤水分，灌水定额30～35 m³/亩。灌浆期，小麦需水量减少，灌水1次，灌水定额15 m³/亩。成熟期，灌水1次，灌水定额15 m³/亩。具体见表5-30。

膜下滴灌春小麦整个生育期施肥6次，总施肥量1 230 kg/hm²，其中施氮肥480 kg/hm²，磷肥750 kg/hm²，结合基肥施用磷酸二铵750 kg/hm²，尿素75 kg/hm²，膜下滴灌施肥采用水肥一体化。追肥前应先滴清水 15～20 min，再将提前用水溶解的固体肥加入施肥罐中，追肥完成后再滴清水 30 min，清洗管道，防止堵塞滴头。分蘖期施肥 1 次，施氮量为 150 kg/hm^2，拔节期施肥 1 次，施氮量为 105 kg/hm^2，抽穗期施肥 2 次，施氮量为 75 kg/hm^2，灌浆期施肥 1 次，施氮量为 75 kg/hm^2。具体见表 5-31。

表 5-30　膜下滴灌春小麦灌溉制度

灌水时间	灌水次数	灌水定额(m^3/亩)	灌溉定额(m^3/亩)
分蘖期	1	30～35	30～35
拔节期	1	30～35	30～35
抽穗期	2	30～35	60～70
扬花期	1	30～35	30～35
灌浆期	1	15	15
成熟期	1	15	15
合计	7		180～205

表 5-31　膜下滴灌春小麦施肥制度

施肥时间	施肥次数	施肥量(kg/hm^2)	
		N 肥	P 肥
播种	1	75	750
分蘖期	1	150	
拔节期	1	105	
抽穗期	2	75	
灌浆期	1	75	
总数	6	480	750

5.3.2　复种西兰花滴灌水肥调控参数确定

在考虑西兰花生长状况及产量效益，膜下滴灌复种西兰花生育期灌水 7 次，灌溉定额为 128～140 m^3/亩，灌水周期为 7～10 d。西兰花定植前保持土壤湿润，灌水 1 次，灌水定额 20 m^3/亩。苗期保证西兰花需水，灌水 2 次，灌水定额 18～20 m^3/亩。莲座期是西兰花关键需水期，土壤水分不足时应及时进行灌水，灌水 2 次，灌水定额 18～20 m^3/亩。花蕾形成期灌水 1 次，灌水定额 18～20 m^3/亩。花球膨大期灌水 1 次，及时补充土壤水分，灌水定额 18～20 m^3/亩。具体见表 5-32。

西兰花生长期间应根据不同生长期适时追肥。追肥应掌握“前期促、中期控、后期攻”的原则，即苗期追施氮肥，促进营养生长，中期控制施肥，后期攻结球肥。西兰花苗期追肥 1 次，施氮量为 150 kg/hm^2，莲座期追肥 1 次，施氮量为 75 kg/hm^2，花蕾形成期追肥 1 次，施氮量为 300 kg/hm^2。膜下滴灌复种西兰花施肥制度见表 5-33。

表 5-32 膜下滴灌复种西兰花灌溉制度

灌水时间	灌水次数	灌水定额(m^3/亩)	灌溉定额(m^3/亩)
定植	1	20	20
苗期	2	18～20	36～40
莲座期	2	18～20	36～40
花蕾形成期	1	18～20	18～20
花球膨大期	1	18～20	18～20
合计	7		128～140

表 5-33 膜下滴灌复种西兰花施肥制度

施肥时间	施肥次数	N肥施肥量(kg/hm^2)
定植	—	—
苗期	1	150
莲座期	1	75
花蕾形成期	1	300
花球膨大期	—	—
合计	3	525

5.4 春小麦复种西兰花滴灌技术模式

5.4.1 技术集成原理方法及内容

1. 膜下滴灌春小麦复种西兰花技术集成原理

将滴灌技术、施肥技术、农艺技术、农机技术、管理技术组合起来，形成膜下滴灌春小麦复种西兰花技术模式，在示范区内通过统一整地、统一播种、统一灌水、统一施肥、统一虫害防治的管理，实现规范化、标准化作业，达到节水增产增效的目的。

2. 膜下滴灌春小麦复种西兰花技术集成方法

研究筛选出在膜下滴灌春小麦复种西兰花农艺农机化配套技术、膜下滴灌技术参数、灌水施肥技术、管理技术，进行优化组合与相互配套，形成统一的、规范化、标准化技术模式。

3. 膜下滴灌春小麦复种西兰花技术内容

春小麦膜下滴灌关键技术参数、控水、控肥技术，膜下滴灌小麦种植农机配套技术、种植管理技术。

5.4.2 滴灌春小麦复种西兰花技术模式

膜下滴灌技术是在滴灌技术和覆膜技术的基础上扬长避短、有机结合形成的一种特别适合干旱半干旱地区机械化大田作物栽培的新型田间灌溉方式。滴灌系统用管道供水、供肥，使带肥的灌溉水成滴状、缓慢、均匀、定时定量地灌溉到作物根系发育区域，使作物根系始终保持在自由含水状态；地膜覆盖有保墒、提墒、灭草、增加地温、减少作物水分棵间蒸发的作用。而膜下滴灌技术将其优势有机的结合起来，且通过改装的农机可实现播种、覆膜、铺带一次完成，提高农田工作效率，同时达到节水、节肥、增产等效果。

复种是一年内于同一田地上连续种植两季或两季以上作物的一种集约化程度较高的种植方式。上茬作物收获后，除了采用直接播种下茬作物于前作物茬地上以外，还可以利用再生、移栽、套作等方法达到复种目的。但是复种的发展受当地热量、土壤、水利、肥料、劳力等条件的制约，其中热量条件是主要的限制因素。覆膜可以提高作物根层土壤温度，为春小麦播种提供一个良好的播种环境。

膜下滴灌春小麦复种西兰花技术模式包括春小麦控水、控肥技术及配套农机技术与田间管理技术，复种西兰花控水、控肥、控药技术及配套农机技术与田间管理技术。

1. 头茬春小麦

(1)有效降雨量

春小麦生育期平均有效总降雨量为 37.6 mm。

(2)春小麦需水量

春小麦整个生育期平均需水量为 250～320 m^3/亩。

(3)春小麦生育期划分及主攻目标

上一年度秋浇增加的土壤底墒，保证小麦苗全、苗齐、苗匀、苗壮，分蘖期小麦长三片叶时，适时灌水可提高保根、壮苗、穗多、穗大，拔节期是春小麦快速生长期，需水量增加，保证土壤含水率，可有效调整个体与群体、营养与生长的关系，抽穗期是需水关键期，保证小麦需水，可达到养根、防虫、增粒重效果，小麦成熟期要适时收获。

(4)灌水技术

上一年度 10～11 月秋浇，秋浇定额 90～120 m^3/亩，生育期共灌水 7 次，灌溉定额 180～205 m^3/亩。5 月上中旬拔节期灌水 2 次，灌水定额 30～35 m^3/亩，5 月下旬至 6 月中旬抽穗期灌水 3 次，灌水定额 30～35 m^3/亩，6 月下旬灌浆期灌水 1 次，灌水定额 15 m^3/亩，成熟期土壤水分不足时应及时进行灌水，灌水 1 次，灌水定额 15 m^3/亩。

(5)施肥技术

前茬作物收获后，结合耕翻施入基肥，耕深 25～30 cm，结合深耕压腐熟优质农家肥 1 000～2 000 kg/亩，每亩施磷酸二铵 20～25 kg，采用分层随种施肥。并进行旋耕、耙耱平整土地。5 月 中上旬，小麦拔节期每次灌水追施尿素 5～6 kg/亩，将尿素提前溶化，倒入施肥罐中随灌溉水施入。5 月下旬至 6 月中旬抽穗期，结合灌水每次追施尿素 3～4 kg/亩。6 月下旬灌浆期结合灌水追施尿素 4～5 kg/亩。

(6)耕作栽培技术

①选用良种：永良 4 号，生育期 102～110 d。采用集铺膜(地膜宽度 170 cm)、铺带(通用滴灌带 2 根)、播种一体化的联合播种机作业。要求地膜、滴灌带不破损，滴灌带迷宫面朝上。以 8 行两带穴播方式为主，穴播行距及株距为 12 cm 左右、每穴 12～18 粒。播深 3～5 cm。

药剂拌种：100 kg 种子用 2%戊唑醇干拌剂或湿拌剂 100～150 g。

②适时早播：覆膜小麦的膜下温度高，比常规种植小麦早播 5～8 d，一般在 3 月 15～20 日播种，播种量按 12～16 kg/亩。田间保苗株数在 45 000～50 000 株/亩。

③浇头水后(4～5 叶期)用苯磺隆干悬浮剂(75%)每亩 1 g 兑水 30 kg 或 2,4-D 丁酯 30 g 兑水 30 kg 喷雾，杀灭双子叶杂草；用 10%精噁唑禾草灵乳油每亩 50～60 mL 兑水 30 kg 喷

雾,防治野燕麦等单子叶杂草。

④抽穗前后防治小麦锈病、白粉病,每亩用20%三唑酮40 g或25%三唑酮30 g兑水30～40 kg喷雾。

⑤小麦蚜虫防治,抽穗期至灌浆期每亩用50%抗蚜威(辟蚜雾)可湿性粉剂10 g兑水30 kg喷雾。

⑥小麦成熟期及时进行机械收割,适时抢收,做到单收、单晒、单贮。

(7)产量结构

膜下滴灌小麦穗数519株,百粒重4.38 g,单株籽粒产量2.73 g,产量350 kg/亩。2017年、2018年较传统畦灌产量分别增加1 316.21 kg/hm²、480.80 kg/hm²,2年膜下滴灌小麦平均穗数、百粒重和单株籽粒产量与畦灌相比,分别增加11.02%、2.71%和10.03%。

(8)农机配套技术

①膜下滴灌小麦采用覆膜穴播的种植方式将滴灌小麦和小麦覆膜穴播技术的优势有效结合,打破了密植作物难以覆盖的区域。点播每穴12～18粒小麦种子,播深3～5 cm,播种株行距12 cm左右。地膜宽度90 cm或170 cm,一膜一带或一膜两带,滴灌带间距60～80 cm,每带控制4～6行。

②按控制种植面积选取适宜的施肥罐。

(9)管理技术

①为使出苗迅速,达到苗齐、苗匀、苗壮,应做好整地保墒、施足底肥、精选种子和适时播种;小麦较耐连作,但不宜超过2年,适宜的前茬为大豆、玉米、马铃薯。

②追施肥料时,应提前将肥料溶化加入施肥罐中,追肥需配合灌水,以增加肥料的利用率,实现膜下滴灌小麦水肥一体化。

③拔节期—抽穗期需要大量的水分与养分,合理增加灌水追肥次数,能促进幼穗分化,穗粒数增多,提高小麦粒重,有利于增产。

④灌浆期注意雨天、大风天不浇水,防止小麦倒伏。小麦最适宜的收获阶段是蜡熟末期到完熟期,用联合收割机在小麦田中一次完成收割、脱粒等工序。

2. 二茬西兰花

(1)有效降雨量

西兰花生育期平均有效总降雨量为43 mm。

(2)西兰花需水量

西兰花整个生育期平均需水量为160～200 mm。

(3)西兰花生育期划分及主攻目标

西兰花移栽定植后适时浇定植水,保持土壤湿润,促根下扎。8月进行两次锄草,同时保证西兰花需水量,及时进行灌溉。9月中旬西兰花进入莲座期,该时期需水量增加,可适时增加灌水量,有利于促进花球坐果率,花蕾形成期是需水关键期,保证西兰花需水,可达到养根、防虫、提高花球重量效果。

(4)灌水技术

西兰花移栽定植前灌第1次水,应在出苗水以后每隔7～10 d灌1次,每次灌水量18～20 m³/亩,整个生育期滴灌以7～8次为宜,总灌水量128～140 m³/亩。7月下旬移栽定植后8～10 d灌水1次,灌水定额20 m³/亩,苗期—莲座期灌水2次,灌水定额18～20 m³/亩,莲座期—花蕾形成期灌水 2 次，灌水定额 18～20 m^3/亩，花蕾形成期—花球膨大期灌水 1～2 次，灌水定额 18～20 m^3/亩。

(5)施肥技术

施肥应掌握“前期促、中期控、后期攻”的原则，即苗期追施氮肥(尿素)，促进营养生长，中期控制施肥，后期攻结球肥。移栽定植后到莲座期共滴施尿素 2 次(10 kg/亩)；结球后到花球膨大期，每亩喷施磷酸二氢钾 2～3 次，促进花球膨大，喷施磷酸二氢钾应掌握少量多次的原则。

(6)耕作栽培技术

①品种选择：选择植株生长势强，花蕾深绿色、焦蕾少、花球弧圆形、侧芽少、蕾小、花球大、抗病耐热、耐寒，适应性广的品种。

②移栽前准备：小麦收获后及时灭草。6 月中旬选用早熟品种开始育苗，72 穴的穴盘，基质育苗。育苗时间 30～40 d，移栽壮苗的标准为秧苗达到 3～4 片真叶，茎节粗短，叶色浓绿，根系发达，无病虫害。

③移栽时间与方式：移栽时间在 7 月 20～25 日。小麦收获后不进翻耕，利用原有滴灌带及地膜，采用人工栽植，株行距 50 cm，留苗密度为 2 500～3 000 株/亩。

④打杈处理：结球前期，将分叉全部打掉，只保留主球茎；打早、打小。防止分叉过多吸收养分，造成主球茎营养不足。

(7)产量结构

花球直径 12～15 cm，单球质量 300～500 g，产量平均为 14 000～15 000 kg/hm^2，最高产量可达到 16 000 kg/hm^2左右。

(8)管理技术

①病虫害防治。西兰花主要的病害有霜霉病、软腐病等，防治霜霉病可用 70%代森锰锌可湿性粉剂 600～800 倍液与嘉美金点 800～1 000 倍液混合进行叶面喷施；防治软腐病可用 4%春雷霉素 800～1 000 倍液叶面喷施。其他病害有小菜蛾、菜青虫、菜蚜等，防治小菜蛾、菜青虫可用生物农药苏云金杆菌制剂喷洒；防治菜蚜可挂银灰色膜条避蚜或设置黄皿和黄板诱蚜。

②西兰花适时采收。采收时选择人工采收，避开高温段，以清晨和傍晚最好。采收时要求保留 4～5 片叶，高度 16～18 cm，花球直径在 12～15 cm，单球质量 300 g 左右采收，大花球一般 400 g 左右采收，选择色泽浓绿、花球紧实、朵形圆正、花蕾无发黄、焦蕾、无虫口、无活虫、无严重破损现象的花球。一般可连续采收 2～3 次。

5.5　春小麦复种西兰花滴灌技术模式效益分析

5.5.1　成本构成

依据当地市场价格调查，对两年粮食与经济作物效益进行相关计算，主要考虑生产成本和产值，最终比较效益大小。生产成本包括直接成本和间接成本，直接成本包括种子、化肥、地膜、滴管带、农药等购买费用；间接成本有田间管理时人工费、机械费用等。

1. 小麦种子成本

种子成本会随着小麦的品种及市场发生变化，当地主要种植小麦品种是永良 4 号，2 年市场平均价格在2.6元/kg左右。

2. 小麦种植灌水施肥施药成本

膜下滴灌小麦每次灌水、施肥、施药所产生的水费、电费、肥料及农药的成本以及所产生的附加成本。

3. 膜下滴灌小麦种植管道及地膜成本

膜下滴灌小麦滴灌系统主要由主干管和支管组成，根据地块大小及播种密度的不同，铺设管道的主干管和支管的数量不同，地膜所选择的规格不同，其管道及地膜成本也发生变化。

4. 小麦农田管理成本

小麦生长期间需要定期进行必要的农田管理，主要包括田间除草、松耕以及灌溉、施肥、打药所产生的成本，后期小麦成熟收割后装车运输所产生的管理成本。

5. 小麦种植农机配套成本

膜下滴灌小麦采用种植方式是农业机械耕地、播种、施肥、铺设滴灌带与地膜等一体化播种机，农机机械的配套成本不仅包含农机使用的燃油，还包括农机机械操作员的工资、农机机械折旧费以及农机机械的运输费。

6. 西兰花移植幼苗成本

收获小麦一周后移植西兰花幼苗，幼苗直接从苗圃基地进行购买，购买幼苗的成本及运输所产生的费用。

7. 西兰花种植灌水施肥施药成本

膜下滴灌西兰花每次灌水、施肥、施药所产生的水费、电费、肥料及农药的成本以及所产生的附加成本。

8. 西兰花种植管道及地膜成本

由于复种西兰花在原有的管道及地膜上定植，因此没有该项成本。

9. 西兰花农田管理成本

主要包括田间除草、松耕以及灌溉、施肥、打药所产生的成本，后期西兰花收割及收割后装车运输所产生的管理成本。

10. 西兰花种植农机配套成本

复种西兰花在原有的小麦茬进行种植，期间无农业机械作业，因此不产生其费用。

5.5.2 经济效益分析

效益分析主要包括经济效益、社会效益和环境效益。经济效益为农户农业增产值；社会效益为膜下滴灌春小麦复种西兰花技术的先进性及推广前景，农户对该技术的接受度及满意度；环境效益为农田环境质量的改善。

下面通过对利润(产出－投入)、产投比(产出/投入)、养分经济利用效率指标分析膜下滴灌春小麦复种西兰花技术模式效益。

依据两年田间试验，在各作物种植期记载各类物资及人工投入，并在各类作物成熟后测定其实际产量，按当年价格作为单价，计算种植作物投入费用、产值、利润。表5-34为膜下滴灌、畦灌春小麦复种西兰花产值与经济效益分析，由表5-34可知，膜下滴灌春小麦公顷投入平均为11 505元，传统畦灌春小麦公顷投入平均为11 115元，较膜下滴灌小麦公顷投入增加3.39%，其中膜下滴灌春小麦较传统畦灌灌水量、肥料施入量、种子播种量均减少，导致成本减少。

前茬小麦平均产量 6 036.35 kg/hm²、公顷产出值为16 298.15 元，公顷利润为 4 793.15 元；传统畦灌种植方式下，小麦的产量大幅下降，其公顷产出值为 14 492.74 元，较膜下滴灌小麦公顷产出值减小 11.08%；经济效益方面膜下滴灌春小麦公顷利润为 4 793.15 元，产投比为 1.42；传统畦灌小麦为 3 377.74 元，产投比为 1.30，得出膜下滴灌小麦较传统畦灌利润提高 41.9%，产投比增加 0.12。二茬复种西兰花，可以提高土地的利用效率与产能，西兰花种植投入主要集中于西兰花秧苗及种植和收获人工成本，膜下滴灌与传统畦灌复种西兰花公顷投入均为 12 300 元，膜下滴灌复种西兰花品相、个头及产量高于传统畦灌，公顷产出较传统畦灌提高 15.7%，为 41 766.32 元；膜下滴灌复种西兰花公顷利润为 29 466.32 元，产投比为 3.40，传统畦灌公顷利润为 23 799.47 元，产投比为 2.93，膜下滴灌利润较传统畦灌提高 23.8%。两茬合计膜下滴灌春小麦复种西兰花公顷总利润为34 259.47 元，传统畦灌春小麦复种西兰花总公顷利润为 27 177.22 元，可以看出膜下滴灌春小麦复种西兰花公顷利润可以增加 7 082.25元(作物价格计算以 2017～2018 年当地市场平均价格作为依据，小麦 2.6～2.8 元/kg，西兰花 2.4～3.0 元/kg)。

表 5-34　膜下滴灌、畦灌春小麦复种西兰花产值与经济效益

项目		小麦复种西兰花			
		膜下滴灌		畦灌	
		小麦	西兰花	小麦	西兰花
公顷投入(元/hm²)	种子(育苗)	750	6 750	1 125	6 750
	化肥	2 310	1 050	3 590	1 050
	地膜	945	—	—	—
	滴管带	900	—	—	—
	农药	450	500	450	500
	人工	2 500	4 000	2 500	4 000
	机械	1 200	—	1 200	—
	水费	1 950	—	2 250	—
	电费	500	—	—	—
	合计	11 505	12 300	11 115	12 300
公顷产出 (元/hm²)		16 298.15	41 766.32	14 492.74	36 099.47
公顷净利润 (元/hm²)		4 793.15	29 466.32	3 377.74	23 799.47
产投比		1.42	3.40	1.30	2.93
公顷总产出(元/hm²)		58 064.47		50 592.22	
公顷总净利润(元/hm²)		34 259.47		27 177.22	

5.5.3　示范区效益分析

1. 临河示范区概况

膜下滴灌春小麦复种西蓝花节水增效示范区位于内蒙古河套灌区永济灌区双河镇。示范区耕地隶属于农户，经营模式为农户个体经营。示范区总面积为 10 亩，该地阳光充足，热量丰富，年均气温 7 ℃，年均日照时数 3 222 h，无霜期 120 d，降雨少，蒸发强度大，多年平均降雨量仅为188 mm，多年平均蒸发量高达1 900 mm，属于典型干旱缺水型地区。

2. 效益分析

(1)经济效益分析

2017～2019年连续三年对示范区进行监测，根据对示范区农户的调查结果，从生产成本和产值，计算该模式下农户当年效益大小，结果见表5-35。种植成本包括直接成本和间接成本，直接成本包括种子、化肥、地膜、滴管带、农药等购买费用；间接成本有田间管理时人工费、机械费用等。2017～2019年市场农贸价格波动较小，2017年膜下滴灌春小麦复种西兰花亩均种植成本为1 754元，小麦亩均效益为1 067.4元，西兰花亩均效益为2 914.44元，膜下滴灌春小麦复种西兰花亩均总效益为3 981.84元，亩均净效益为2 227.84元。2018年膜下滴灌春小麦复种西兰花亩均种植成本为1 758元，小麦亩均效益为1 049.19元，西兰花亩均效益为3 040.98元，膜下滴灌春小麦复种西兰花亩均总效益为4 090.17元，亩均净效益为2 332.17元，较2017年亩均净效益增长4.68%。由于西兰花不宜储存，2019年复种经济作物为白菜，产量大，成本降低，小麦亩均效益为1 181.25元，白菜亩均效益为2 760.0元，膜下滴灌春小麦复种白菜亩均总效益为3 941.25元，亩均净效益为2 313.25元，较2017年亩均净效益增长3.83%。

表5-35　膜下滴灌春小麦复种西兰花产值与经济效益

项目		小麦复种西兰花					
		2017年		2018年		2019年	
		小麦	西兰花	小麦	西兰花	小麦	白菜
亩均种植成本(元/亩)	种子	87	550	84	550	96	400
	水电费	80		80		80	
	人工费	500		500		500	
	滴灌带	60		60		60	
	化肥	212		219		227	
	地膜	60		60		60	
	农药	45		45		45	
	农机及其他	160		160		160	
	小计	1 754		1 758		1 628	
亩产(kg/亩)		410.54	1 079.42	388.59	1 048.61	437.50	9 200
价格(元/kg)		2.6	2.7	2.7	2.9	2.7	0.3
亩均效益(元/亩)		1 067.4	2 914.44	1 049.19	3 040.98	1 181.25	2 760.0
合计(元/亩)		3 981.84		4 090.17		3 941.25	
亩均净效益(元/亩)		2 227.84		2 332.17		2 313.25	

(2)社会效益分析

通过膜下滴灌春小麦/西兰花复种技术水肥关键调控参数的确定，对膜下滴灌春小麦复种西兰花节水增效技术模式提供了科学合理的理论依据和实践生产指导，使得土地资源发挥最大效益，土地产出率提高，复种指数提高。同时较传统畦灌节水18.24%、节肥23.85%，平均增产15.46%，提高了农民的积极性，为进一步推动膜下滴灌春小麦复种西兰花节水增效技术模式的发展提供支撑。

(3)生态效益分析

在应对耕地面积锐减和粮食需求量增加突出等问题,复种技术模式在增加生物多样性和提高粮食安全方面具有重要作用,同时小麦收获后免耕留茬地膜再利用的复种模式可以更好地提高资源利用效率和生产力。头茬小麦收获残留在土壤中的肥料氮素既可以提高土壤的氮素有效性,又可以补充土壤氮库供西兰花前期生长吸收利用,这样可减少肥料氮素在土壤中的累积,降低氮素淋失的潜在风险,间接地解决了土壤退化、生产力低下以及温室气体排放等农业生态和环境问题。

第6章　香瓜复种向日葵滴灌技术研究

6.1　滴灌对香瓜及向日葵生长的影响

内蒙古磴口县位于河套平原与乌兰布和沙漠的结合部，黄河流经境内52 km，这里日照强、昼夜温差大、糖分积累多，得天独厚的地理位置和无与伦比的气候条件，使这里出产的瓜果格外香甜。香瓜的生长周期短，膜下滴灌可以有效提高土壤温度，为香瓜播种提高适宜的生长温度。开花后30 d成熟，大田中香瓜成熟大致在6月下旬后，香瓜收获后，即进入盛夏，该时间播种作物不能与该区域其他农作物形成一年两作，从而造成盛夏—秋季—冬季—早春农田闲置，形成了大量冬闲田。向日葵播种时间大约在5月上中旬，且苗期向日葵水分消耗少，利用香瓜种植生育期较短在香瓜坐果期播种小日期葵花，形成一种集约化程度较高的种植复种模式，解决土地闲置，增加当地农户经济收入。

6.1.1　滴灌香瓜生长性状变化

2年膜下滴灌香瓜苗期—成熟期生长指标见表6-1～表6-5，可以看出，苗期香瓜不同处理株高差异明显，膜下滴灌随灌水量增加，香瓜株高增加，高水分处理株高最大，其中2017年高水分处理较中水分处理株高增加0.9 cm，茎粗增加0.16 cm，根重增加0.1 g，叶茎比增加0.61%；2018年膜下滴灌香瓜株高较对照处理增加6.79%，茎粗、根重无差异，叶茎比较对照处理下降0.88%；膜下滴灌不同灌水量条件下，随灌水量增加，各生长指标均增加，但随灌水量增加，增长效应下降，说明水分较多对作物生长无促进作用。随香瓜生育期的推移，开花期香瓜各生长指标均增加，株高及茎粗均显著增加，香瓜的茎干物质增加，导致叶茎比明显下降，其中2017年开花期香瓜茎叶比较苗期平均下降42.22%；2018年低水分处理及中水分处理开花期香瓜茎叶比较苗期增加，而高水分处理开花期香瓜茎叶比较苗期降低，降低10.16%，单种开花期香瓜茎叶比较苗期降低59.77%，可以看出灌水量较大时，迅速增加香瓜茎干物质积累，降低香瓜茎叶比。

坐果期香瓜根系迅速生长，增加水分及养分吸收，供香瓜茎秆生长及香瓜果实的坐果率。其中2017年香瓜平均根重0.86 g，株高及茎粗平均为43.20 cm、0.83 cm；2018年膜下滴灌中水分处理株高生长速率最大，为1.69 cm/d，低水分处理株高显著低于其他处理（$P<0.05$），为44 cm，株高增长速率为1.49 cm/d，根重较开花期增加40.00%，叶茎比下降，单株鲜瓜平均质量为21.10 g，较单种香瓜处理鲜瓜质量减小16.79%。果实膨大期膜下滴灌中水分、高水分处理株高显著高于低水分处理，2017年膜下滴灌株高平均为85.70 cm，茎粗0.94 cm，根重2.0 g；2018年膜下滴灌不同处理单株鲜瓜平均质量为317.14 g，较坐果期鲜瓜增加296.04 g，不同处理鲜瓜质量大小依次为TZ3＞TZ2＞TZ1；灌水量由低水分增加至中水分，中水分增加至高水分，鲜瓜质量分别增加25.46%、21.56%，可以看出随灌水量的增加，鲜瓜质量的增长

效应下降；对照处理单株鲜瓜质量为 365.97 g，较复种鲜瓜质量增加 15.40%。香瓜成熟期株高达到最大，中水分处理株高最大，平均为 115.67 cm；两年香瓜根重变化规律相反，可能原因是 2017 根系取样时间为香瓜成熟期后期，根系凋萎，2018 年取样在初期，根系还未开始凋萎，因此变化规律存在差异。两年不同处理茎粗均增加，茎叶比下降。2018 年成熟期单株鲜瓜质量平均为 933.98 g，对照处理为 1 142.62 g，可以看出后期复种葵花对香瓜产量产生影响。

表 6-1　膜下滴灌香瓜苗期生长指标

年份	处理	株高(cm)	茎粗(cm)	根(g)	叶茎比	单株鲜瓜质量(g)
2017 年	TZ2	8.86	0.48	0.09	8.54%	—
	TZ3	9.76	0.64	0.19	9.15%	—
2018 年	TZ1	21.60	0.56	0.07	2.44%	—
	TZ2	27.63	0.54	0.10	2.69%	—
	TZ3	28.78	0.56	0.08	3.67%	—
	CK	24.35	0.55	0.09	3.82%	—

表 6-2　膜下滴灌香瓜开花期生长指标

年份	处理	株高(cm)	茎粗(cm)	根(g)	叶茎比	单株鲜瓜质量(g)
2017 年	TZ2	26.16	0.67	0.26	5.44%	—
	TZ3	25.58	0.76	0.43	4.74%	—
2018 年	TZ1	27.00	0.70	0.37	3.14%	—
	TZ2	32.50	0.63	0.25	2.96%	—
	TZ3	32.33	0.63	0.28	3.30%	—
	CK	29.33	0.67	0.22	1.54%	—

表 6-3　膜下滴灌香瓜坐果期生长指标

年份	处理	株高(cm)	茎粗(cm)	根(g)	叶茎比	单株鲜瓜质量(g)
2017 年	TZ2	42.30	0.76	0.94	3.32%	—
	TZ3	44.10	0.90	0.78	4.63%	—
2018 年	TZ1	44.00	0.77	0.43	2.40%	20.63
	TZ2	53.00	0.73	0.37	2.39%	22.51
	TZ3	50.67	0.67	0.46	2.19%	20.17
	CK	46.00	0.73	0.38	2.51%	25.36

表 6-4　膜下滴灌香瓜果实膨大期生长指标

年份	处理	株高(cm)	茎粗(cm)	根(g)	叶茎比	单株鲜瓜质量(g)
2017 年	TZ2	90.40	0.89	1.50	2.01%	—
	TZ3	81.01	0.99	2.50	1.59%	—
2018 年	TZ1	66.33	0.80	0.70	3.28%	251.72
	TZ2	85.33	0.73	0.50	2.88%	315.81
	TZ3	98.33	0.93	0.61	2.24%	383.90
	CK	87.17	0.77	0.76	2.50%	365.97

表 6-5　膜下滴灌香瓜成熟期生长指标

年份	处理	株高(cm)	茎粗(cm)	根(g)	叶茎比	单株鲜瓜质量(g)
2017 年	TZ2	112.33	1.16	1.37	1.24%	—
	TZ3	106.83	1.16	1.49	0.70%	—
2018 年	TZ1	108.33	0.93	0.68	2.52%	878.96
	TZ2	119.00	1.13	1.06	1.96%	967.77
	TZ3	100.00	1.00	1.27	2.06%	955.20
	CK	121.33	1.10	1.02	1.54%	1 142.62

6.1.2　滴灌复种向日葵生长性状变化

向日葵苗期—成熟期，分别测量其每个生育期的株高、茎粗及不同部位鲜重，烘干后测定其干物质质量。表 6-6～表 6-10 为两年膜下滴灌复种向日葵生长指标，由表可知不同处理向日葵株高随生育期呈先增加后小幅下降趋势，茎粗变化趋势基本与株高变化趋势一致。苗期复种向日葵不同处理株高无显著差异，其中 2017 年不同处理株高平均为 34.54 cm，茎粗平均为 0.51，灌水量增加，茎粗增加。2018 年复种向日葵不同处理株高、茎粗平均为 35.33 cm、0.46 cm；复种向日葵植株不同部位干物质累积量平均为 2.90 g，较对照处理向日葵干物质累积量降低 40.19%，其中叶干物质量减少最多，为 57.71%。随生育期推移，向日葵各指标迅速增加，现蕾期株高平均增高 67.73 cm，茎粗平均增加 1.2 cm，干物质累积量平均增加 48.18 g，该时期向日葵茎秆迅速增加，所以叶茎比下降；复种不同处理随不同处理灌水量的增加，株高、茎粗均增加，但增长效应下降。较对照处理各生长指标均下降，其中株高显著下降。

开花期根系迅速生长，向深层生长，根系干物质增加，增加水分及养分吸收，维持作物生长。灌浆期株高、茎粗、根及叶干重达到最大值，其中高水分处理各指标最大；2017 年复种向日葵平均株高、茎粗分别为 154.80 cm、3.15 cm，平均干物质累积量为 224.82 g，其中花盘干物质量平均为 80.26 g；2018 年复种向日葵平均株高、茎粗分别为 154.33 cm、2.40 cm，平均干物质累积量为 272.87 g，其中根系干物质量平均为 42.99 g、花盘干物质量平均为 98.46 g，叶茎比平均为 0.44，对照处理各指标均大于复种不同处理，株高、茎粗分别增加 18.79%、11.11%，植株干物质累积量增加 122.30%。向日葵成熟期株高、茎粗及植株不同器官干物质量均减小，但向日葵花盘干物质增加。2017 年复种向日葵平均株高、茎粗分别为 130.20 cm、3.02 cm，植株干物质累积量平均为 304.47 g，高水分处理较中水处理植株干物质累积量增加

51. 32 g，花盘增加 20 g；2018 年复种向日葵平均株高、茎粗分别为 141. 11 cm、2. 19 cm，植株干物质累积量平均为 352. 39 g，低水分处理较中水分处理植株干物质累积量增加 9. 33 g，花盘质量增加 1. 77 g；高水分处理较中水分处理植株干物质累积量增加 22. 88 g，花盘质量增加 3. 77 g；对照处理植株干物质累积量较复种不同处理分别增加 52. 92%、48. 82%、39. 64%，可以看出后期复种向日葵对向日葵产量产生影响，但随灌水量增加，减产效应下降。

表 6-6　膜下滴灌复种向日葵苗期生长指标

年份	处理	株高(cm)	茎粗(cm)	根(g)	茎(g)	叶(g)	花盘(g)	叶茎比
2017 年	TZ2	35. 16	0. 46	0. 26	1. 12	0. 98	—	0. 88%
	TZ3	33. 92	0. 56	0. 30	1. 36	1. 04	—	0. 76%
2018 年	TZ1	35. 00	0. 40	0. 46	1. 42	1. 45	—	1. 02%
	TZ2	34. 00	0. 47	0. 31	1. 25	0. 92	—	0. 74%
	TZ3	37. 00	0. 50	0. 39	1. 33	1. 15	—	0. 86%
	CK	45. 67	0. 63	0. 53	1. 53	2. 78	—	1. 81%

表 6-7　膜下滴灌复种向日葵现蕾期生长指标

年份	处理	株高(cm)	茎粗(cm)	根(g)	茎(g)	叶(g)	花盘(g)	叶茎比
2017 年	TZ2	100. 56	2. 19	4. 49	21. 98	15. 18	—	0. 69%
	TZ3	107. 90	2. 47	5. 35	25. 55	13. 95	—	0. 55%
2018 年	TZ1	79. 33	1. 20	4. 66	21. 65	14. 32	—	0. 66%
	TZ2	95. 67	1. 33	6. 95	28. 42	17. 60	—	0. 62%
	TZ3	111. 00	1. 33	3. 34	13. 50	11. 31	—	0. 84%
	CK	132. 67	1. 70	22. 74	68. 34	26. 94	—	0. 39%

表 6-8　膜下滴灌复种向日葵开花期生长指标

年份	处理	株高(cm)	茎粗(cm)	根(g)	茎(g)	叶(g)	花盘(g)	叶茎比
2017 年	TZ2	128. 80	2. 94	20. 59	54. 42	30. 33	19. 01	0. 56%
	TZ3	135. 60	3. 01	30. 25	89. 88	36. 20	23. 01	0. 40%
2018 年	TZ1	138. 67	1. 97	23. 43	58. 54	25. 57	18. 75	0. 44%
	TZ2	130. 33	2. 00	33. 82	96. 35	31. 65	24. 82	0. 33%
	TZ3	132. 67	2. 17	22. 87	71. 63	28. 77	26. 04	0. 40%
	CK	173. 33	2. 60	133. 65	238. 07	119. 78	48. 61	0. 50%

表 6-9 膜下滴灌复种向日葵灌浆期生长指标

年份	处理	株高(cm)	茎粗(cm)	根(g)	茎(g)	叶(g)	花盘(g)	叶茎比
2017 年	TZ2	151.80	3.18	37.70	59.50	33.96	76.20	0.57%
	TZ3	157.80	3.12	42.55	70.66	44.75	84.32	0.63%
2018 年	TZ1	153.00	2.40	39.58	74.68	40.08	89.66	0.54%
	TZ2	149.67	2.40	39.68	89.91	34.83	97.95	0.39%
	TZ3	160.33	2.40	49.72	111.21	43.52	107.77	0.39%
	CK	183.33	2.67	153.02	220.50	111.54	121.53	0.51%

表 6-10 膜下滴灌复种向日葵成熟期生长指标

年份	处理	株高(cm)	茎粗(cm)	根(g)	茎(g)	叶(g)	花盘(g)	叶茎比
2017 年	TZ2	125.20	3.03	26.27	75.20	33.08	144.26	0.44%
	TZ3	135.20	3.02	37.70	88.80	39.37	164.26	0.44%
2018 年	TZ1	140.67	2.17	41.21	85.61	38.10	173.62	0.45%
	TZ2	139.00	2.20	38.52	94.31	39.66	175.39	0.42%
	TZ3	143.67	2.20	48.45	100.06	43.09	179.16	0.43%
	CK	166.33	2.50	94.44	133.35	69.43	220.48	0.52%

6.1.3 滴灌香瓜复种向日葵产量

1. 膜下滴灌香瓜产量

膜下滴灌香瓜单株产量及公顷产量见表 6-11，由表可得，2017 年膜下滴灌香瓜平均单株产量 1 119.35 g，平均公顷产量 40.30 t/hm²，其中灌水量从中水分增加至高水分，公顷产量增加 12%。2018 年膜下滴灌香瓜复种条件下，不同处理香瓜单株最大产量为 1 157.92 kg/株，平均产量为 2 618.5 kg/亩，较单种香瓜产量下降 162.1 kg/亩，其中单种香瓜产量显著高于复种的低水分处理和中水分处理($P<0.05$)，但与复种高水分处理无显著差异($P>0.05$)。复种条件下，不同灌水量差异显著($P<0.05$)，高水分处理产量最大，为 2 779.3 kg/亩；低水分处理产量最低，为 2 449.3 kg/亩；当灌水量从 TZ1 增加到 TZ2 处理，香瓜产量增加 7.26%，灌水量从 TZ2 增加到 TZ3 处理，香瓜增产效应降低，为 5.78%。

表 6-11 膜下滴灌香瓜单株产量及公顷产量

年份	处理	单株产量(g/株)	产量(t/hm²)
2017 年	TZ2	1 053.90	37.94
	TZ3	1 184.80	42.65
2018 年	TZ1	1 020.58	36.74
	TZ2	1 094.67	39.41
	TZ3	1 157.92	41.69
	CK	1 158.58	41.71

2. 膜下滴灌复种向日葵产量

膜下滴灌复种向日葵产量及产量要素见表 6-12，由表可得，2017 年膜下滴复种向日葵平均产量为3 025.94 kg/hm²，花盘直径无明显差异，单株籽粒重平均为91.70 g/株，百粒重平均为12.40 g，灌水量增加至高水分处理，百粒重提高7.3%，产量提高15.70%。2018年向日葵产量及产量构成要素表现较好，复种条件下，向日葵最大产量为3 383.16 kg/hm²，较单种向日葵产量下降28.77%(4 749.69 kg/hm²)，复种不同灌水条件下产量差异显著，平均产量为3 044.91 kg/hm²，较单种向日葵产量下降35.89%(4 749.69 kg/hm²)。单种向日葵花盘直径为23 cm，复种条件下向日葵花盘直径在22～24 cm之间，其中低水分处理花盘直径显著高于其他处理($P<0.05$)。单株籽粒单种向日葵显著高于复种，平均增加185粒/株，其中复种高水分处理籽粒数较单种下降8.82%。复种条件下高水分处理单株籽粒重显著高于其他处理($P<0.05$)，灌水量从TZ1增加到TZ3处理，单株籽粒重依次提高5.63%、14.51%，复种向日葵最大单株籽粒较单种减少41.41 g/株。复种条件下，不同灌水量百粒重无显著差异($P>0.05$)，平均为12.81 g，较单种百粒重减小20.65%(16.14 g)。

表6-12　膜下滴灌复种向日葵产量及其产量要素

时间	处理	花盘直径(cm)	单株籽粒(粒/株)	单株籽粒重(g/株)	百粒重(g)	产量(kg/hm²)
2017年	TZ2	23	1 350	85.02	11.96	2 805.66
	TZ3	24	1 530	98.37	12.83	3 246.21
2018年	TZ1	24	776	84.76	12.76	2 797.08
	TZ2	23	775	89.53	12.82	2 954.49
	TZ3	22	919	102.52	12.85	3 383.16
	CK	23	1 008	143.93	16.14	4 749.69

6.1.4　滴灌香瓜复种向日葵水分利用效率

1. 膜下滴灌香瓜复种向日葵土壤含水率变化

图6-1为膜下滴灌香瓜复种向日葵生育期0～100 cm土层土壤平均含水率。由图可得，香瓜生育期土壤含水率随时间推移呈下降趋势，不同灌水处理平均土壤含水率依次为19.06%、20.01%、21.18%；苗期香瓜生长速度慢水分消耗较少，覆膜条件下水分蒸发强度下降，因此土壤含水率较高，平均为20.85%，随时间推移，坐果期—果实膨大期，香瓜需水量增加，土壤水分消耗增加，土壤含水率较开花期减少1.08%。7月香瓜进入成熟期，减少灌水量有利于香瓜的采收，向日葵苗期生长消耗土壤水分，因此该时期土壤含水率迅速降低，含水率平均下降3.46%，TZ3处理土壤水分消耗最大，含水率下降4.4%；向日葵生育期水分消耗较香瓜偏大，现蕾期—灌浆期复种向日葵土壤平均含水率依次为13.96、17.05%、18.25%；成熟期向日葵水分消耗小幅减少，较灌浆期平均含水率增加0.08%，平均含水率为17.72%；不同灌水量下复种向日葵土壤含水率呈线性均匀分布，随灌水量增加，0～100 cm土层土壤平均含水率分别依次增加7.68%、12.54%。

2. 膜下滴灌香瓜复种向日葵土壤耗水量

膜下滴灌香瓜复种向日葵生育期作物耗水量变化见表6-13。由表可知，膜下滴灌条件下，单种香瓜生育期土壤贮水量消耗量为16.66 mm，单种向日葵土壤贮水量消耗量为10.97 mm，香瓜复种向日葵土壤贮水量消耗量平均为44.43 mm，其中低水分处理土壤贮水量消耗量最多，为56.58 mm，随灌水量增加土壤贮水量消耗量减小。香瓜复种向日葵耗水量平均为 388.8 mm，单种香瓜与单种向日葵耗水量总和为 457.07 mm，耗水量相差 68.27 mm，其中较复种高水分处理耗水量增加 16.30 mm，较复种中水处理耗水量增加 71.91 mm。由此可知，膜下滴灌香瓜复种向日葵较两年两茬单种耗水量减少，同时提高了土地的利用率。

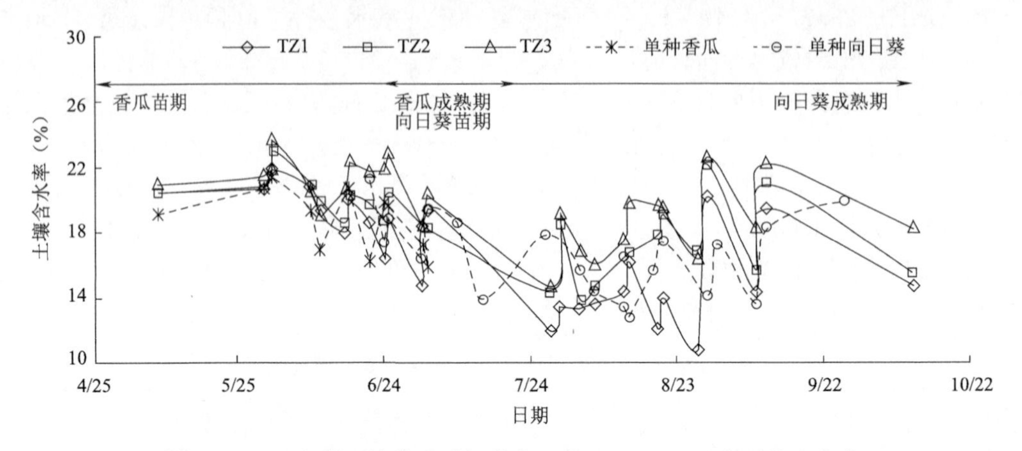

图 6-1　2018 年膜下滴灌香瓜复种向日葵 0～100 cm 土壤平均含水率

表 6-13　膜下滴灌香瓜复种向日葵耗水量

处理		土壤贮水变化量(mm)	降雨量(mm)	灌水量(mm)	耗水量(mm)
复种	TZ1	−56.58	86.00	197.90	340.48
	TZ2	−51.78		247.38	385.16
	TZ3	−24.93		329.84	440.77
单种香瓜		−16.66	16.40	149.93	182.99
单种向日葵		−10.97	83.20	179.91	274.08

3. 膜下滴灌香瓜复种向日葵水分生产效率

膜下滴灌香瓜复种向日葵水分生产效率如图 6-2 所示。由图可得，不同处理膜下滴灌复种较单种水分生产效率高，分别提高 14.24%、8.20%、0.59%。TZ1 处理水分生产效率最大，为 116.12 kg/(hm^2·mm)，显著高于其他处理($P<0.05$)；灌水量增加，水分生产效率下降，TZ3 处理水分生产效率达到最小，但与单种香瓜+向日葵水分生产效率无明显差异($P>0.05$)。由此可知，膜下滴灌香瓜复种向日葵较单种香瓜和向日葵有利于提高水分生产效率。

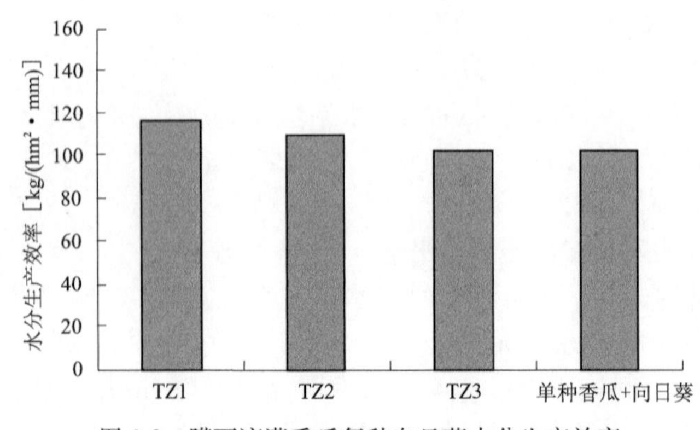

图 6-2　膜下滴灌香瓜复种向日葵水分生产效率

6.1.5　膜下滴灌香瓜复种向日葵肥料利用效率

1. 膜下滴灌香瓜复种向日葵初始及收获后土壤养分

测定2017年和2018年膜下滴灌香瓜复种向日葵初始土壤养分及收获后土壤养分指标，见表6-14～表6-17。由表可得，2017年膜下滴灌香瓜复种向日葵初始土壤0～40 cm有机质平均含量为8.68 g/kg、全氮质量比平均为0.47 g/kg，全磷质量比为0.43 g/kg；可被作物直接吸收利用的氮素中铵态氮质量比为5.44 mg/kg，硝态氮质量比为5.59 mg/kg；速效磷质量比为6.16 mg/kg；土壤中速效钾含量较多，质量比为143.31 mg/kg。收获后膜下滴灌香瓜复种向日葵中水分处理土壤0～40 cm比较初始全氮含量增加63.67%(0.77 g/kg)，全磷含量降低4.12%(0.41 g/kg)；速效磷含量降低37.46%(3.84 mg/kg)；高水分处理土壤0～40 cm比较初始全氮含量减少15.51%(0.40 g/kg)，全磷含量降低8.24%(0.39 g/kg)；速效磷含量降低2.34%(6.10 mg/kg)。

2018年膜下滴灌香瓜复种向日葵0～40 cm土壤中可被作物直接吸收利用的氮素中碱解氮质量比为26.96 mg/kg，速效磷质量比为6.15 mg/kg，速效钾质量比为149.0 mg/kg。收获后低水分处理土壤0～40 cm较初始碱解氮增加90.88%，速效磷含量降低22.97%，速效钾含量增加9.48%；中水分处理氮素吸收利用减少，土壤0～40 cm较初始碱解氮增加97.16%，氮磷消耗增加，速效磷含量降低43.29%，速效钾含量减少4.28%；高水分处理氮素吸收利用较其他处理增加，土壤0～40 cm较初始碱解氮增加9.34%，速效磷含量降低26.42%，速效钾含量增加17.45%。

表6-14　2017年膜下滴灌香瓜复种向日葵初始土壤养分

处理	土层深度(cm)	有机质(g/kg)	全氮(g/kg)	全磷(g/kg)	铵态氮(mg/kg)	硝态氮(mg/kg)	速效磷(mg/kg)	速效钾(mg/kg)
TZ2	0～10	9.28	0.53	0.47	3.23	6.14	7.35	172.00
	10～20	9.35	0.51	0.36	5.63	6.44	8.90	142.00
	20～30	7.22	0.38	0.48	8.44	5.99	7.60	124.00
	30～40	8.64	0.41	0.54	2.84	4.19	1.30	170.50
TZ3	0～10	9.81	0.53	0.34	4.29	4.03	6.90	118.50
	10～20	7.51	0.49	0.40	6.88	5.89	10.60	141.50
	20～30	7.37	0.46	0.37	5.15	10.45	4.55	97.50
	30～40	10.28	0.43	0.44	7.03	1.58	2.05	180.50

表6-15　2017年膜下滴灌香瓜复种向日葵收获后土壤养分

处理	土层深度(cm)	全氮(g/kg)	全磷(g/kg)	碱解氮(mg/kg)	速效磷(mg/kg)
TZ2	0～10	0.77	0.38	46.47	4.30
	10～20	0.63	0.41	60.08	4.65
	20～30	0.80	0.40	26.28	4.35
	30～40	0.86	0.44	44.76	2.10

续上表

处理	土层深度(cm)	全氮(g/kg)	全磷(g/kg)	碱解氮(mg/kg)	速效磷(mg/kg)
TZ3	0～10	0.45	0.37	41.03	6.55
	10～20	0.39	0.37	60.48	9.85
	20～30	0.37	0.39	27.18	4.70
	30～40	0.37	0.43	31.09	2.95

表 6-16　2018 年膜下滴灌香瓜复种向日葵初始土壤养分

年份	土层深度(cm)	碱解氮(mg/kg)	速效磷(mg/kg)	速效钾(mg/kg)
2018 年	0～10	25.77	6.85	182.5
	10～20	29.65	4.6	137.5
	20～30	27.54	9.55	118.5
	30～40	24.87	3.6	157.5

表 6-17　2018 年膜下滴灌香瓜复种向日葵收获后土壤养分

处理	土层深度(cm)	碱解氮(mg/kg)	速效磷(mg/kg)	速效钾(mg/kg)
TZ1	0～10	81.00	3.85	263.5
	10～20	53.12	3.70	156.0
	20～30	52.57	6.55	122.5
	30～40	19.16	4.85	110.5
TZ2	0～10	87.64	3.15	160.5
	10～20	52.76	3.95	134.5
	20～30	51.78	3.75	127.5
	30～40	30.44	3.10	148.0
TZ3	0～10	37.76	5.55	235.5
	10～20	27.54	3.80	167.5
	20～30	18.90	4.65	176.5
	30～40	34.14	4.10	120.5

2. 膜下滴灌香瓜复种向日葵生育期施肥量

膜下滴灌香瓜复种向日葵生育期进行多次少量施肥，2017 年和 2018 年膜下滴灌香瓜复种向日葵整个生育期施肥量见表 6-18 和表 6-19。由表可知，2017 年膜下滴灌香瓜生育期内总施肥量为 1 275 kg/hm^2，施用尿素(N 肥)共 300 kg/hm^2，施用磷肥 750 kg/hm^2，腐殖酸 225 kg/hm^2，有助于提高土壤有机质含量，其中香瓜开花期与果实膨大期各施肥 1 次，追施尿素(N 肥)225 kg/hm^2、75 kg/hm^2。2018 年膜下滴灌香瓜施肥量与 2017 年一致，但生育期尿素(N 肥)不同，只在香瓜开花期施肥 1 次，为 300 kg/hm^2，其余生育期未进行施肥。香瓜开花期后复种向日葵，该时期向日葵肥料利用主要依赖于香瓜开花期所施氮肥，向日葵苗期时，土壤养分消耗大，该时期香瓜不进行施肥，因此向日葵苗期施肥 1 次，尿素(N 肥)150 kg/hm^2，现蕾期和灌浆期均进行 1 次施肥，追尿素(N 肥)120 kg/hm^2、75 kg/hm^2，整个生育期共施肥(N

肥)345 kg/hm²。2017 年和 2018 年复种向日葵总施肥量及施肥时间一致。

表 6-18　膜下滴灌香瓜施肥量

年份	施肥时间	施肥次数	施肥量(kg/hm²)		
			N 肥	P 肥	腐殖酸
2017 年	播种	1	—	750	225
	苗期	—	—	—	—
	开花期	1	225	—	—
	坐果期	—	—	—	—
	果实膨大期	1	75	—	—
	成熟期	—	—	—	—
2018 年	播种	1	—	750	225
	苗期	—	—	—	—
	开花期	1	300	—	—
	坐果期	—	—	—	—
	果实膨大期	1	—	—	—
	成熟期	—	—	—	—

表 6-19　膜下滴灌复种向日葵施肥量

年份	施肥时间	施肥次数	施肥量(kg/hm²)
			N 肥
2017 年	播种	—	—
	苗期	1	150
	现蕾期	1	120
	开花期	—	—
	灌浆期	1	75
	成熟期	—	—
2018 年	播种	—	—
	苗期	1	150
	现蕾期	1	120
	开花期	—	—
	灌浆期	1	75
	成熟期	—	—

3. 膜下滴灌香瓜复种向日葵肥料偏生产力

根据 2017 年和 2018 年膜下滴灌香瓜产量和施肥量，利用式(5-1)计算膜下滴灌香瓜肥料偏生产力，见表 6-20、表 6-21。由表可得，2017 年膜下滴灌香瓜平均肥料偏生产力为 31.61，同等施肥条件下，灌水量从 TZ2 增加至 TZ3 处理，肥料偏生产力提高 12.4%，膜下滴灌复种向日葵平均肥料偏生产力为 8.77，灌水量从 TZ2 增加至 TZ3 处理，肥料偏生产力提高 15.7%。2018 年膜下滴灌香瓜肥料偏生产力平均为 30.81，随灌水量增加，肥料偏生产力呈增加趋势，依次提高 7.26%、5.78%；单种香瓜肥料偏生产力为 32.71，较膜下滴灌平均增加 6.18%。膜下滴灌复种向日葵肥料偏生产力平均为 8.83，随灌水量增加，肥料偏生产力依次提高 5.63%、14.56%；单种向日葵肥料偏生产力为 13.77，较膜下滴灌平均增加 55.9%。由此可以看出，同等施肥条件下，增加灌水量可提高肥料偏生产力，膜下滴灌条件下复种较单种肥料偏生产力下降。

表 6-20 膜下滴灌香瓜肥料偏生产力

年份	处理	产量(kg/hm²)	总施肥量(kg/hm²)	肥料偏生产力
2017 年	TZ2	37 940.40	1 275	29.76
	TZ3	42 652.80		33.45
2018 年	TZ1	36 741.00	1 275	28.82
	TZ2	39 408.00		30.91
	TZ3	41 685.00		32.69
	CK	41 709.00		32.71

表 6-21 膜下滴灌复种向日葵肥料偏生产力

年份	处理	产量(kg/hm²)	总施肥量(kg/hm²)	肥料偏生产力
2017 年	TZ2	2 805.66	345	8.13
	TZ3	3 246.21		9.41
2018 年	TZ1	2 797.08	345	8.11
	TZ2	2 954.49		8.56
	TZ3	3 383.16		9.81
	CK	4 749.69		13.77

4. 膜下滴灌香瓜复种向日葵养分消耗

基于土壤初始和收获后养分指标及生育期施肥量，计算膜下滴灌香瓜复种向日葵初始及收获后土壤养分含量，最终得出膜下滴灌香瓜复种向日葵养分消耗量。由表 6-22 和表 6-23 可知，2017 年膜下滴灌香瓜随灌水量增加，养分消耗量增加，其中高水分处理养分消耗总量为 875.98 kg/hm²，N 肥消耗量较中水分处理增加 32.29%，P 肥消耗量较中水分处理增加 1.93%。

2018 年膜下滴灌香瓜随灌水量增加，养分消耗量呈先减小后增加趋势，低水分处理养分总消耗量为 909.52 kg/hm²，中水分处理养分总消耗量为 906.83 kg/hm²，其中 N 肥消耗量较低水处理减少 6.82%，P 肥消耗量较低水处理增加 1.00%。高水分处理养分总消耗量为 1 043.90 kg/hm²，其中 N 肥消耗量较中水分处理增加 101.95%，P 肥消耗量较低水分处理减少 0.82%。单种香瓜养分消耗 952.30 kg/hm²，较复种高水处理养分消耗量降低 8.77%，其中 N 肥消耗量减少 14.85%，P 肥消耗量减少 6.50%。可以看出低水处理中水分亏缺可促进根系下扎的深度，吸收土壤水分及养分，随灌水量的增加，高水处理在获得高产的同时，也可提高氮肥利用率，增加土壤中养分的消耗。

2017 年、2018 年膜下滴灌复种向日葵养分消耗表现出与香瓜类似规律。

表 6-22　膜下滴灌香瓜养分消耗量

年份	土层深度(cm)	处理	种植前平均土壤养分(kg/hm²)		施入养分(kg/hm²)		收获后平均土壤养分(kg/hm²)		养分消耗总量(kg/hm²)	
			N	P	N	P	N	P	N	P
2017 年	0～40	TZ2	65.24	38.25	300	750	270.07	23.42	95.17	764.83
		TZ3	68.89	36.65			242.99	36.57	125.9	750.08
2018 年	0～40	TZ1	163.98	37.41	300	750	313.05	28.82	150.93	758.59
		TZ2					323.34	21.21	140.64	766.20
		TZ3					179.97	27.53	284.01	759.88
		CK					222.14	76.95	241.84	710.46

表 6-23　膜下滴灌复种向日葵养分消耗量

年份	土层深度(cm)	处理	种植前平均土壤养分(kg/hm²)		施入养分(kg/hm²)		收获后平均土壤养分(kg/hm²)		养分消耗总量(kg/hm²)	
			N	P	N	P	N	P	N	P
2017 年	0～40	TZ2	307.32	42.43	345.00	—	144.72	11.83	507.60	30.60
		TZ3	130.65	43.34			100.63	13.57	375.02	29.78
2018 年	0～40	TZ1	406.18	45.32	345.00	—	91.67	15.83	659.51	29.49
		TZ2	103.23	63.49			104.25	11.48	343.98	52.01
		TZ3	242.56	37.41			184.21	29.27	403.35	8.14
		CK	141.95	24.94			124.57	23.34	362.38	1.60

6.2　香瓜复种向日葵滴灌技术水肥调控参数

1. 灌溉制度确定

灌溉制度及施肥制度确定的目的在于提高水分利用效率和改进作物生长条件，起到节水增产减肥提质、改善农田生态环境的作用。最终目标为效益最大、成本最低。根据两年膜下滴灌各试验数据，优化灌溉制度及施肥制度。

考虑作物生长状况、产量及效益，膜下滴灌香瓜复种向日葵共灌水 11 次，灌水定额为 15～20 m³/亩，灌溉定额为 165～220 m³/亩，灌水周期为 7～10 d。香瓜播种前保证土壤底墒，灌水 1 次。香瓜苗期—果实膨大期土壤水分不足时应进行灌水，以保证香瓜需水，各生育期均灌水 1 次。复种条件下向日葵播种前香瓜成熟期灌水 1 次，保证土壤底墒，有利于向日葵种子萌发。向日葵苗期—成熟期共灌水 5 次，灌水定额 15～20 m³/亩，灌溉定额为 75～100 m³/亩。具体灌溉制度见表 6-24。

表 6-24 膜下滴灌香瓜复种向日葵灌溉制度

作物	灌水时间	灌水次数	灌水定额(m^3/亩)	灌溉定额(m^3/亩)
香瓜	播种	1	15～20	15～20
	苗期	1	15～20	15～20
	开花期	1	15～20	15～20
	坐果期	1	15～20	15～20
	果实膨大期	1	15～20	15～20
	成熟期(向日葵播前)	1	15～20	15～20
向日葵	苗期	1	15～20	15～20
	现蕾期	1	15～20	15～20
	开花期	1	15～20	15～20
	灌浆期	1	15～20	15～20
	成熟期	1	15～20	15～20
	合计	11		165～220

2. 施肥制度确定

膜下滴灌香瓜复种向日葵整个生育期共施肥 6 次，总施肥量1 395 kg/hm^2，其中施氮肥 645 kg/hm^2，基肥中施磷酸二铵 750 kg/hm^2，腐殖酸 225 kg/hm^2。追肥前应先滴清水 15～20 min，再将提前用水溶解的固体肥加入施肥罐中，追肥完成后再滴清水 30 min，清洗管道，防止堵塞滴头。香瓜开花期施肥 1 次，施氮量为 225 kg/hm^2，果实膨大期施肥 1 次，施氮量为 75 kg/hm^2。复种向日葵生育期施肥 3 次，苗期施肥 1 次，施氮量为 150 kg/hm^2，现蕾期施肥 1 次，施氮量为 120 kg/hm^2，灌浆期施肥 1 次，施氮量为 75 kg/hm^2。膜下滴灌香瓜复种向日葵施肥制度见表 6-25。

表 6-25 膜下滴灌香瓜复种向日葵施肥制度

作物	灌水时间	施肥次数	施肥量(kg/hm^2)		
			N 肥	P 肥	腐殖酸
香瓜	播种	1		750	225
	苗期	—			
	开花期	1	225		
	坐果期	—			
	果实膨大期	1	75		
	成熟期(向日葵播前)	—			
向日葵	苗期	1	150		
	现蕾期	1	120		
	开花期	—			
	灌浆期	1	75		
	成熟期	—			
	合计	6	645	750	225

6.3　香瓜复种向日葵滴灌技术模式

6.3.1　技术集成原理、方法及内容

1. 膜下滴灌香瓜复种向日葵技术集成原理

将滴灌技术、施肥技术、农艺技术、农机技术、管理技术组合起来，形成膜下滴灌香瓜复种向日葵技术模式，在示范区内通过统一整地、统一播种、统一灌水、统一施肥、统一虫害防治的管理，实现规范化、标准化作业，达到节水增产增效的目的。

2. 膜下滴灌香瓜复种向日葵技术集成方法

研究筛选出在膜下滴灌香瓜复种向日葵膜下滴灌技术参数、灌水施肥技术、管理技术，进行优化组合与相互配套，形成统一的规范化、标准化技术模式。

3. 膜下滴灌香瓜复种向日葵技术集成内容

主要包括：香瓜膜下滴灌关键技术参数、控水、控肥、控药技术，膜下滴灌香瓜种植农机配套技术、种植管理技术。

6.3.2　膜下滴灌香瓜复种向日葵技术模式

膜下滴灌技术是在滴灌技术和覆膜技术的基础上，扬长避短、有机结合形成的一种特别适合干旱半干旱地区机械化大田作物栽培的新型田间灌溉方式。滴灌系统用管道供水、供肥，使带肥的灌溉水成滴状，缓慢、均匀、定时定量地灌溉到作物根系发育区域，使作物根系始终保持在自由含水状态；地膜覆盖有保墒、提墒、灭草、增加地温、减少作物水分棵间蒸发的作用。

复种是一年内于同一田地上连续种植两季或两季以上作物的一种集约化程度较高的种植方式。上茬作物收获后，除了采用直接播种下茬作物于前作物茬地上以外，还可以利用再生、移栽、套作等方法达到复种目的。膜下滴灌香瓜复种向日葵技术模式包括香瓜控水、控肥技术及配套农机技术与田间管理技术，复种(套种)向日葵控水、控肥技术及配套农机技术与田间管理技术。

1. 香瓜复种向日葵生育期有效降雨量

生育期平均有效总降雨量为86 mm。

2. 香瓜复种向日葵需水量

整个生育期平均需水量为350～450 m^3/亩。

3. 头茬香瓜生育期划分及主攻目标

香瓜各生育阶段的主攻目标为苗期，播种前进行一次畦灌，增加土壤底墒，保证苗全、苗齐、苗匀、苗壮，苗期适时灌水可提高保根、壮苗；坐果期是香瓜快速生长期，需水量增加，保证土壤含水率，可有效调整个体与群体、营养与生长的关系；果实膨大期是需水关键期，保证香瓜需水，可达到养根、防虫、增产效果；成熟期减少灌水，并要适时收获。

4. 灌水技术

6月中下旬香瓜花期灌水一次，灌水量为12～15 m^3/亩；坐果期及时灌水，使土壤湿润，灌水量为15～20 m^3/亩；7月香瓜进入果实膨大期适量减少灌水，如果遇到雨季，不进行灌水，土壤干旱时，补充水量，灌水量为12～15 m^3/亩。

5. 施肥技术

前茬作物收获后，结合耕翻施入基肥，耕深 25～30 cm，结合深耕压腐熟优质农家肥 1 000～2 000 kg/亩，每亩施磷酸二铵 20～25 kg，采用分层随种施肥，并进行旋耕、耙耱平整土地。香瓜果实膨大期灌水追施尿素 8～10 kg/亩，将尿素提前溶化，倒入施肥罐中随灌溉水施入。

6. 耕作栽培技术

(1)品种：选择早熟蔓生型品种。

(2)覆膜采用 70 cm 宽的地膜，一膜一带，一膜播种 2 行。

(3)整枝与留果：采用双蔓式整枝，即幼苗 4～5 片真叶时，留 4 片真叶进行主蔓摘心，子蔓伸出后选留 2 条健壮的子蔓作为结果蔓，其余去除；长到 6～10 片真叶时再进行对子蔓摘心，全株留 3～4 条孙蔓，孙蔓出现雌花后，在花上面留 2 片叶摘心。无雄花子蔓及时拔去，其余枝杈全部摘除，以全株留 3～4 颗瓜为好。应保持瓜秧生长旺盛，及时灌水及施肥，补充膨果期所需的水分及养分。

(4)在第 1 次追肥前 1～2 d 进行中耕、除草、培土 1 次，之后视瓜地杂草情况确定是否除草，若有杂草，则在第 3 次追肥前 2～3 d 进行中耕除草或将 10%草甘膦水剂 400 mL 或 20%百草枯水剂 200 mL 喷施于土壤表层，剩余的阔叶杂草人工拔除。

(5)采收时间：一般在瓜种播种后约 70 d，即 6 月底 7 月初开始采摘。采摘时要轻摘轻放，采收放在室内 1～2 d 后投放市场，果实色彩和口感、甜度更佳。

(6)病虫害防治。香瓜的主要病害有炭疽病、疫病和枯萎病，虫害主要有地下害虫、蚜虫等。炭疽病和疫病主要发生在适温高湿的条件下，发病后应立即用可杀得或绿乳铜 800 倍液喷施，枯萎病发病后，应及时拔去发病植株，并辅以托布津、抗枯灵、瑞毒霉 600 倍液灌根。地下害虫药剂防治可采用乐果混敌敌畏 800 倍液。坐果后，禁用高毒高残留的农药。

7. 产量结构

膜下滴灌香瓜复种向日葵模式中香瓜产量可达 2 600～2 800 kg/亩。

8. 农机配套技术

(1)播深 3～5 cm，播种株距 40～45 cm，地膜宽度 70 cm，一膜一带滴灌带间距 60～80 cm，每带控制 2 行。每穴下种 2～3 粒，覆土盖种，种植密度 3 000～4 000 株/亩。

(2)按控制种植面积选取适宜的施肥罐。

9. 管理技术

(1)为使出苗迅速，达到苗齐、苗匀、苗壮，应做好整地保墒、施足底肥、精选种子和适时播种；瓜地选择在排灌方便、四周通风良好、地下水位低、近几年未种过瓜类的农田，要求土质保水、保肥、通气性较好，肥力中等，酸碱度 pH 值为 7.0 左右。

(2)追施肥料时，应提前将肥料溶化加入施肥罐中，追肥需配合灌水，以增加肥料的利用率，实现膜下滴灌香瓜水肥一体化。

10. 二茬向日葵生育期划分及主攻目标

向日葵从播种到收获生育期共 105～110 d，苗期，增加土壤底墒，保证苗全、苗齐、苗匀、苗壮，现蕾期适时灌水可提高保根、壮苗，开花期是向日葵快速生长期，需水量增加，保证土壤含水率，可有效调整个体与群体、营养与生长的关系，灌浆期是向日葵需水关键期，保证需水，可达到养根、防虫、增产效果，成熟期减少灌水，并要适时收获。

11. 二茬向日葵灌水技术

播前、苗期各灌水 1 次,灌水定额 15～20 m^3/亩;现蕾期灌水 1 次,灌水定额 15～20 m^3/亩;开花期灌水 1 次,灌水定额 15～20 m^3/亩;灌浆期灌水 1 次,灌水定额 15～20 m^3/亩;成熟期灌水 1 次,灌水定额 15～20 m^3/亩。

12. 二茬向日葵施肥技术

向日葵苗期、现蕾期分两次追施氮肥,施肥量为 8～10 kg/亩。

13. 二茬向日葵耕作栽培技术

(1)品种选择:市场上向日葵品种众多,主要分食用型和油用型,宜选用发芽率不低于 85%,含水率不高于 12%的高产、优质、抗旱、抗病、抗倒伏品种。

(2)播种时间及方式:膜下滴灌复种向日葵与前茬香瓜有 15～20 d 的共生期,即香瓜花期,在香瓜行间按 30～40 cm 距离人工点播,向日葵种子用 2%立克秀可湿性粉剂按种子量的 0.3%拌种,或 25%羟锈宁可湿性粉剂按种子量的 0.5%拌种,然后覆土。河套灌区一般在 5 月上中旬播种,地温达到 6 ℃以上时宜播种。油用向日葵亩保苗 3 500～4 500 株,食用向日葵亩保苗 2 500～3 000 株。播种深度 3～5 cm 为宜,行距 30～45 cm,株距 30～40 cm。

14. 二茬向日葵产量结构

膜下滴灌香瓜复种向日葵模式中葵花产量可达 190～230 kg/亩。

15. 二茬向日葵管理技术

为使出苗迅速,达到苗齐、苗匀、苗壮,应做好整地保墒、施足底肥、精选种子和适时播种;追施肥料时,应提前将肥料溶化加入施肥罐中,追肥需配合灌水,以增加肥料的利用率,实现膜下滴灌向日葵水肥一体化。现蕾期—灌浆期需要大量的水分与养分,合理增加灌水追肥次数,能促进籽粒数干物质的积累,有利于增产。成熟期注意雨天、大风天不浇水,防止向日葵倒伏。当向日葵花盘背面已变成黄色,籽粒变硬并呈本品种的色泽时,要及时收获。利用联合收割机完成收割、脱粒等工序。

6.4　香瓜复种向日葵滴灌技术模式效益分析

6.4.1　成本构成

依据当地市场价格调查,对两年作物经济效益进行相关计算,主要从生产成本和产值出发,最终比较效益大小。生产成本包括直接成本和间接成本,直接成本包括种子、化肥、地膜、滴管带、农药等购买费用;间接成本有田间管理时人工费、机械费用等。根据当地市场平均价格,比较不同种植模式的利润。

1. 香瓜种子成本

香瓜品种是香妃,市场为 50 g/罐,平均价格在 25 元/罐左右。

2. 香瓜种植灌水施肥施药成本

包括每次灌水、施肥、施药所产生的水费、电费、肥料及农药的成本以及所产生的附加成本。

3. 膜下滴灌香瓜种植管道及地膜成本

膜下滴灌香瓜滴灌系统主要由主干管和支管组成,根据地块大小及播种密度的不同,铺设管道的主干管和支管的数量不同，地膜所选择的规格不同，其管道及地膜成本发生变化。

4. 香瓜农田管理成本

主要包括田间除草、松耕以及灌溉、施肥、打药所产生的成本，后期香瓜成熟采摘后装车运输所产生的管理成本。

5. 香瓜种植农机配套成本

膜下滴灌香瓜采用的种植方式是农业机械耕地、播种、施肥、铺设滴灌带与地膜等一体化播种机，农机机械的配套成本不仅包含农机使用的燃油，还包括农机机械操作员的工资、农机机械折旧费以及农机机械的运输费。

6. 向日葵种子成本

种植品种是小日期油用性向日葵，每亩地用量为 350 粒左右，每袋装 2 200 粒，价格在 100～110 元/袋。

7. 向日葵种植灌水施肥施药成本

膜下滴灌向日葵每次灌水、施肥、施药所产生的水费、电费、肥料及农药的成本以及所产生的附加成本。

8. 向日葵种植管道及地膜成本

由于复种向日葵在原有的管道及地膜上定植，因此没有此项费用。

9. 向日葵农田管理成本

主要包括田间除草、松耕以及灌溉、施肥、打药所产生的成本，后期向日葵收获及收获后装车运输所产生的管理成本。

10. 向日葵种植农机配套成本

复种向日葵在原有的农田种植工艺上进行种植，期间无农业机械作业，因此不产生费用。

6.4.2 经济效益分析

膜下滴灌香瓜复种向日葵产值与经济效益分析见表 6-26，膜下滴灌香瓜复种向日葵公顷投入平均为 15 050 元，单种香瓜公顷投入平均为 10 390 元，较复种公顷投入减小 30.96%，单种向日葵公顷投入平均为 8 618 元，较复种公顷投入减小 42.7%；膜下滴灌香瓜复种向日葵公顷产出值总和为 36 147.61 元，公顷净利润为 21 097.61 元，产投比为 2.40。膜下滴灌单种香瓜公顷净利润为 18 806.30 元，产投比为 2.81，较膜下滴灌香瓜复种向日葵公顷净利润降低 10.86%；膜下滴灌单种向日葵公顷净利润为 10 855.73 元，产投比为 2.26，较膜下滴灌香瓜复种向日葵公顷净利润降低 48.5%（作物价格计算以 2017～2018 年当地市场平均价格作为依据，香瓜 1.6～3.0 元/kg，葵花 3.6～4.6 元/kg）。

表 6-26 膜下滴灌香瓜复种向日葵产值与经济效益

项目		膜下滴灌复种	膜下滴灌单种	
			香瓜	向日葵
公顷投入（元/hm^2）	种子（育苗）	825	375	263
	化肥	3 540	2 850	2 940
	地膜	495	495	495
	滴管带	90	90	90

续上表

项目		膜下滴灌复种	膜下滴灌单种	
			香瓜	向日葵
公顷投入(元/hm²)	农药	450	300	300
	人工	5 000	3 000	2 000
	机械	2 250	2 250	1 200
	电费	450	230	230
	水费	1 950	800	1 100
	合计	15 050	10 390	8 618
公顷产出(元/hm²)		36 147.61	29 196.30	19 473.73
公顷净利润 (元/hm²)		21 097.61	18 806.30	10 855.73
产投比		2.40	2.81	2.26
公顷总产出(元/hm²)		36 147.61	48 670.03	
公顷总净利润(元/hm²)		21 097.61	29 662.03	

6.4.3 示范区效益分析

1. 巴拉贡示范区概况

膜下滴灌香瓜复种向日葵节水增效示范区位于内蒙古自治区鄂尔多斯市杭锦旗巴拉贡镇，巴拉贡镇位于鄂尔多斯高原西北部。耕地隶属于农户，经营模式为农户个体经营。示范区总面积 5 亩，由于示范区紧靠磴口县，气象条件相近，年平均气温 6.3～7.7 ℃，无霜期 133～144 d，年均降水量 138.2 mm，年均蒸发量 2 030～2 700 mm，属于典型的温带大陆性季风气候。

2. 效益分析

(1)经济效益分析

2019 年膜下滴灌香瓜/西瓜复种向日葵节水增效模式在示范区进行，依据田间试验得出的灌水施肥制度，计算该模式下的效益大小，结果见表 6-27。膜下滴灌西瓜复种向日葵亩均种植成本为 1 555 元，间接成本占比较大，西瓜亩产 4 070.00 kg，市场价格 0.8 元/kg，亩均效益为 3 256.00 元；向日葵为小料油葵，市场价格 2 元/kg，亩产 225.54 kg，亩均效益为 451.09 元；膜下滴灌西瓜复种向日葵亩均总效益为 3 707.09 元，亩均净效益为 2 152.09 元。膜下滴灌香瓜复种向日葵亩均种植成本为 1 550 元，香瓜亩产 2 070.00 kg，市场价格 1.6 元/kg，亩均效益为 3 312.00 元；向日葵为小料油葵，市场价格 2 元/kg，亩产 216.97 kg，亩均效益为 433.93 元；膜下滴灌香瓜复种向日葵亩均总效益为 3 745.93 元，亩均净效益为 2 195.93 元，较西瓜亩均净效益增加 2.04%。

表 6-27　膜下滴灌香瓜/西瓜复种向日葵产值与经济效益

项目		西瓜复种向日葵		香瓜复种向日葵	
		西瓜	向日葵	香瓜	向日葵
亩均种植成本(元/亩)	种子	30	120	25	120
	水电费	70		70	

续上表

项目		西瓜复种向日葵		香瓜复种向日葵	
		西瓜	向日葵	香瓜	向日葵
亩均种植成本（元/亩）	人工费	800		800	
	滴灌带	60		60	
	化肥	225		225	
	地膜	60		60	
	农药	30		30	
	农机及其他	160		160	
	小计	1 555		1 550	
亩产(kg/亩)		4 070.00	225.54	2 070.00	216.97
价格(元/kg)		0.8	2	1.6	2
亩均效益(元)		3 256.00	451.09	3 312.00	433.93
合计(元)		3 707.09		3 745.93	
亩均净效益(元)		2 152.09		2 195.93	

(2)社会效益分析

单一农作物种植需要投入的资源较多，但经济效益却不具备优势，很多农户都选择了经济效益更高的其他农作物进行复种。通过膜下滴灌香瓜复种向日葵技术水肥关键调控参数的确定，给膜下滴灌香瓜复种向日葵节水增效技术模式提供了科学合理的理论依据和实践生产指导，提高了复种指数，使土地资源发挥了最大效益，土地产出率得以提高，农民收入增加，提高了农民的积极性，为进一步推动膜下滴灌香瓜复种向日葵节水增效技术模式的发展提供支撑。

(3)生态效益分析

香瓜/向日葵复种增加了绿色覆盖面积，延长了绿色覆盖期，提高了光能利用率。充分利用了土地资源，提高了土地当量比，同时膜下滴灌技术减少了肥料淋湿，提高了肥料利用效率，促进了土壤肥力的提高，提高了资源利用效率和生产力，解决了土壤退化、生产力低下以及温室气体排放等农业生态和环境问题。

第 7 章　结论与展望

7.1　结论

(1)密植作物小麦采用膜下滴灌后株高、干物质及光合各项指标均显著提高,整个生育期内基本不产生水分胁迫,提高了地温增加了光合有效积温、株高和光合效率,根系更加发达,提高了水肥利用效率。90 cm 宽地膜覆盖下滴灌小麦的最优种植方式为一膜 5 行。

膜下滴灌小麦抽穗期的耗水强度与耗水模数最大,该阶段的耗水量为总耗水量的 40%左右。整个生育期耗水强度与耗水模数变化趋势相似,由低到高再到低的变化过程。传统畦灌小麦整个生育期的耗水量大于膜下滴灌小麦,而一膜 6 行耗水量高于一膜 5 行耗水量。

HYDRUS-1D 模型经过率定检验后能够很好地模拟小麦膜下滴灌各生育阶段不同土层的土壤水分、EC 值、速效氮、速效磷的变化。一膜 5 行的种植模式对于膜下滴灌小麦的保墒作用更明显;灌水量越多越有利于脱盐,一膜 6 行较一膜 5 行更易在 40 cm 以下土层出现积盐现象;灌水量大小影响速效氮向下运移的速率,而种植模式对土壤速效氮、速效磷的运移影响较大,一膜 6 行无速效氮、速效磷的淋失现象,一膜 5 行则更易出现速效氮、速效磷的深层淋失,但一膜 5 行更具有节肥潜力。

DSSAT 模型对膜下滴灌小麦生育期和产量模拟较为精确,综合考虑作物的高产目标、对水资源的节约程度、适宜的种植模式,最终得出一膜 5 行的优化方案。其灌溉定额为 270 mm,整个生育期共灌水 7 次,拔节期 2 次,抽穗期 3 次,灌浆期 2 次;模拟产量为 6 404 kg/hm^2,水分利用效率为 1.64 kg/m^3,是适宜河套地区膜下滴灌小麦的最优灌溉制度。

(2)膜下滴灌条件不同水分处理玉米和向日葵产量与耗水量以及水分利用效率与耗水量均呈二次抛物线的关系,且具有不同步性;水分利用效率与耗水量关系的敏感性大于产量与耗水量,随着耗水量的增加,水分利用效率要先于产量达到最大值。玉米的耗水强度在抽雄—开花期和开花—灌浆期达到最大,为 10.43 mm/d;向日葵在花期—灌浆期耗水强度和耗水模数均出现峰值,各处理耗水强度变化范围为 7.43～7.97 mm/d。

Jensen 模型最适合描述磴口县膜下滴灌条件下玉米和向日葵各生育阶段灌水量分配关系。由确定的 Jensen 模型和作物水分生产函数,运用动态规划法求解出作物决策变量,从而制定出玉米和向日葵的优化灌溉制度。其中玉米的最优灌水量在 275～300 mm 范围内,其相应的优化灌溉制度为播种—拔节灌水量为 15～25 mm,拔节—抽穗灌水量为 40～60 mm,抽雄—开花的灌水量为 115 mm,开花—灌浆和灌浆—乳熟的灌水量分别为 80 mm 和 20～25 mm;向日葵的最优灌水量为 225～275 mm,随着灌水量的增加,产量的增幅放缓,因此在不减产的情况下,可采用轻度水分亏缺,能充分节约水资源,实现深度节水控水。

(3)地埋滴灌条件下,SAP、PAM 单施及复配不同程度降低了 0～40 cm 土层的土壤容重,增大了土壤孔隙度,较好地改善了土壤结构,降低了土壤棵间蒸发量。同时生育期适宜的水肥环境促进了紫花苜蓿的生长，提高了紫花苜蓿的产量及水分生产率，复配较单施效果更佳。对于土壤容重、孔隙度及土壤棵间蒸发量而言，45 kg/hm^2 SAP复配30 kg/hm^2 PAM效果最佳，容重降低1.46%，孔隙度增大1.99%，土壤棵间蒸发降幅为14.27%～21.60%。紫花苜蓿全生育期不同茬土壤棵间累计蒸发量大小关系为第二茬>第一茬>第三茬。无论单施还是复配，对不同深度土壤容重、孔隙度影响程度大小表现为0～10 cm>10～20 cm>20～40 cm。

地埋滴灌条件下，SAP、PAM单施及复配增强了土壤的保水性，提高了0～100 cm土层土壤的体积含水率、0～40 cm土层土壤的有机质、碱解氮、速效磷以及速效钾的含量，改善了土壤养分状况，复配较单施能为紫花苜蓿生长提供更好的水分和养分环境。无论单施还是复配，对土壤水分影响主要集中在0～40 cm土层。其中，复配条件下，45 kg/hm^2 SAP复配30 kg/hm^2 PAM对紫花苜蓿全生育期0～100 cm土层土壤水分保蓄效果最佳，含水率增大23.11%～26.54%。土壤有机质、碱解氮、速效磷和速效钾平均含量增幅分别为45.23%、48.09%～57.05%、53.66%～69.72%、33.65%～53.99%。

地埋滴灌条件下，SAP、PAM单施及复配提高了紫花苜蓿粗蛋白、粗灰分和粗脂肪含量，降低了粗纤维含量，促进了紫花苜蓿的生长，提高了紫花苜蓿的株高，但对第二茬株高的促进效果优于其他两茬，复配较单施能够更好地改善品质、提高株高。最优品质和最大产量之间存在负相关，在生产中，应根据实际需要，选择SAP、PAM的施用量。在干旱沙化牧区紫花苜蓿种植中应用保水剂(SAP)及土壤改良剂(PAM)时，建议SAP、PAM复配施用，结合经济效益分析，适宜施用量为45 kg/hm^2 SAP复配30 kg/hm^2 PAM。

(4)滴灌小麦采用覆膜穴播的种植方式将滴灌小麦和小麦覆膜穴播技术的优势有效结合，打破了密植作物难以覆盖的区域。点播每穴12～18粒小麦种子，播种株行距12 cm左右。地膜宽度90 cm或170 cm，一膜一带或一膜两带，滴灌带间距60～80 cm，每带控制4～6行。春小麦灌水7次，灌溉定额为180～205 m^3/亩，灌水周期为7～10 d。复种西兰花生育期灌水7次，灌溉定额为128～140 m^3/亩，灌水周期为7～10 d。春小麦整个生育期施肥6次，总施肥量1 230 kg/hm^2，其中施氮肥480 kg/hm^2，磷肥750 kg/hm^2，结合基肥施用磷酸二铵750 kg/hm^2，尿素75 kg/hm^2。西兰花生长期间应根据不同生长期适时追肥。追肥应掌握“前期促、中期控、后期攻”的原则，即苗期追施氮肥，促进营养生长，中期控制施肥，后期攻结球肥。西兰花苗期追肥1次，施氮量为150 kg/hm^2，莲座期追肥1次，施氮量为75 kg/hm^2，花蕾形成期追肥1次，施氮量为300 kg/hm^2。

滴灌香瓜复种向日葵共灌水11次，灌溉定额为165～220 m^3/亩，灌水周期为7～10 d。其中向日葵播种前香瓜成熟期灌水1次，保证土壤底墒，有利于向日葵种子萌发，向日葵苗期—成熟期共灌水5次，灌溉定额为75～100 m^3/亩。滴灌香瓜复种向日葵整个生育期共施肥6次，总施肥量1 395 kg/hm^2，其中施氮肥645 kg/hm^2，基肥中施磷酸二铵750 kg/hm^2，腐殖酸225 kg/hm^2。

复种向日葵生育期施肥3次，苗期施肥1次，施氮量为150 kg/hm^2，现蕾期施肥1次，施氮量为120 kg/hm^2，灌浆期施肥1次，施氮量为75 kg/hm^2。

7.2 展望

本书只对河套灌区小麦、玉米、向日葵、苜蓿、香瓜等主要作物进行了滴灌技术研究，而河套灌区还有其他大面积种植的作物，如青椒、蜜瓜、西瓜、甜瓜等，今后可对这些作物进行研究，形成河套灌区系列作物滴灌技术体系。

需根据技术应用情况对相关技术参数不断进行优化改进，以适应当地农牧业经济发展的需求及农业生态环境的变化。

参 考 文 献

[1] 陈传友,王春元,窦以松.水资源与可持续发展[M].北京:中国科学技术出版社,1999.

[2] 曲耀光."南水北调"西线工程与中国西北开发和生态环境的改善[J].干旱区资源与环境,2001,15(1):1-10.

[3] 章光新,邓伟,王志春.中国21世纪水资源与农业可持续发展[J].农业现代化研究,2000,21(6):321-324.

[4] 西北农业大学农业水土工程研究所,农业部农业水土工程重点开放实验室.西北地区农业节水与水资源持续利用[M].北京:中国农业出版社,1999.

[5] 许迪,吴普特,梅旭荣,等.我国节水农业科技创新成效与进展[J].农业工程学报,2003,19(3):5-8.

[6] 高义昌,赵义,石敬彩,等.地膜覆盖对杂交玉米制种的效应[J].种子,1994(2):41-42.

[7] CHOUDHARY V K, BHAMBRI M C, PANDEY N, et al. Effect of drip irrigation and mulches on physiological parameters, soil temperature, picking patterns and yield in capsicum[J]. Archives of Agronomy and Soil Science,2012,58(3):277-292.

[8] LIU M X, YANG J S, LI X M, et al. Effects of irrigation water quality and drip tape arrangement on soil salinity, soil moisture distribution, and cotton yield(*Gossypium hirsutum* L.) under mulched drip irrigation in Xinjiang, China[J]. Journal of Integrative Agriculture,2012,11(3):502-511.

[9] 田德龙.河套灌区盐分胁迫下水肥耦合效应机理及模拟研究[D].呼和浩特:内蒙古农业大学,2011.

[10] 张振华.微源入渗特性规律与膜下滴灌作物需水量研究[D].杨凌:西北农林科技大学,2002.

[11] 戴婷婷,张展羽,邵光成.膜下滴灌技术及其发展趋势分析[J].节水灌溉,2007(6):43-47.

[12] 康静,黄兴法.膜下滴灌的研究及发展[J].节水灌溉,2013(9):71-74.

[13] 陈四龙,裴冬,王振华,等.华北平原膜下滴灌棉花水分利用效率及产量对供水方式响应研究[J].干旱地区农业研究,2005,23(6):26-31.

[14] SEZEN S M, YAZAR A, EKER S. Effect of drip irrigation regimes on yield and quality of field grown bell pepper[J]. Agricultural Water Management,2006(81):115-131.

[15] CHOUDHARY V K, BHAMBRI M C, PANDEY N, et al. Effect of drip irrigation and mulches on physiological parameters, soil temperature, picking patterns and yield in capsicum(*Capsicum annuum* L.)[J]. Archives of Agronomy and Soil Science,2012,58(3):277-292.

[16] SEZEN S M, YAZAR A, EKER S. Effect of drip irrigation regimes on yield and quality of field grown bell pepper[J]. Agricultural Water Management,2006,81(1):115-131.

[17] BRANIMIR U, MARKO R, KATJA Z, et al. Effect of partial root-zone drying on grafted tomato in commercial greenhouse[J]. Horticultural Science,2020,47(1):36-44.

[18] TIWARI K N, SINGH A, MAL P K. Effect of drip irrigation on yield of cabbage (*Brassica oleracea* L. var. *capitata*) under mulch and non-mulch conditions[J]. Agricultural Water Management,2003,58(1):19-28.

[19] 徐敏,韩晓军,王子胜.新疆棉花生产膜下滴灌技术应用研究[J].作物杂志,2005(6):56-58.

[20] 赵淑银,郭克贞,杨志勇.膜下滴灌对保护地黄瓜产量的及病害的影响[J].内蒙古农牧学院学报,1994,15(3):95-98.

[21] 陈多方,许鸿,徐腊梅,等.北疆棉区棉花膜下滴灌蒸散规律研究[J].新疆气象,2001(2):16-17.

[22] 孙天佑.棉花膜下滴灌配套技术探索与应用[J].节水灌溉,2002(2):40-41.

[23] 王允喜,李明思,蓝明菊.膜下滴灌土壤湿润区对田间棉花根系分布及植株生长的影响[J].农业工程学报,2011,27(8):31-37.

[24] 胡晓棠,李明思.膜下滴灌对棉花根际土壤环境的影响研究[J].中国生态农业学报,2003(2):121-123.

[25] 张旺锋,任丽彤,王振林.膜下滴灌对新疆高产棉花光合特性日变化的影响[J].中国农业科学,2003,36(2):159-163.

[26] 万刚.滴灌带不同配置方式对小麦生长发育及产量的影响[J].安徽农学通报,2012,30(2):81-83.

[27] 蒋桂英,刘建国,魏建军,等.灌溉频率对滴灌小麦土壤水分分布及水分利用效率的影响[J].干旱地区农业研究,2013(4):38-42.

[28] 王振华,王克全,葛宇,等.新疆滴灌春小麦需水规律初步研究[J].灌溉排水学报,2010,29(2):61-64.

[29] 程裕伟,马富裕,冯治磊,等.滴灌条件下春小麦耗水规律研究[J].干旱地区农业研究,2012,30(2):112-117.

[30] 王冀川,徐雅丽,高山,等.滴灌小麦根系生理特性及其空间分布[J].西北农业学报,2012,21(5):65-70.

[31] 冯广龙,刘昌明,王立.土壤水分对作物根系生长及分布的调控作用[J].生态农业研究,1996,7(3):7-11.

[32] STEFANIA D P, ALBINO M, GIANCARLO B. Soil salinization affects growth, yield and mineral composition of cauliflower and broccoli[J]. European Journal of Agronomy,2005,23(3):254-264.

[33] 罗宏海,朱建军,赵瑞海,等.膜下滴灌条件下根区水分对棉花根系生长及产量的调节[J].棉花学报,2010,22(1):63-69.

[34] 胡晓棠,陈虎,王静,等.不同土壤湿度对膜下滴灌棉花根系生长和分布的影响[J].中国农业科学,2009,42(5):1682-1689.

[35] 乔冬梅,史海滨,薛铸.盐渍化地区油料向日葵根系吸水模型的建立[J].农业工程学报,2006,22(8):44-49.

[36] 李明思,郑旭荣,贾宏伟,等.棉花膜下滴灌灌溉制度试验研究[J].中国农村水利水电,2001(11):13-15.

[37] 危常州,马富裕,雷咏雯,等.棉花膜下滴灌根系发育规律的研究[J].棉花学报,2002,14(4):209-214.

[38] 王利春,石建初,左强,等.盐分胁迫条件下冬小麦根系吸水模型的构建与验证[J].农业工程学报,2011,27(1):112-117.

[39] 王树丽,贺明荣,代兴龙,等.种植密度对冬小麦根系时空分布和氮素利用效率的影响[J].应用生态学报,2012,23(7):1839-1845.

[40] 张岁岐,周小平,慕自新,等.不同灌溉制度对玉米根系生长及水分利用效率的影响[J].农业工程学报,2009,25(10):1-6.

[41] POTTERS G,PASTERNAK T P,GUISEZ Y,et al. Stress-induced morphogenic responses:growing out of trouble [J] . Trends in Plant Science,2007,12:98-105.

[42] PASTERNAK T,RUDAS V,POTTERS G,et al. Morphogenic effects of abiotic stress:reorientation of growth in Arabidopsis thaliana seedlings[J]. Environmental and Experimental Botany, 2005, 53(3):299-314.

[43] ANTONY E,SINGANDHUPE R B. Impact of drip and surface irrigation growth,yield and WUE of capsicum (*Capsicum annum* L.)[J]. Agricultural Water Management,2004,65(2):121-132.

[44] 杨九刚,何继武,马英杰,等.灌水频率和灌溉定额对膜下滴灌棉花生长及产量的影响[J].节水灌溉,2011(3):29-32,38.

[45] 马富裕,李蒙春,张旺峰,等.北疆棉花高产水分生理基础的初步研究[J].新疆农垦科技,1997,20(4):14-18.

[46] 肖光顺,李保成,马晓梅,等.膜下滴灌早熟陆地棉蕾铃脱落动态规律初报[J].中国农学通报,2008,6(6):159-163.

[47] 罗宏海,李俊华,勾玲,等.膜下滴灌 对不同土壤水分棉花花铃期光合生产、分配及籽棉产量的调节[J].中国农业科学,2008,41(7):1955-1962.

[48] 陈多方,许鸿,徐腊梅,等.北疆棉区棉花膜下滴灌蒸散规律研究[J].新疆气象,2001,24(2):16-17.

[49] 丁浩，李明思，孙浩. 滴灌土壤湿润区对棉花生长及产量的影响研究[J]. 灌溉排水学报，2009，28(3)：42-45.
[50] 魏永华，陈丽君. 膜下滴灌条件下不同灌溉制度对玉米生长状况的影响[J]. 东北农业大学学报，2011，42(1)：55-60.
[51] 高龙，田富强，倪广恒，等. 膜下滴灌棉田土壤水盐分布特征及灌溉制度试验研究[J]. 水利学报，2010，41(12)：1483-1490.
[52] 刘建国，吕新，王登伟，等. 膜下滴灌对棉田生态环境及作物生长的影[J]. 中国农学通报，2005，21(3)：333-335.
[53] Al-KARAGHOULI A A，Al-KAYSSI A W. Influence of soil moisture content on soil solarization efficiency[J]. Renewable Energy，24(1)：131-144.
[54] 李东伟，李明思，申孝军，等. 膜下滴灌土壤湿润区水热耦合对棉花生长的影响[J]. 灌溉排水学报，2011，30(5)：52-56.
[55] 张治，田富强，钟瑞森，等. 新疆膜下滴灌棉田生育期地温变化规律[J]. 农业工程学报，2011，27(1)：44-51.
[56] 王俊，李凤民，宋秋华，等. 地膜覆盖对土壤水温和春小麦产量形成的影响[J]. 应用生态学报，2003，14(2)：205-210.
[57] 李慧星，夏自强，马广慧. 含水量变化对土壤温度和水分交换的影响研究[J]. 河海大学学报，2007，35(2)：172-175.
[58] 王建东，龚时宏，许迪. 地表滴灌条件下水热耦合迁移数值模拟与验证[J]. 农业工程学报，2010，26(12)：66-71.
[59] MMOLAWA K，OR D. Root zone solute dynamics under drip irrigation：A review[J]. Plant and Soil，2000，222(1/2)：163-190.
[60] HERBST M，DIEKKRUGER B. Modeling the spatial variability of soil moisture in a micro-scale catchment and comparison with field data using geostatistics[J]. Physics and Chemistry of the Earth，2003，28(6-7)：239-245.
[61] 李瑞平，史海滨，赤江刚夫，等. 季节性冻融土壤水盐动态预测 BP 网络模型研究[J]. 农业工程学报，2007，23(11)：125-128.
[62] 柴付军，李光永，张琼，等. 灌水频率对膜下滴灌土壤水盐分布和棉花生长的影响研究[J]. 灌溉排水学报，2005，24(3)：12-15.
[63] 王全九，王文焰，汪志荣，等. 盐碱地膜下滴灌技术参数的确定[J]. 农业工程学报，2001，17(3)：47-50.
[64] 王振华，吕德生，温新明. 地下滴灌条件下土壤水盐运移特点的试验研究[J]. 石河子大学学报(自然科学版)，2005，23(1)：85-87.
[65] 郑德明，姜益娟，朱友娟，等. 新疆棉田地下滴灌土壤水盐运移变化规律的研究[J]. 塔里木大学学报，2007，19(4)：1-5.
[66] 郑耀凯，柴付军. 大田棉花膜下滴灌灌溉制度对土壤水盐变化的影响研究[J]. 节水灌溉，2009(7)：4-7.
[67] 苏里坦，阿不都·沙拉木，宋郁东. 膜下滴灌水量对土壤水盐运移及再分布的影响[J]. 干旱区研究，2011，28(1)：79-84.
[68] 靳志峰. 干旱区常年膜下滴灌棉田土壤水盐运移及数值模拟研究[D]. 乌鲁木齐：新疆农业大学，2013.
[69] 于惠民. 山东打渔张灌区土壤水盐动态的研究[J]. 土壤通报，1964(2)：17-20.
[70] 张蔚榛. 地下水与土壤水动力学[M]. 北京：中国水利水电出版社，1996.
[71] 杨金忠，叶自桐. 野外非饱和土壤中溶质运移的试验研究[J]. 水科学进展，1993，4(4)：245-252.
[72] 杨金忠，叶自桐. 野外非饱和土壤水流运动速度的空间变异性及其对溶质运移的影响[J]. 水科学进展，1994，5(1)：9-17.

[73] 胡安焱,高瑾,贺屹,等.干旱内陆灌区土壤水盐模型[J].水科学进展,2002,13(6),726-729.

[74] 刘全明,陈亚新,魏占民,等.基于人工智能计算技术的区域性土壤水盐环境动态监测[J].农业工程学报2006,22(10):1-6.

[75] 李亮,史海滨,贾锦凤,等.内蒙古河套灌区荒地水盐运移规律模拟[J].农业工程学报,2010,26(1):31-35.

[76] GARDENAS A I,HOPMANS J W,HANSON B R,et al. Two-dimensional modeling of nitrate leaching for various fertigation scenarios under micro-irrigation[J]. Agricultural Water Management,2005,74(3):219-242.

[77] 任红松,郑重,马富裕,等.滴灌条件下水肥互作对新疆棉花产量的影响[J].石河子大学学报,2002,6(3):179-181.

[78] 陈永川,汤利.沉积物-水体界面氮磷的迁移转化规律研究进展[J].云南农业大学学报,2005,20(4):527-533.

[79] 乔欣,邵东国,刘欢欢,等.节灌控排条件下氮磷迁移转化规律研究[J].水利学报,2011,42(7):862-868.

[80] 郑志侠,宋马林.柘皋河流域农田土壤氛磷迁移过程的模拟研究[J].安徽农业科学,2011,39(13):7667-7669.

[81] 晏维金,尹澄清,孙濮,等.磷氮在水田湿地中的迁移转化及径流流失过程[J].应用生态学报,1999,10(3):312-316.

[82] 虎胆·吐马尔白,吴争光,苏里坦.棉花膜下滴灌土壤水盐运移规律数值模拟[J].土壤,2012,44(4):665-670.

[83] 孙林,罗毅.膜下滴灌棉田土壤水盐运移简化模型[J].农业工程学报,2012,28(24):105-114.

[84] 王在敏,何雨江,靳孟贵,等.运用土壤水盐运移模型优化棉花微咸水膜下滴灌制度[J].农业工程学报,2012,28(17):63-70.

[85] 王全九,王文焰,吕殿青,等.膜下滴灌盐碱地水盐运移特征研究[J].农业工程学报,2000,16(4):54-57.

[86] 毛萌,任理.室内滴灌施药条件下阿特拉津在土壤中运移规律的研究Ⅱ[J].水利学报,2005,36(6):746-753.

[87] 虎胆·吐马尔白,王薇,孟杰,等.作物生长条件下沙拉塔纳农田水盐耦合运移模型[J].新疆农业大学学报,2008,31(1):93-96.

[88] 曹巧红,龚元石.应用HYDRUS-1D模型模拟分析冬小麦农田水分氮素运移特征植物[J].植物营养与肥料学报,2003,9(2):139-145.

[89] 郝芳华,孙雯,曾阿妍,等.HYDRUS-1D模型对河套灌区不同灌施情景下氮素迁移的模拟[J].环境科学学报,2008,28(5):853-858.

[90] 史海滨,田军仓,刘庆华.灌溉排水工程学[M].北京:中国水利水电出版社,2006.

[91] 李明思,康绍忠,杨海梅.地膜覆盖对滴灌土壤湿润区及棉花耗水与生长的影响[J].农业工程学报,2007,23(6):49-54.

[92] 郑国保,孔德杰,张源沛,等.灌水量对日光温室辣椒膜下滴灌耗水规律的影响[J].农业科学研究,2010,31(4):50-52.

[93] 李玉义,逄焕成,陈阜,等.膜下滴灌对加工番茄水分利用效率与品质的影响[J].灌溉排水学报,2009,28(4):83-86.

[94] 张振华,蔡焕杰,杨润亚.水分胁迫条件下膜下滴灌作物蒸发蒸腾量计算模式的研究[J].干旱地区农业研究,2005,23(5):148-151.

[95] BENLI B,KODAL S. A non-linear model for farm optimization with adequate and limited water supplies:application to the South-east Anatolian Project(GAP) region [J]. Agricultural Water Management,2003,62(3):187-203.

[96] GHAHRAMAN B,SEPASKHAH A-R. Optimal allocation of water from a single purpose reservoir to an irrigation project with pre-determined multiple cropping patterns[J]. Irrigation Science, 2002(21): 127-137.

[97] SHANGGUAN Z P,SHAO M G,ROBERT H,et al. A model for regional optimal allocation of irrigation water resources under deficit irrigation and its applications[J]. Agricultural Water Management,2002,52(2):139-154.

[98] 蔡焕杰,邵光成,张振华. 荒漠气候区膜下滴灌棉花需水量和灌溉制度的试验研究[J]. 水利学报,2002,41(11):119-123.

[99] 李昭楠,李唯,姜有虎,等. 西北干旱区戈壁葡萄膜下滴灌需水量和灌溉制度[J]. 水土保持学报,2011,25(5):247-251.

[100] 弋鹏飞,虎胆·吐马尔白,王一民,等. 干旱区棉花膜下滴灌优化灌溉制度的试验研究[J]. 水土保持通报,2011,31(1):53-57.

[101] 杨慧慧,何新林,王振华,等. 滴灌灌水量对哈密大枣耗水及产量的影响[J]. 石河子大学学报(自然科学版),2010,28(6):767-770.

[102] 王新坤,蔡焕杰,曹兵. 单井膜下滴灌灌溉制度优化[J]. 灌溉排水,2002,21(3):12-16.

[103] SINGH A K,TRIPATHY R,CHOPRA U K. Evaluation of CERES-wheat and CropSyst models for water-nitrogen interactions in wheat crop[J]. Agricultural Water Management,2008,95(7):776-786.

[104] DETTORI M,CESARACCIO C,MOTRONI A,et al. Using CERES-wheat to simulate durum wheat production and phenology in Southern Sardinia,Italy[J]. Field Crops Research,2011,120(1):179-188.

[105] HARTKAMP A D,WHITE J W,ROSSING W A H,et al. Regional application of a cropping systems simulation model:crop residue retention in maize production systems of Jalisco,Mexico[J]. Agricultural Systems,2004,82(2):117-138.

[106] DZOTSI K A,JONES J W,ADIKU S G K,et al. Modeling soil and plant phosphorus within DSSAT[J]. Ecological Modelling,2010,221(23):2839-2849.

[107] EITZINGER J,TRNKA M,HOSCH J,et al. Comparison of CERES,WOFOST and SWAP models in simulating soil water content during growing season under different soil conditions[J]. Ecological Modelling,2004,171(3):223-246.

[108] ARORA V K,SINGH H,SINGH B. Analyzing wheat productivity responses to climatic,irrigation and fertilizer-nitrogen regimes in a semi-arid sub-tropical environment using the CERES-Wheat model[J]. Agricultural Water Management,2007,94(1-3):22-30.

[109] SINGH A K,TRIPATHY R,CHOPRA U K. Evaluation of CERES-Wheat and CropSyst models for water-nitrogen interactions in wheat crop[J]. Agricultural Water Management,2008,95(7):776-786.

[110] HE J Q,DUCKS M D,HOCHMUTH G J,et al. Identifying irrigation and nitrogen best management practices for sweet corn production on sandy soils using CERES-Maize model[J]. Agricultural Water Management,2012,109:61-70.

[111] HE J Q,CAI H J,BAI J P. Irrigation scheduling based on CERES-Wheat model for spring wheat production in the Minqin Oasis in Northwest China[J]. Agricultural Water Management,2013,128:19-31.

[112] 江敏,金之庆,葛道阔,等. CERES-Wheat模型在我国冬小麦主产区的适用性验证及订正[J]. 江苏农学院学报,1998,19(3):64-67.

[113] 宋永莲,王生福,巴音孟克,等. 抗旱保水剂在紫花苜蓿种植中应用的试验报告[J]. 青海草业,2003,12(3):6-10.

[114] 冒建华,雷廷武,周清. 聚丙烯酰胺(PAM)提高苜蓿出苗率的研究[J]. 北京水利,2005(2):24-25,31.

[115] 扎西文毛.农用型高吸水性树脂对紫花苜蓿生长状况影响试验[J].青海草业,2005,14(2):15-18.

[116] 邓裕,邓湘雯,李芳,等.保水剂对高羊茅生长和水分利用效率的影响[J].中南林业科技大学学报,2008,28(1):53-57.

[117] 韦兰英,袁维圆,焦继飞,等.紫花苜蓿和菊苣比叶面积和光合特性对不同用量保水剂的响应[J].生态学报,2009,29(12):6772-6778.

[118] 郭建斌,周洁,蒋坤云,等.Arkadolith 土壤改良剂对内蒙沙区常见牧草生长状况的影响[J].生态环境学报,2010,19(9):2085-2090.

[119] 肖伯萍,谢丁兴,李鑫.保水剂对干旱牧区苜蓿生长的影响[J].节水灌溉,2012(1):25-27.

[120] 刘群,王忆,张新忠,等.PAM 保水剂及纳米蒙脱土对果园生草地上部生物量的影响[J].干旱地区农业研究,2012,30(6):168-173.

[121] 侯冠男,刘景辉,郝景慧,等.SAP、PAM 对土壤水分及小麦生长发育和产量的影响[J].中国农学通报,2012,28(18):102-106.

[122] 于海龙,于健,李平,等.PAM 与不同土壤调理剂混合施用对降雨入渗和土壤侵蚀的影响[J].水土保持通报,2012,32(5):152-155.

[123] 田德龙,李泽坤,徐冰,等.SAP、PAM 复配对干旱沙化牧区紫花苜蓿生长影响的研究[J].节水灌溉,2018(6):12-15.

[124] 白文明,包雪梅.乌兰布和沙区紫花苜蓿生长发育模拟研究[J].应用生态学报,2002,13(12):1605-1609.

[125] 吴娜,卜洪震,曾昭海,等.灌溉定额对夏播裸燕麦产量和品质的影响[J].草业学报,2010,19(5):204-209.